對本書的讚譽

我一口氣看完這本書第一版的手稿。Lorin 在這本書中對 Ansible 做了完美的詮釋。很高興聽到他跟 René 合寫第二版的消息。兩位作者示範了如何將 ansible 發揮到極致的用法，我想不出有甚麼是他們漏掉的。

—Jan-Piet Mens, consultant

對於 Ansible 的完整介紹令人印象深刻，不只適合入門，對於了解進階功能也很有幫助。是一本用來提升 Ansible 技能的超棒參考書。

—Matt Jaynes, Chief Engineer, High Velocity Ops

Ansible 的好處是您可以很快上手，快速做出原型，有利於快速處理和搞定工作。

不過，雖然時間推移，知識與理解上的落差會越來愈大。本書正好幫助您填補這些落差。因為它完整解釋了基本概念以及 YAML 與 Jinja2 的複雜性。本書包含許多範例，可以從中學習，並藉此了解其他人是如何建置自動化環境的。

在過去幾年的相關訓練課程當中，我大力推薦同事和客戶這本書。

—Dag Wieers, freelance Linux system engineer,
long-time Ansible contributor and consultant

本書既適合入門，也能夠深入了解 Ansible。有許多的提示與方法，涵蓋各種使用情境，包括 AWS、Windows 和 Docker。

—Ingo Jochim, Manager Cloud Implementation,
itelligence GMS/CIS

U0086877

這本書寫得很棒！作者帶領讀者了解建置與管理 Ansible 的每個重要步驟，不單純是一本參考手冊，也補足了官方文件不足的部分。這本書不只適合初學者入門，對於已經在使用 Ansible 的人而言，也能從本書獲得很多實用的概念跟技巧。

—*Dominique Barton, DevOps engineer at confirm IT solutions*

本書涵蓋了所有您必須要知道的知識，不只對初學者有幫助，對於老手而言，也很有參考價值。本書特別之處在於，它以真實世界的案例來做說明，不只說明如何完成任務，也解釋了為何這樣做，進而幫助您有更深的理解。

—*Paul Angus, VP Technology, ShapeBlue*

Ansible: 建置與執行 第二版

Ansible: Up and Running
Automating Configuration Management and Deployment the Easy Way

Lorin Hochstein and René Moser 著

何敏煌 譯

目錄

推薦序

Ansible 開始於 2012 年 2 月，原先只是一個簡單的專案，沒想到，之後卻有令人驚喜地快速成長，目前大約有一千人正在使用（其實比想像中還多），並且廣泛地散佈在每一個國家，要在電腦相關的聚會活動中，找到一些有在使用它的人，應該也是非常容易。

Ansible 會有這麼令人振奮的發展，或許是因為它真的不是走過去的方法。Ansible 並不試著去開創新局，相反地，它擷取了現有許多其它聰明人所提出之想法的優點，並讓它們更容易使用。

我開發 Ansible 的初衷，追求的是介於電腦科學 IT 自動化嘗試（他們自己對於煩瑣的大型商用套裝之回應）以及只是想讓事情完成的手工腳本之間的妥協。我也很訝異，如何僅用單一系統，就得以取代一個組態管理系統、一個部署專案、組配專案，以及我們的任意程式庫但是重要的 Shell 程式化腳本呢？那就是一個想法的開始。

我們可以從 IT 自動化堆疊中移除主要的架構元件嗎？消除管理電腦作業系統中的 daemon 程式，然後依賴於用以取代的 OpenSSH 之上，也就是說系統程式可以立即開始管理機器，而不需要在被管理的機器上設定任何事物。再者，系統也會更為可靠且安全。

我曾注意到先前在嘗試自動化系統時，原本應該要變得簡單的事情反而變得複雜，撰寫自動化系統通常很耗費時間，也就讓我更不想花更多時間來做，並且我也不希望花好幾個月的時間來學習系統。

就某些層面來說，我個人是享受寫新軟體的過程，但是策劃自動化系統，就不是那麼有趣。簡單來說，我希望撰寫自動化系統可以簡單一點，讓我可以省下更多時間做更有趣的事情。Ansible 並不是那種一般所謂使用一整天的軟體，其實就上述這些相同的原因來說，你會喜歡 Ansible。

雖然我花了很長的時間讓 Ansible 的文件能廣泛性使用，但總是有機會可以看見資料如何呈現，並且常常實際的操作是和相關資料的運用。在這本書裡頭，作者 Lorin 呈現了 Ansible 的語言特點，完全表現了如果你想探索這軟體的獨特性。Lorin 幾乎是在 Ansible 剛推出時，就開始接觸了解，我非常感謝他的貢獻。

我同時也非常感謝參與這計畫的先驅以及未來會投入這計畫的後繼者。希望你們喜歡這本書，並且也享受管理你的電腦系統！最後，請記得安裝 cowsay ！

— *Michael DeHaan*
Ansible 軟體的創造者
前 *Ansible* 公司技術長（*CTO*）

二版序

自本書第一版（可回溯至 2014 年）發行以來，Ansible 的世界有極為劇烈的轉變。Ansible 進行了關鍵性的更新，目前是 Ansible 2.0。這樣劇烈的轉變也同樣發生在專案之外：開發 Ansible 專案的 Ansible 公司被紅帽公司（Red Hat）收購。不過，這樁收購案並沒有影響 Ansible 專案的進行，Ansible 還是依然繼續活躍性地成長，並獲得更多使用者的青睞。

第二版重新修訂多處，其中最為關鍵的改變是新增了五個章節，涵蓋 callback plugins、Windows hosts、network hardware 及 Ansible Tower。在「複雜的 Playbooks」章節，增加了很多很多內容，以至於又另闢了「自訂 Host、Run 以及 Handler」章節，同時也重寫了「Docker」章節來更新最新的 Docker 模組。

我們更新了所有與 Ansible 2.3 相容的程式語言範例，尤其是已經棄用的 Sudo clause 更是全面被 become 取代。同時也移除了像是 docker、ec2_vpc 和 ec2_ami_search 這些被棄用的模組，改以更新的模組範例取代。「Vagrant」章節包含了 Ansible 本地供應商，「Amazon EC2」章節包含 Packer Ansible 遠端 provisioner，「讓 Ansible 執行速度更快」章節包含非同步任務，而「Ansible Playbook 的除錯」一章涵蓋消彌程式錯誤的程式幫手（debugger），目前這程式已推出至 2.1 版。還有其他小修訂，例如，OpenSSH 從 16 位元為基礎的 hexadecimal-encoded MD5 數位指紋到 64 位元基礎的 SHA256，也隨之更新相關範例。最後，我們整合了讀者們回饋的勘誤，在此一併修正。

關於人稱使用上的註解

本書初版只有一位作者，在說法上常使用第一人稱「我」。但在二版有兩位作者，不可否認地，如果繼續使用第一人稱，在某些語境上會顯得有些奇怪，但是，我們還是決定繼續保持第一人稱的使用，為的是表示這是我們其中一位作者的看法。

致謝

來自 Lorin 的感謝

謝謝 Jan-Piet Mens、Matt Jaynes 和 John Jarvis 在本書還是草稿階段時的審閱,並提供建議。謝謝 SendGrid 公司的 Isaac Saldana 和 Mike Rowan 對於這項工作的支持。謝謝 Michael DeHaan 創造 Ansible,並且像牧羊人般地持續關注,同時也給予本書回饋,包含說明為何他選擇使用 Ansible 這名稱。謝謝我的編輯 Brian Anderson,他以無止盡的耐心與我一起完成本書。

謝謝我的爸爸和媽媽,他們一直以來的支持;我的哥哥 Eric,他才是家族裡的專業作家;還有我的兩個兒子 Benjamin 和 Julian。最後,從各方面來說,我都要謝謝我的妻子 Stacy。

來自 René 的感謝

謝謝我的家人、我的妻子 Simone,感謝她的支持和愛,我的三個孩子 Gil、Sarina 和 Leanne,他們為我的生命帶來了喜悅;感謝曾經為 Ansible 貢獻的人,謝謝你們的付出;還要特別感謝 Mattias Blaser,是他讓我開始接觸 Ansible。

前言

我為什麼寫這本書

當我第一次開發網頁應用程式時，用的是 Django，這是很普及的 Python 網站框架，我還記得當時 app 終於完成時的那種滿足感。我使用 Django manage.py runserver 以瀏覽器連線到 *http://localhost:8000*，那裡就有令我自豪的網路應用程式。接著，我發現有更多事情要做，像是用某些麻煩的應用程式來執行 Linux 伺服器。除了將 Django 和我設計的應用程式安裝在伺服器上，還得安裝 Apache 和 mod_python 模組，這樣做 Apache 才能跑 Django 的應用程式。然後，我還得搞定 Apache 在執行上的小問題，在這之後，才能讓我的應用程式得以穩定進行。

沒有什麼是困難的，一切都只是某種為了讓所有細節都正確完美的痛苦。我並不希望弄亂原有設定，只是希望我的應用程式可以順利執行。自從開始運作，每一件事情都堪稱順利，直到幾個月後，必須在不同的伺服器上執行程式，我發現所有的過程都得重來一次。

終於，我發現到這樣的過程就是「錯誤的執行」。正確的方式是這類的事情必須有一個名字，而這名字就是組態管理（configuration management）。很棒的事情是，使用組態管理隨時都可以保持在最新的更新狀態，捉住最新資訊。不需再耗費時間尋找文件的正確頁碼，或是在密密麻麻的筆記中找資料。

最近，一位工作上的同事對於使用 Ansible 部署新的專案很感興趣，他問我如何將 Ansible 概念實際應用出來，並且能夠超越一般文件的方便性。我不知道還有什麼可以推薦，所以我決定寫下這些來填補這個斷層，也就是您現在所看到的這本書。只是很可惜的是，這本書發行時對那位朋友來說，已經太晚了。但我希望你可以從中找到它的實用性。

誰該閱讀本書

本書適合給需要操作 Linux 或是 Unix-like 伺服器的讀者。如果你已經使用過這些名稱：系統管理、操作、部署、組態管理，或是 DevOps，那麼你應該會在這裡發現到某些價值。

雖然我也管理 Linux 伺服器，但我的背景是軟體工程師。這意味著在本書內的某些範例會將重點放在部署，但我同意 Andrew Clay Shafer 的論點：部署和組態之間的區別性尚未獲得真正的釐清。

本書導覽

我不是很重視介紹書籍綱要：像是第 1 章涵蓋哪些又哪些、第 2 章又是說明什麼⋯。我強烈的懷疑沒有人在看（至少我沒有），而且目錄頁其實就是更容易瀏覽本書綱要的方式。

建議你依照章節順序閱讀本書，因為後半段章節是建構在先前章節的理解之上。這本書的內容有很大部分是引導式的寫作風格，因此你應該可以在自己的個人機器上跟著操作。最後，本書的多數範例都是聚焦在網頁應用程式上。

本書編排慣例

本書使用下列編排慣例：

斜體字（*Italic*）
　　用來表示新用語、網址、電子郵件信箱、檔名與延伸檔名。中文以楷體表示。

定寬字（`Constant width`）
　　用來列示程式碼以及在內文段落中，參照程式碼中的變數、函式名稱、資料庫、資料型別、環境變數、敘述或關鍵字等要素。

定寬粗體字（**`Constant width bold`**）
　　用來表示使用者會輸入的指令或其他文字。

定寬斜體字（*`Constant width italic`*）
　　用來表示要被使用者所提供的值或依當時情境而定的值替換掉的文字。

這個圖示表示技巧或建議。

 這個圖示表示重點筆記。

 這個圖示表示注意或警告。

線上資源

本書的範例程式碼可自 Github 取得，網址如下：

https://github.com/ansiblebook/ansiblebook

在 Ansible 官網，您可以找到大量的參考文件：

https://docs.ansible.com

我在 Github 上擺了一份快速參考手冊：

https://github.com/lorin/ansible-quickref

Ansible 的程式碼存放在 Github 上，以前分別存放在三個儲存庫。不過，從 Ansible 2.3 版開始，所有程式碼通通集中在一個儲存庫中做維護。

https://github.com/ansible/ansible

當您使用 Ansible 時，有幾個網站會經常用到，建議您把它做成書籤。

Ansible 的模組索引：*http://bit.ly/1Dt75tg*

Ansible Galaxy（*https://galaxy.ansible.com*）：由社群貢獻的 Ansible role 儲存庫

Ansible 網上論壇（*http://bit.ly/1Dt79ZT*）：遇到問題時，可以上來這裡求助

如果您想為 Ansible 的發展貢獻心力，歡迎加入 Ansible 開發者網上論壇：
http://bit.ly/1Dt79ZT

想要獲得即時協助，可以加入 IRC 的這個頻道：*irc.freenode.net*

本書的目的在於幫助您完成工作。一般來說,讀者可以隨意在自己的程式或文件中使用本書的程式碼,但若是要重製程式碼的重要部份,則需要聯絡我們以取得授權許可。舉例來說,設計一個程式,其中使用數段來自本書的程式碼,並不需要許可;但是販賣或散布 O'Reilly 書中的範例,則需要許可。引用本書並引述範例碼來回答問題,並不需要許可;但是把本書中的大量程式碼納入自己的產品文件,則需要取得授權。

還有,我們很感激各位註明出處,但這並非必要舉措。註明出處時,通常包括書名、作者、出版商、ISBN。例如:「*Ansible: Up and Running* by Lorin Hochstein and René Moser (O'Reilly). Copyright 2017 O'Reilly Media, Inc., 978-1-491-97980-8.」

如果覺得自己使用範例程式的程度超出上述的許可範圍,歡迎與我們聯絡:
permissions@oreilly.com。

## 第一章

簡介

在這個時代的 IT 產業工作非常有趣,我們已經不需要花一整天的工夫在一台機器上,只為了安裝一些程式到客戶手上 [1]。取而代之的,我們已經慢慢轉變為系統工程師了。

現在部署軟體應用程式的型態,都是把許多分佈在不同電腦上的分散式服務集合在一起,而這些不同電腦之間則是透過各式各樣的網路協定互相溝通著。典型的應用可以包括網頁伺服器、應用程式伺服器、記憶體快取系統、工作佇列、訊息佇列、SQL 資料庫、NoSQL 資料儲存及負載平衡器等等。

我們也需要確認有適合的備援機制,使得在可能的錯誤(總是會遇到)發生時,這些軟體系統將可以優雅地處理這些問題。而第二級的服務也需要動手部署與維護,這些像是日誌、監控及分析等,此外,我們還需要透過一些第三方的服務,像是 Infrastructure-as-a-service(IaaS)等用來管理虛擬機實例(Virtual Machine Instance)的端點。[2]

這些服務當然可以都用親手一件一件的方式來做:啟用那些你需要的服務,使用 SSH 連進每一個伺服器,安裝套件、編輯每一個 config 檔案、等等,這些事做起來真的很辛苦。它們非常耗時且容易發生錯誤,而且非常無聊且乏味,尤其是在做到第三遍或是第四遍的時候。對於那些比較複雜的任務,像是在你的應用程式中建置一個 OpenStack 雲端環境,使用手工的方式來完成這些是件瘋狂的工作!當然,其實有更好的方法。

正在閱讀此書的你,應該是已經有了此種組態管理的想法,並可能正在考慮運用 Ansible 當作是組態管理的工具。不管你是想要部署你的程式碼使其成為產品的系統開發者,或你是正在尋找一個比較好之自動化管理的系統管理員,我想你將會發現 Ansible 是可以成為解決你的問題之傑出解決方案。

---

[1] 好啦,其實沒有人真的像這樣來派送軟體。

[2] 《*The Practice of Cloud System Administration and Designing Data-Intensive Applications*》這本很棒的書有在教如何建置和維護此種型態的分散式系統。

關於 Ansible 版本的注意事項

本書中的範例程式碼都在 Ansible 2.3.0.0 版本中測試過，這是筆者在撰寫本書時的最新版本。 向上相容性是 Ansible 專案的其中一個主要目標，所以這些範例程式碼在未來的版本中應該可以在不需要任何的修改下就可以順利執行。

為什麼要叫 Ansible

這個詞源自於一本科幻小說。在小說中，ansible 是一個虛構的通訊裝置，它可以用超越光的速度來傳送資訊。Ursula K. Le Guin 在他的著作《*Rocannon's World*》中首度闡述了這個概念，然後其他的科幻小說家從他那邊借用了這個點子。

更明確地說，Michael DeHaan 從 Orson Scott Card 所著的《戰爭遊戲》（*Ender's Game*）書中使用了 ansible 這個詞。在該書中，ansible 被用來一次控制許多遠端的遠距離傳送，這樣的情形就像是在控制遠端的伺服器一樣。

Ansible：主要的好處是什麼？

Ansible 經常被當作是組態管理的工具，而且常常被拿來和 *Chef*、*Puppet* 及 *Salt* 相提並論。當提到組態管理時，一般來說就等於是在講到關於去寫一些對於系統狀態的描述，然後使用一個工具去讓該伺服器變成指定的狀態：也就是正確安裝了套件，在組態檔案中包含了期望的值，以及擁有了想要的權限，執行了一些正確的服務等等。就像是其他的組態管理工具一樣， Ansible 也是使用了一種特定領域的描述語言（Domain-Specific Language, DSL）來描述伺服器的狀態。

這些工具也可以順利地被使用在部署（*deployment*）上。當人們提到部署時，總是被想成是一系列完成軟體產品的步驟。這些軟體從在家裡寫好的程式碼，接著產出二進位檔案或是靜態的資源檔案（如果需要的話），再複製需要的檔案到伺服器上，然後啟始這些服務。*Capistrano* 和 *Fabric* 是開源部署工具的其中兩個例子。除了做為組態管理工具，Ansible 也是非常好用的部署工具。使用單一個工具用來同時進行組態管理以及部署，會讓負責這些工作的朋友們輕鬆一些。

有些人提到部署調配（*orchestration* of deployment）的必要性。也就是當有許多遠端的伺服器被包含在其中時，所有的事情必須要以特定的順序讓他們逐一發生。例如，你需要在啟動網頁伺服器前先啟用資料庫，或是需要從負載平衡器中一次移出一個網頁伺服器，使得在升級時不至於發生中斷服務的情形。Ansible 在這個部份也相當好用，它也是以此為基礎設計用來在多個伺服器上執行操作的。Ansible 有一個簡潔單純的模型可以用來控制每一個動作發生的先後順序。

最後，你將會聽到有些人提到關於開通（*provisioning*）新的伺服器。在像是 Amazon EC2 此種公有雲的術語中，這代表開啟了一個新的虛擬機器實例（Virtual Machine Instance）。Ansible 已經包含了這個部份，它有許多的模組可以用來和雲端系統進行溝通，這些雲端系統包含 EC2、Azure、Digital Ocean、Google Compute Engine、Linode 及 Rackspace，當然也包括任何支援 OpenStack API 的雲端系統。

我們會在後面的章節中提及的 Vagrant tool，比較令人容易搞混的是，它使用 provisioner 這個名詞用來代表一個可以執行組態管理的工具。因此，Vagrant 把 Ansible 當作是一種 provisioner，我則認為 Vagrant 才是 provisioner，因為 Vagrant 是負責去啟動虛擬機的工具。

Ansible 如何運作

圖 1-1 是一個運用 Ansible 的簡單使用案例。本例的使用者叫做 Stacy，她使用 Ansible 去組態三個在 Ubuntu 作業系統中的網頁伺服器以執行 Nginx。她編寫了一個 Ansible 的描述檔叫做 *webservers.yml*。在 Ansible 中，描述檔被稱為是 *playbook*。playbook 用來描述哪些 *hosts*（ Ansible 中對於遠端伺服器的稱呼）要進行配置，以及在這些 host 上要依序執行的一系列 *task*。在這個例子中，這些 host 包括 web1、web2 及 web3，然後需要執行的 task 則是如下所示的這些：

- 安裝 Nginx
- 產生一個 Nginx 的組態檔案
- 複製安全憑證
- 啟動 Nginx 服務

在下一章中，將會探討在 playbook 中會有哪些內容。Stacy 透過 ansible-playbook 的命令執行 playbook。在這個例子中，這個 playbook 被命名為 *webservers.yml*，然後使用以下的指令執行：

```
$ ansible-playbook webservers.yml
```

Ansible 會對 web1、web2 及 web3 平行地進行 SSH 連線。它將會同時在三個 host 上執行列表中的第一項 task。以此例，第一個 task 是安裝 Nginx 的 apt 套件（因為 Ubuntu 使用 apt 套件管理員），所以這項在 playbook 中的 task 看起來會有些像是以下這樣：

```
- name: Install nginx
  apt: name=nginx
```

Ansible 將會執行如下：

1. 產生一個 Python 的程式腳本用來安裝 Nginx 套件。

2. 複製此程式腳本到 web1、web2 及 web3。

3. 在 web1、 web2 及 web3 上執行這個程式腳本。

4. 等待此腳本在所有的 host 上執行完畢。

接著，Ansible 將會進行在列表中的下一項 task，而且重複一次上述的四個步驟。必須要留意的部份如下：

• Ansible 會在所有 host 間平行地執行每一項 task。

• Ansible 在進行下一個 task 之前，會先等待，直到所有 host 上的 task 完成。

• Ansible 會依照你指定的順序依序執行這些 task。

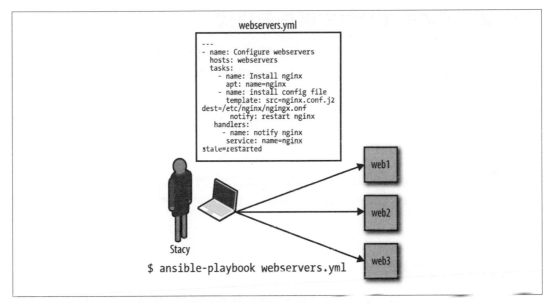

圖 1-1：執行一個 Ansible playbook 以組態三個網頁伺服器

關於 Ansible 最棒的是什麼？

有許多開放源碼的組態管理工具可以選擇，以下是一些我之所以會選用 Ansible 的理由。

容易閱讀的語法

還記得前面 Ansible 用來進行組態管理的腳本被叫做 *playbook*。Ansible 的 playbook 語法是建立在 YAML 之上的。YAML 是一種資料格式語言，它一開始就是被設計讓人們可以容易閱讀以及編寫的，用另外一個方式來說，YAML 之於 JSON 可以看成像是 Markdown 之於 HTML。

我喜歡把 Ansible playbook 想像成是可以執行的文件（*executable documentation*）。它就像是 README 檔案可以用來描述你在部署軟體時所需要輸入的命令，只不過這些指令並不會過時，因為他們也是被直接執行的程式碼。

不需要在遠端的主機中安裝任何程式

要使用 Ansible 管理伺服器,這台伺服器只需要具有 SSH 以及安裝 Python 2.5 或更新的版本,或雖然是 Python 2.4 版,但是安裝了 *simplejson* 程式庫也可以。除此之外,在主機上不需要預先安裝其他的代理程式或是軟體。

而控制機器(control machine,你打算要用來控制遠端伺服器的機器)則需要有 Python 2.6 或是更新的版本。

 有一些模組需要 Python 2.5 或是更新的版本,而且可能需要一些額外的需求。可以檢查每一個模組的說明文件,以確定它們需要的是哪些額外的需求。

以推送的方式運作

有一些組態管理系統使用代理程式,像是 Chef 以及 Puppet,它們預設是以提取(Pull)的方式運作。代理程式被安裝在伺服器中定期地檢查服務中心,然後從服務中心中提取組態配置的資訊,它們讓組態管理改變伺服器的方式看起來會像是以下這樣:

1. 你:在組態配置描述腳本中做了一些改變。

2. 你:推送這些改變到組態配置服務中心。

3. 在伺服器上的代理程式:週期性地被喚醒啟動。

4. 在伺服器上的代理程式:連線到組態配置服務中心。

5. 在伺服器上的代理程式:下載新的組態配置管理腳本。

6. 在伺服器上的代理程式:在本地端執行組態配置腳本以改變伺服器的狀態。

相比之下,Ansible 預設是以推送的方式來運作。在此種方式下,要進行一些改變的話,會像以下這樣的運作方式:

1. 你:在 playbook 中做了一些修改。

2. 你:執行這個新修改過的 playbook。

3. Ansible:連線到伺服器上,然後執行模組以改變伺服器的狀態。

當你執行了 ansible-playbook 命令之後,Ansible 就會立即連線到遠端的伺服器,然後進行指定的工作。

以推送的方式來運作有一個很大的優點：你可以控制對伺服器的改變於何時發生。你不需要去等待計時器的觸發。拉取式操作的擁護者宣稱使用此種方式在運作於非常大量的伺服器時，新加入的伺服器可以在任一時間上線。然而，如同在本書後面會提到的，Ansible 已經被成功地運行於上千個節點的場合，而且就算是伺服器被動態地加入或移除時也可以運作地非常優異。

如果你真的比較想要使用拉取式的模式（pull-base model），Ansible 對於此種模式也有正式地支援，只要使用它所提供的 *ansible-pull* 工具就可以了。本書不會介紹這種方式，但是你可以在官方的說明文件中閱讀到相關的訊息（*http://docs.ansible.com/playbooks_intro.html#ansible-pull*）。

Ansible 用在小一點的規模

沒錯，Ansible 可以被使用到數百甚至是上千台的節點。但是令我著迷的還是它如何地在小規模的地方運作。使用 Ansible 在一個節點上非常容易，你只要寫一個 playbook 就可以了。Ansible 遵守 Alan Kay 的準則：「簡單的事情應該是簡單的，複雜的事情應該是可能的。」

內建的模組

你可以使用 Ansible 在遠端的主機上執行任一個命令列（Shell）命令，但是 Ansible 的真正威力是在於它所預載的模組集。你可以使用這些模組去執行像是安裝套件、重啟服務或是複製組態檔案等作業。

就像一會兒之後會看到的，Ansible 模組是使用描述性的語法；你使用這些語句去描述你想要你的伺服器變成的樣子。例如，你可能會像是以下面這種方式去呼叫使用者模組，以確定那個叫做 deploy 的帳號位於叫做 web 的群組（group）中：

```
user: name=deploy group=web
```

模組也具有 *idempotent* 特性，如果這個 deploy 使用者不存在，Ansible 將會建立它，如果它已經存在了，Ansible 就不會多做其他事。 Idempotent 是一個非常好的特性，因為此特性表示對於同一部伺服器執行 Ansible playbook 許多次仍然會很安全。和傳統的 Shell 腳本比較起來這一點是非常大的改進，因為同一個 Shell 腳本如果執行第二次之後，就可能會產生出不同的效應（而這通常不是我們想要的）。

在討論組態配置的書籍中經常會提到關於**收斂**（*Convergence*）的概念。Mark Burgess 在《*CFEngine configuration management system*》這本書中提及「收斂」時說：如果一個組態管理系統是收斂的，則這個系統在執行許多次以讓伺服器成為預期的狀態時，系統會在每一次執行之後愈來愈接近該狀態。

這個概念並不適用於 Ansible，因為 Ansible 並不會對於組態伺服器執行多次有什麼記號，取而代之的時，Ansible 模組被設計成執行一個 Ansible playbook 一次就應該成為想要的狀態。

如果你對於 Ansible 的作者所認為的收斂之想法感興趣的話，你可以去看看 Michael DeHaan's（*http://bit.ly/1InGh1A*）在 Ansible Project 新聞群組中，那篇題為「Idempotence, convergence, and other silly fancy words we use too often」的貼文。

非常細的抽象層

有一些組態管理工具提供一個抽象層，讓你可以使用相同的組態管理腳本去管理執行不同作業系統的伺服器。例如，與其去處理特定的像是 yum 或是 apt 這些套件管理器，這些組態管理工具利用 package 此種抽象的用法來代替。

Ansible 並不使用此種方式。你必須在以 apt 為基礎的系統使用 apt 模組去安裝套件，而使用 yum 在以 yum 為基礎的系統中安裝套件。

儘管看起來好像是缺點，但在實務上我發現這樣讓 Ansible 可以較容易使用。 Ansible 並不需要我們再去學習另外一個為了要隱藏作業系統差異的抽象概念。這使得 Ansible 的表面比較小，讓你在編寫 playbook 之前可以不需要先學習太多。

但如果真的需要，也可以編寫你的 Ansible playbook 以處理不同的操作，端看要操作的遠端伺服器是哪一種作業系統而定。但是，我試著去避免這樣做，如果可以的話，我會把焦點放在編寫我想要執行在特定作業系統（像是 Ubuntu）的 plabooks 上。

在 Ansible 社群中，主要的可重用（reuse）單位就是模組。因為模組的範圍小，而且可以針對特定的作業系統，被設計成為具有良好定義的可共享模組。Ansible 專案非常地開放，可以接受來自於社群所貢獻的模組。我之所以知道是因為我也貢獻了一些。

Ansible 的 playbook 並不是真的被有意地重用在不同的地方。在第 7 章中，我們將會探討「角色 roles」，也就是用來把 playbook 放在一起的一個方法，此方法可以讓它們更好被重用，而 Ansible Galaxy 就是這些 role 的一個線上的倉庫。

儘管實務上每一個組織單位在設定伺服器上會有一些不同的地方，對你來說當然是可以先不要為自己的單位編寫特定的 playbook，而是先試著去使用那些一般性的 playbook。我相信，檢視其他人的 playbook 主要的價值在於去看看一些事情是怎麼做到的。

Ansible, Inc. 和 Ansible 的關係是什麼？

和軟體以及公司相關的這個 *Ansible* 的名字用在此開源的專案中。Michael DeHaan，Ansible 軟體的創建者，是 Ansible 這個公司的前任技術長。為了避免混淆，我會使用 *Ansible* 稱呼軟體，而使用 *Ansible, Inc.* 用來稱呼其公司。

Ansible, Inc. 銷售 Ansible 的訓練和諮詢服務，同時也是一個叫做 *Ansible Tower* 的網路管理工具擁有者，此工具我們會在第 19 章中加以說明。在 2013 年 10 月，Red Hat 收購了 Ansible, Inc.

Ansible 太簡單了嗎？

當我在編寫這本書時，編輯曾提到關於「有一些使用 XYZ 系統配置管理工具的人說，Ansible 就只是一個在 SSH 腳本間的 for-loop 而已」這個講法。如果你正在考慮從另一個配置管理工具轉移過來的話，你可能要留意一下此點，看看 Ansible 的能力是否足以符合你的需求。

Ansible 提供了比 shell 腳本還要好的功能。就像是我提到的，Ansible 的模組提供了 idempotence 的特性，而且 Ansible 對於 templating（模板）有非常好的支援，也可以在不同的範圍中定義變數。任一個認為 Ansible 和 shell 腳本等價的人絕對沒有在 shell 中維護過很大的程式。如果讓我選擇的話，我傾向於選擇 Ansible 而不是 shell 腳本來管理工作的配置。

而如果你擔心 SSH 的可擴展性？就像是我們將會在第 12 章中討論的，Ansible 使用 SSH 多工地最佳化它的效能，而且已有許多人透過 Ansible 管理上千個節點。[3]

3　可以參閱這個例子：「Using Ansible at Scale to Manage a Public Cloud (*http://www.slideshare.net/JesseKeating/ansiblefest-rax*)」，這是由 Jesse Keating 所寫的，它是 Rackspace 的前身。

其他的工具我沒有熟到可以仔細地說明它們之間的不同。如果你正在尋找這些工具的詳細比較，請參考由 Matt Jaynes 所撰寫的「Taste Test: Puppet, Chef, Salt, Ansible」這篇文章。沒錯！Matt 比較喜歡 Ansible.

我需要知道些什麼？

為了讓 Ansible 有生產力，你需要熟悉基本的 Linux 系統管理工具。Ansible 讓你的工作變得更容易自動化，但它不是那種自動化的魔術工具，它沒辦法去做其他那些你也不知道如何去做的工作。

本書假設讀者已經熟悉了至少一種 Linux 的版本（例如 Ubuntu、RHEL/CentOS、SUSE），而且具備以下的知識：

- 使用 SSH 去連線另外一台遠端伺服器
- 會使用 Bash 的命令列指令（包括管線 pipe 和重導向 redirection）
- 安裝套件
- 使用 sudo 命令
- 檢查以及設定檔案的權限
- 啟動和停止服務
- 設定環境變數
- 編寫任一語言的腳本

如果你熟悉了上述所有的概念，那麼你就已經準備好使用 Ansible 了。我不會預先設定你有任何特定程式語言的知識。例如，你要使用 Ansible 並不需要瞭解 Python，除非你打算編寫自己的模組。

Ansible 使用 YAML 檔案格式以及 Jinja2 模板語言，所以你需要學習一些 YAML 和 Jinja2 以順利使用 Ansible，但是這兩種技術都非常易於掌握。

本書沒有涵蓋的範圍

本書並沒有涵蓋 Ansible 所有的操作內容。設計這本書的目的是為了讓你可以儘快地有效運用 Ansible，並說明如何去執行那些在官方說明文件中不是那麼明白的一些操作上的方法。

我不會說明全部的 Ansible 模組細節，它們至少超過 200 個，而且在官網上的 Ansible 參考文件中都已經寫得相當好了。

我只會說明 Ansible 所使用到的那些 Jinja2 模板引擎的基本特色，主要是因為我發現當在使用 Ansible 時，通常都只需要使用到這些基本的特性。如果你需要在模板中使用更進階的 Jinja2 特色，我推薦你去看看 Jinja2 的官方說明文件（*http://jinja.pocoo.org/docs/dev/*）。

我也不會對於 Ansible 的一些特色講得太過於深入，它們只有當你使用舊版的 Linux 中執行 Ansible 時才會比較有用到。這些特色包括像是 *Paramiko* SSH 客戶端以及**加速模式**。

最後，為了控制本書的長度，有些功能我也不會加以探討，包括提取模式（pull mode）、稽核記錄（logging）、連線到不是使用 SSH 的主機，以及如何提示使用者輸入密碼或輸入其他內容等。筆者建議你看看官方的說明文件以取得更多關於這些功能的相關說明。

安裝 Ansible

如果你是在 Linux 機器上執行，現在所有主要的 Linux 版本都已具備了 Ansible 套件，所以應該是可以直接使用該機器中的原生套件管理程式安裝 Ansible，雖然使用此種方式安裝的 Ansible 可能會比較舊一些。如果你執行的是 macOS，筆者建議你使用 Homebrew 套件管理器來安裝 Ansible。

如果前面所提到的所有方式都失敗了，還可以使用 Python 的 *pip* 套件管理器來安裝。請先進入 root 權限，然後執行如下所示的指令：

```
$ sudo pip install ansible
```

如果你不想要在 root 權限中安裝 Ansible，也可以在 Python 的虛擬環境 *virtualenv* 中安全地安裝它。如果不熟悉 virutalenv，也可以使用比較新的，叫做 *pipsi* 這個新式工具，它會自動地幫你把 Ansible 自動地安裝到 virutalenv 中：

```
$ wget https://raw.githubusercontent.com/mitsuhiko/pipsi/master/get-pipsi.py
$ python get-pipsi.py
$ pipsi install ansible
```

如果你前往 pipsi route，則需要更新你的 PATH 環境變數以包含 ~/.local/bin。有一些 Ansible 外掛和模組可能需要額外的 Python 程式庫。如果已經安裝了 pipsi，而想要安裝

docker-py（被 Ansible Docker 模組所需要）以及 *boto*（被 Ansible EC2 模組所需要），你可以進行如下所示的步驟：

```
$ cd ~/.local/venvs/ansible
$ source bin/activate
$ pip install docker-py boto
```

如果你具有冒險的精神，而且想要使用最新的 Ansible 版本，則可以直接從 GitHub 中拿到開發中的分支：

```
$ git clone https://github.com/ansible/ansible.git --recursive
```

如果你正從開發分支中執行 Ansible，則每一次都需要執行這些命令以設定環境變數，包括 PATH 變數，使得 shell 知道可以到哪裡找到 ansible 以及 *ansible-playbook* 程式：

```
$ cd ./ansible
$ source ./hacking/env-setup
```

更多的安裝資訊請參考以下的線上資源：

- Official Ansible install docs（*http://docs.ansible.com/intro_installation.html*）

- Pip（*http://pip.readthedocs.org/*）

- Virtualenv（*http://docs.python-guide.org/en/latest/dev/virtualenvs/*）

- Pipsi（*https://github.com/mitsuhiko/pipsi*）

讓測試用的伺服器開始工作

你的 Linux 伺服器上需要具備 SSH 存取以及 root 權限，才能進行本書的一些範例。不過，現在這個時代，已經可以非常容易地從一些公有雲像是 Amazon EC2、Google Compute Engine、 Microsoft Azure[4]、 Digital Ocean、Linode 等等中取得低成本的 Linux 虛擬機了。

使用 Vagrant 來設定測試伺服器

如果你不想把錢花在公有雲上，筆者推薦在你的電腦中安裝 Vagrant。Vargrant 是一個非常傑出的開放源碼工具，可以用來管理虛擬機。你可以使用 Vargrant 在筆電中啟動 Linux 虛擬機，然後使用它當做是一個測試用的伺服器。

4　沒錯，Azure 確實有支援 Linux 伺服器。

Vargrant 有一個內建的支援可以產生具有 Ansible 的虛擬機器，在第 3 章才會說明這些細節。現在，我們將只把 Vargrant 的虛擬機當做是一個一般的 Linux 伺服器。

Vargrant 需要預先在你的機器中安裝 VirtualBox 虛擬化程式，你可以先下載 VirtualBox（*http://www.virtualbox.org*），然後再下載 Vagrant（*http://www.vagrantup.com*）。

筆者建議為 Ansible playbook 以及相關檔案建立一個新的目錄，在接下來的範例中，我會把這個目錄命名為 *playbooks*。

執行以下的指令可以在 Ubuntu 14.04（Trusty Tahr）64-bit 的虛擬機器[5]中建立一個 Vagrant 配置檔案（Vagrantfile），並啟動它：

```
$ mkdir playbooks
$ cd playbooks
$ vagrant init ubuntu/trusty64
$ vagrant up
```

 當第一次使用 vagrant up 時，它會下載一個虛擬機映像檔，所以會花一些時間，至於會多久則視你的網路連線環境而定。

如果一切順利，輸出看起來應該會像是下面這個樣子：

```
Bringing machine 'default' up with 'virtualbox' provider...
==> default: Importing base box 'ubuntu/trusty64'...
==> default: Matching MAC address for NAT networking...
==> default: Checking if box 'ubuntu/trusty64' is up to date...
==> default: Setting the name of the VM: playbooks_default_1474348723697_56934
==> default: Clearing any previously set forwarded ports...
==> default: Clearing any previously set network interfaces...
==> default: Preparing network interfaces based on configuration...
    default: Adapter 1: nat
==> default: Forwarding ports...
    default: 22 (guest) => 2222 (host) (adapter 1)
==> default: Booting VM...
==> default: Waiting for machine to boot. This may take a few minutes...
    default: SSH address: 127.0.0.1:2222
    default: SSH username: vagrant
    default: SSH auth method: private key
    default: Warning: Remote connection disconnect. Retrying...
    default: Warning: Remote connection disconnect. Retrying...
    default:
    default: Vagrant insecure key detected. Vagrant will automatically replace
    default: this with a newly generated keypair for better security.
```

5　Vargrant 使用「machine」這個字表示虛擬機，而「box」則用來表示虛擬機的映像檔。

```
  default:
  default: Inserting generated public key within guest...
  default: Removing insecure key from the guest if it's present...
  default: Key inserted! Disconnecting and reconnecting using new SSH key...
==> default: Machine booted and ready!
==> default: Checking for guest additions in VM...
  default: The guest additions on this VM do not match the installed version
  default: of VirtualBox! In most cases this is fine, but in rare cases it can
  default: prevent things such as shared folders from working properly. If you
  default: see shared folder errors, please make sure the guest additions
  default: within the virtual machine match the version of VirtualBox you have
  default: installed on your host and reload your VM.
  default:
  default: Guest Additions Version: 4.3.36
  default: VirtualBox Version: 5.0
==> default: Mounting shared folders...
  default: /vagrant => /Users/lorin/dev/ansiblebook/ch01/playbooks
```

接著你應該就可以藉由執行以下的指令，使用 SSH 到新建立的 Ubuntu 14.04 虛擬機：

```
$ vagrant ssh
```

如果可以執行的話，會看到像是下面這樣的登入畫面：

```
Welcome to Ubuntu 14.04.5 LTS (GNU/Linux 3.13.0-96-generic x86_64)

 * Documentation:  https://help.ubuntu.com/

  System information as of Fri Sep 23 05:13:05 UTC 2016

  System load:  0.76              Processes:            80
  Usage of /:   3.5% of 39.34GB   Users logged in:      0
  Memory usage: 25%               IP address for eth0: 10.0.2.15
  Swap usage:   0%

  Graph this data and manage this system at:
    https://landscape.canonical.com/

  Get cloud support with Ubuntu Advantage Cloud Guest:
    http://www.ubuntu.com/business/services/cloud

0 packages can be updated.
0 updates are security updates.

New release '16.04.1 LTS' available.
Run 'do-release-upgrade' to upgrade to it.
```

鍵入 **exit** 就可以結束 SSH 的工作階段。

以上的嘗試讓我們可以和 shell 互動，但是 Ansible 需要使用正常的 ssh 客戶端連線到這台虛擬機而不是使用 vagrant ssh 命令 。

以下的指令可以讓 Vagrant 輸出 SSH 的連線相關資料：

```
$ vagrant ssh-config
```

在我的機器中，輸出像是以下這個樣子：

```
Host default
  HostName 127.0.0.1
  User vagrant
  Port 2222
  UserKnownHostsFile /dev/null
  StrictHostKeyChecking no
  PasswordAuthentication no
  IdentityFile /Users/lorin/dev/ansiblebook/ch01/playbooks/.vagrant/
  machines/default/virtualbox/private_key
  IdentitiesOnly yes
  LogLevel FATAL
```

以下顯示的是重要的內容：

```
HostName 127.0.0.1
User vagrant
Port 2222
IdentityFile /Users/lorin/dev/ansiblebook/ch01/playbooks/.vagrant/
machines/default/virtualbox/private_key
```

> Vagrant 1.7 改變了如何處理私有 SSH key 的方式。從 1.7 版開始，Vagrant 為每一台機器產生一個私有 key。早期的版本使用相同的 key，這個 key 所放置的預設位置是 *~/.vagrant.d/insecure_private_key*。本書範例使用的是 Vagrant 1.7。

在這個例子中，除了識別檔案的路徑之外，每一個欄位應該要跟這個例子一樣。

確認你在完成上述步驟後可以啟動一個 SSH 的執行階段。在我的例子中，SSH 指令看起來像是下面這個樣子：

```
$ ssh vagrant@127.0.0.1 -p 2222 -i /Users/lorin/dev/ansiblebook/ch01/
playbooks/.vagrant/machines/default/virtualbox/private_key
```

此時你應該可以看到 Ubuntu 的登入畫面。請鍵入 **exit** 以結束 SSH 的執行階段。

告訴 Ansible 關於你的測試伺服器

Ansible 只能夠管理那些你提供明確資訊的伺服器。你需要在 inventory 檔案中提供給 Ansible 關於伺服器的相關資訊。

每一個伺服器都需要有一個讓 Ansible 可以用來識別的名字。你可以使用伺服器的主機名稱（hostname），或是給一個別名，然後傳送額外的參數以告訴 Ansible 如何去連接這台伺服器。我們將會給這台 Vagrant 機器使用伺服器的別名。

在 playbooks 目錄下建立一個叫做 *hosts* 的檔案。這個檔案將會被視為 inventory 檔。如果使用 Vagrant 機器做為測試伺服器的話，你的 *hosts* 檔案應該看起來會像是範例 1-1 的樣子。為了配合本書的頁面寬度，我會把這個檔案的內容分成幾行來顯示，但實際上在你的檔案中應該是放在同一行，沒有任何的反斜線符號。

範例 *1-1   playbooks/hosts*

```
testserver ansible_host=127.0.0.1 ansible_port=2222 \
  ansible_user=vagrant \
  ansible_private_key_file=.vagrant/machines/default/virtualbox/private_key
```

在此可以看到其中一個使用 Vagrant 的缺點：我們必須很明確地傳遞額外的參數以告訴 Ansible 如何連線。在大部份的情況下，並不需要這些額外的資料。

在本章的後面，你將會看到如何使用 ansible.cfg 檔案以在 inventory 檔案中避開如此詳細的描述。接下來，你也會看到如何使用 Ansible 變數來做到相同的效果。

如果你在 Amazon EC2 上有一個 Ubuntu 機器，它的名字看起來像是 ec2-203-0-113-120. compute-1.amazonaws.com，那麼你的 inventory 檔會是像以下這個樣子（請留意，全部的內容其實都在同一行中）：

```
testserver ansible_host=ec2-203-0-113-120.compute-1.amazonaws.com \
  ansible_user=ubuntu ansible_private_key_file=/path/to/keyfile.pem
```

 Ansible 支援 ssh-agent 程式，所以不需要在你的 inventory 檔案中明確地指定 SSH key 的檔案。如果你從沒有使用過 ssh-agent 的話，請參閱在第 379 頁中「SSH Agent」中更詳細的說明內容。

我們將會使用 ansible 命令列工具以證明真的可以透過 Ansible 連接到伺服器。你並不需要經常使用 ansible 命令，通常只有在單次為了特定目的時才會這樣做。

接著告訴 Ansible 去連線一個叫做 testserver 的伺服器，這個伺服器之前被描述在 inventory 檔案中做為 *hosts*，然後呼叫一個 ping 模組，指令如下：

```
$ ansible testserver -i hosts -m ping
```

如果在本地 SSH 客戶端啟用了 host-key 的驗證，則會看到一些像是以下這樣，提醒你的 Ansible 是第一次嘗試去連線到這台伺服器：

```
The authenticity of host '[127.0.0.1]:2222 ([127.0.0.1]:2222)' \
can't be established.
RSA key fingerprint is e8:0d:7d:ef:57:07:81:98:40:31:19:53:a8:d0:76:21.
Are you sure you want to continue connecting (yes/no)?
```

在此情況中，只要鍵入 **yes** 就好了。

如果一切順利的話，將會看到像是如下所示的輸出畫面：

```
testserver | success >> {
    "changed": false,
    "ping": "pong"
}
```

 如果 Ansible 無法成功連線，請加上 -vvvv 參數以檢視更詳細的錯誤訊息：

```
$ ansible testserver -i hosts -m ping -vvvv
```

現在可以看到模組成功執行了。在輸出的內容中，「"changed":」的 false 告訴我們在執行了模組之後，伺服器的的狀態並沒有被改變。而「"ping":"pong"」這段文字則是相對於 ping 模組的輸出內容。

除了檢查 Ansible 是否可以啟動一個伺服器 SSH 執行階段以外，ping 模組並沒有做任何事。但這個工具可以方便我們測試測試 Ansible 是否能連線到伺服器。

使用 ansible.cfg 檔案讓工作更簡單

我們之前在 inventory 檔案中輸入了非常多的文字以告訴 Ansible 關於測試伺服器的相關資訊。不過，Ansible 有方法可以使用變數的設定讓我們不用把所有的東西都放在同一個地方。現在，我們將使用其中一個這樣的機制，也就是 *ansible.cfg* 檔案，在檔案中設定一些預設值，如此就不需要再輸入那麼多內容了。

範例 1-2 顯示了一個指定了 inventory 檔案(`inventory`)所在位置的 *ansible.cfg* 檔案例子、要使用 SSH 的使用者(`remote_user`),以及 SSH 的私有 key(`private_key_file`)。在此假設使用的是 Vagrant。如果你使用的是自己的伺服器,你將需要分別設定 `remote_user` 以及 `private_key_file` 的相關值。

在範例配置檔案並沒有啟用 SSH host-key 檢查。當使用 Vagrant 時這樣是比較方便的;不然的話,我們就需要在每一次刪除和重新建立 Vagrant 機器時編輯 *~/.ssh/know_hosts* 檔案。然而,不啟用 SSH host-key 檢查會在當我們透過網路連線到遠端伺服器時存在安全性上的風險。如果你並不熟悉 host keys,可以參考附錄 A。

範例 *1-2*   *ansible.cfg*

```
[defaults]
inventory = hosts
remote_user = vagrant
private_key_file = .vagrant/machines/default/virtualbox/private_key
host_key_checking = False
```

> 雖然我不會在本書探討版本控制的議題，但是我強烈建議你使用像是 Git 這一類的版本控制系統來管理所有的 playbooks。如果你是一個開發者，應該已經非常熟悉版本控制系統。如果你是一個系統管理員，而且還沒有瞭解版本控制，這是一個開始學習的好時機。

有了這些預設值，就不需要在主機檔案中再去指定 SSH 的使用者和 kcy 檔案了，比較簡單的版本如下所示：

```
testserver ansible_host=127.0.0.1 ansible_port=2222
```

我們可以呼叫 Ansible 而不需要傳遞 -i hostname 參數，像是如下這個樣子：

```
$ ansible testserver -m ping
```

我喜歡使用 ansible 命令列工具對許多遠端的主機去執行任一個命令，像是並行的 SSH。你可以使用命令模組執行任意的命令。當呼叫這個模組，你也會需要傳一個 -a 旗標的參數給模組，告訴它哪一個命令要被執行。

例如，要檢查伺服器的運行時間，可以執行如下的命令：

```
$ ansible testserver -m command -a uptime
```

輸出看起來會像是以下這個樣子：

```
testserver | success | rc=0 >>
 17:14:07 up 1:16, 1 user, load average: 0.16, 0.05, 0.04
```

這個命令很常用，所以被設計為預設的模組，因此，你可以忽略它：

```
$ ansible testserver -a uptime
```

如果命令中包含空白符號，需要使用引號讓它可以像是傳遞單一個參數一樣地傳遞整個字串到 Ansible。例如，想要檢視 */var/log/dmesg* 記錄檔的最後幾行，可以執行如下：

```
$ ansible testserver -a "tail /var/log/dmesg"
```

從 Vagrant 機器看到的輸出看起來像是以下這個樣子：

```
testserver | success | rc=0 >>
[    5.170544] type=1400 audit(1409500641.335:9): apparmor="STATUS" operation=
"profile_replace" profile="unconfined" name="/usr/lib/NetworkManager/nm-dhcp-c
lient.act on" pid=888 comm="apparmor_parser"
[    5.170547] type=1400 audit(1409500641.335:10): apparmor="STATUS" operation=
"profile_replace" profile="unconfined" name="/usr/lib/connman/scripts/dhclient-
script" pid=888 comm="apparmor_parser"
[    5.222366] vboxvideo: Unknown symbol drm_open (err 0)
```

```
[    5.222370] vboxvideo: Unknown symbol drm_poll (err 0)
[    5.222372] vboxvideo: Unknown symbol drm_pci_init (err 0)
[    5.222375] vboxvideo: Unknown symbol drm_ioctl (err 0)
[    5.222376] vboxvideo: Unknown symbol drm_vblank_init (err 0)
[    5.222378] vboxvideo: Unknown symbol drm_mmap (err 0)
[    5.222380] vboxvideo: Unknown symbol drm_pci_exit (err 0)
[    5.222381] vboxvideo: Unknown symbol drm_release (err 0)
```

如果我們需要 root 的存取權限，則可以傳遞 –b 旗標，以告訴 Ansible 要成為一個 root 的使用者。

例如，要存取 */var/log/syslog* ，就需要 root 的權限

```
$ ansible testserver -b -a "tail /var/log/syslog"
```

輸出看起來像是以下這個樣子：

```
testserver | success | rc=0 >>
Aug 31 15:57:49 vagrant-ubuntu-trusty-64 ntpdate[1465]: /
adjust time server 91.189
94.4 offset -0.003191 sec
Aug 31 16:17:01 vagrant-ubuntu-trusty-64 CRON[1480]: (root) CMD (    cd /
&& run-p
rts --report /etc/cron.hourly)
Aug 31 17:04:18 vagrant-ubuntu-trusty-64 ansible-ping: Invoked with data=None
Aug 31 17:12:33 vagrant-ubuntu-trusty-64 ansible-ping: Invoked with data=None
Aug 31 17:14:07 vagrant-ubuntu-trusty-64 ansible-command: Invoked with executable
None shell=False args=uptime removes=None creates=None chdir=None
Aug 31 17:16:01 vagrant-ubuntu-trusty-64 ansible-command: Invoked with executable
None shell=False args=tail /var/log/messages removes=None creates=None chdir=None
Aug 31 17:17:01 vagrant-ubuntu-trusty-64 CRON[2091]: (root) CMD (    cd /
&& run-pa
rts --report /etc/cron.hourly)
Aug 31 17:17:09 vagrant-ubuntu-trusty-64 ansible-command: Invoked with /
executable=
N one shell=False args=tail /var/log/dmesg removes=None creates=None chdir=None
Aug 31 17:19:01 vagrant-ubuntu-trusty-64 ansible-command: Invoked with /
executable=
None shell=False args=tail /var/log/messages removes=None creates=None chdir=None
Aug 31 17:22:32 vagrant-ubuntu-trusty-64 ansible-command: Invoked with /
executable=
one shell=False args=tail /var/log/syslog removes=None creates=None chdir=None
```

我們可以從上面的輸出看到 Ansible 在執行時會進行 syslog 的寫入動作。

當在使用 Ansible 命令列工具時，當然不能只是侷限在只執行 **ping** 和命令模組：你可以使用任何你想要執行的模組。例如，你可以使用以下的命令在 Ubuntu 上安裝 Nginx：

```
$ ansible testserver -b -m apt -a name=nginx
```

 如果安裝 Nginx 失敗了，你也許需要先去更新套件清單。此外，在安裝套件之前，要告訴 Ansible 使用和 apt-get update 相同的方式，這需要改變 name＝nginx to "name＝nginx update_cache＝yes" 參數。
你可以使用以下的這個方法重新啟動 Nginx：

```
$ ansible testserver -b -m service -a "name=nginx \
    state=restarted"
```

我們需要 **-b** 旗標參數讓自己成為 root 使用者，因為只有 root 可以安裝 Nginx 套件以及重新啟用服務。

繼續往前

在此做個簡單的摘要。我們在這一章是從比較高階的觀點介紹 Ansible 的基本概念，包括如何和遠端的伺服器通訊，以及和其他系統配置管理工具的不同處。你也已經看到了如何使用 ansible 的命命列工具對單一個主機進行一些簡單的工作。

然而，使用 ansible 對單一主機執行命令並不是一件多了不起的事，在下一章中，我們將會詳細說明 playbook，這才是真正的工作所在的地方。

## 第二章

Playbooks：工作的開端

使用 Ansible，大部份的時間將會花在編寫 playbook 上。*playbook* 是 Ansible 的一個詞，它代表 Ansible 用來配置組態的一個腳本。讓我們從一個「安裝 Nginx 網頁伺服器，而且為它配置安全通訊」的例子來檢視作業的情境。

如果你依照本章的步驟進行，在結束本章的閱讀及操作之後，將會得到以下這些檔案：

- *playbooks/ansible.cfg*
- *playbooks/hosts*
- *playbooks/Vagrantfile*
- *playbooks/web-notls.yml*
- *playbooks/web-tls.yml*
- *playbooks/files/nginx.key*
- *playbooks/files/nginx.crt*
- *playbooks/files/nginx.conf*
- *playbooks/templates/index.html.j2*
- *playbooks/templates/nginx.conf.j2*

一些事先的準備工作

在使用 Vagrant 機器執行 playbook 之前，需要開啟 80 和 443 埠，讓我們可以存取它們。如圖 2-1 所示，我們將會配置 Vagrant，所以也需要在本地端的機器中使用到 8080 和 8443 連接埠，並把它們在 Vagrant 機器上導向 80 和 443。如此，才可以藉由在 Vagrant 中的 *http://localhost:8080* 和 *https://localhost:8443* 存取到網頁伺服器。

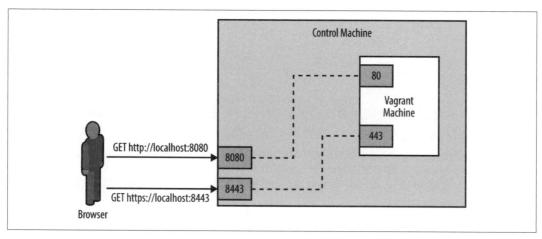

圖 2-1　在 Vagrant 機器上開啟連接埠

將 *Vagrantfile* 修改成以下這個樣子：

```
VAGRANTFILE_API_VERSION = "2"

Vagrant.configure(VAGRANTFILE_API_VERSION) do |config|
  config.vm.box = "ubuntu/trusty64"
  config.vm.network "forwarded_port", guest: 80, host: 8080
  config.vm.network "forwarded_port", guest: 443, host: 8443
end
```

在上述檔案的內容中把本地端主機的 8080 埠對應到 Vagrant 機器上的 80 埠，而把本地端主機的 8443 埠對應到 Vagrant 機器上的 443 埠。做了以上的改變之後，即可執行以下的命令告訴 Vagrant 啟用這些設定：

```
$ vagrant reload
```

然後你應該就會看到類似下面這樣的輸出：

```
==> default: Forwarding ports...
    default: 80 => 8080 (adapter 1)
    default: 443 => 8443 (adapter 1)
    default: 22 => 2222 (adapter 1)
```

一個非常簡單的 playbook

第一個 playbook 範例將用來配置一台主機，並在該主機上執行 Nginx 網頁伺服器。在這個例子中，並不會為此伺服器配置 TLS 加密，這樣在配置主機時就會比較簡單一些。然而，一個正確的網站應該是要啟用 Transport Layer Security（TLS）加密機制才對，我們將會在本章後面一些的地方說明加上此部份的設定方法。

TLS 和 SSL 的比較

在關於網頁伺服器的部份，你可能會比較熟悉 SSL 這個詞而不是 *TLS*。SSL 是用在瀏覽器與伺服器間安全通訊的一個比較老舊的協定，現在已經被比較新的 TLS 協定所取代了。雖然很多人在提到安全通訊時還是繼續使用 SSL 這個名詞，但是在本書中會使用比較正確的 *TLS* 這個詞。

首先，將會看到當執行範例 2-1 這個 playbook 時會發生哪些事，接下來再來仔細檢視這個 playbook 的內容。

範例 *2-1　web-notls.yml*

```
- name: Configure webserver with nginx
  hosts: webservers
  become: True
  tasks:
    - name: install nginx
      apt: name=nginx update_cache=yes

    - name: copy nginx config file
      copy: src=files/nginx.conf dest=/etc/nginx/sites-available/default

    - name: enable configuration
      file: >
        dest=/etc/nginx/sites-enabled/default
        src=/etc/nginx/sites-available/default
        state=link

    - name: copy index.html
      template: src=templates/index.html.j2
                dest=/usr/share/nginx/html/index.html mode=0644


    - name: restart nginx
      service: name=nginx state=restarted
```

指派一個 Nginx 配置檔案

在可以執行之前，這個 playbook 還需要兩個額外的檔案，首先，需要定義一個 Nginx 的系統配置檔案。

如果你的網頁伺服器只打算提供靜態檔案的話，Nginx 有一個預設的系統配置檔可以使用。不過，通常是需要對這個檔案進行一些客製化，所以做為 playbook 的一部份，我們將會覆寫原有預設的配置檔案。就像是你即將會看到的，會修改此配置檔使其可以支援 TLS。範例 2-2 顯示一個基本的 Nginx 配置檔。請把它放在 *playbooks/files/nginx.conf*[1] 中。

1　請留意，當我們呼叫 *nginx.conf* 這個檔案時，它會取代 Nginx 伺服器的 *sites-enabled/default*，而不是主要的 */etc/nginx.conf* 配置檔案。

有一個 Ansible 的慣例是讓檔案放在一個叫做 *files* 的子資料夾中，而 Jinja2 的模板則是放在叫做 *templates* 的子資料夾中。在整本書中，我都會遵循此一慣例。

範例 *2-2*　*files/nginx.conf*

```
server {
        listen 80 default_server;
        listen [::]:80 default_server ipv6only=on;

        root /usr/share/nginx/html;
        index index.html index.htm;

        server_name localhost;

        location / {
                try_files $uri $uri/ =404;
        }
}
```

建立一個客製化的首頁

接下來建立一個客製化的首頁。在此我們將使用到 Ansible 的模板功能，讓 Ansible 可以從模板中產生一個檔案。請把像是在範例 2-3 的內容放到 *playbooks/templates/index.html.j2* 中。

範例 *2-3*　*playbooks/templates/index.html.j2*

```
<html>
  <head>
    <title>Welcome to ansible</title>
  </head>
  <body>
  <h1>nginx, configured by Ansible</h1>
  <p>If you can see this, Ansible successfully installed nginx.</p>

  <p>{{ ansible_managed }}</p>
  </body>
</html>
```

此模板參考了一個名叫 ansible_managed 的 Ansible 特殊變數。Ansible 在渲染這個模板時，將會把何時產生模板檔案的資訊用來取代該變數。圖 2-2 是產生之後的 HTML 在瀏覽器中顯示的樣子。

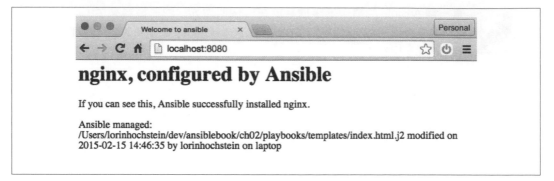

圖 2-2　渲染之後的 HTML

建立 Webservers Group

接下來要在 inventory 檔案中建立一個 webservers 群組，讓我們可以在 playbook 中使用到這個群組。目前此群組只會包含測試伺服器。

Inventory 檔案是使用 *.ini* 的檔案格式。稍後將會進一步地說明此格式的細節。請編輯你的 *playbooks/hosts* 檔案，把 [webservers] 這一行加在 testserver 這一行的上面，就像是在範例 2-4 中所示的樣子。該行用來指示 testserver 是位於 [webservers] 群組之內。

範例 *2-4　playbooks/hosts*

```
[webservers]
testserver ansible_host=127.0.0.1 ansible_port=2222
```

現在應該已經可以使用 Ansible 的命令列工具 ping 這個 webservers 群組了：

```
$ ansible webservers -m ping
```

輸出看起來應該會是像以下這個樣子：

```
testserver | success >> {
    "changed": false,
    "ping": "pong"
}
```

執行 Palybook

ansible-playbook 就是用來執行 playbook 的命令。請使用以下的命令執行 playbook：

```
$ ansible-playbook web-notls.yml
```

範例 2-5 顯示了輸出應該有的樣子：

範例 2-5 *ansible-playbook* 的輸出

```
PLAY [Configure webserver with nginx] ********************************

GATHERING FACTS ****************************************************************
ok: [testserver]

TASK: [install nginx] *********************************************************
changed: [testserver]

TASK: [copy nginx config file] ***********************************************
changed: [testserver]

TASK: [enable configuration] *************************************************
ok: [testserver]

TASK: [copy index.html] *****************************************************
changed: [testserver]

TASK: [restart nginx] *********************************************************
changed: [testserver]

PLAY RECAP *****************************************************************
testserver                 : ok=6    changed=4    unreachable=0    failed=0
```

Cowsay

如果你在本地端機器中已經安裝了 *cowsay* 程式，Ansible 的輸出看起來會像是
以下這個樣子：

```
 _____
< PLAY [Configure webserver with nginx] >
 ----------------------------------------
        \   ^__^
         \  (oo)_____
            (__)\       )\/\
                ||----w |
                ||     ||
```

如果你不想看到那頭牛，可以藉由設定 **ANSIBLE_NOCOWS** 來取消 cowsay：

```
$ export ANSIBLE_NOCOWS=1
```

在 *ansible.cfg* 檔案中加上以下的設定也可以達到同樣的效果：

```
[defaults]
nocows = 1
```

如果沒有遇到任何的錯誤 [2]，應該可以在你的瀏覽器中順利地指向 *http://localhost:8080*，然後看到一個客製化的 HTML 網頁，如同圖 2-2 所示的樣子。

 如果你把 playbook 檔案標記為可執行檔，而且在檔案的第一行加上以下的這行命令 [3]：

```
#!/usr/bin/env ansible-playbook
```

那麼你其實可以直接呼叫該程式以執行它，就像是以下這個樣子：

```
$ ./web-notls.yml
```

Playbook 就是 YAML

Ansible 的 playbook 就是以 YAML 語法所寫成的。*YAML* 和 JSON 格式類似，但是對於人們來說更易於閱讀和編寫。在完整說明 playbook 之前，先來解釋在編寫 playbook 中最重要的 YAML 之概念。

檔案的開頭

YAML 檔案預期是以三個減號用來指示是文件的開頭：

```
---
```

然而，如果你忘了在 playbook 的最開頭處放置這三個減號，Ansible 也可以接受。

2　如果遇到任何一個錯誤，可能就要先跳到第 16 章，去看看如何協助你進行除錯。

3　這種方式我們都把它叫做 *shebang*。

註解

和 shell 腳本、Python 以及 Ruby 一樣，使用 # 字號開頭到該行的結尾是註解的部份：

```
# This is a YAML comment
```

字串

一般來說，YAML 的字串並不需要使用引號，不過用了也沒關係。就算是有空格也不需要使用引號。例如，以下是 YAML 中的字串例：

```
this is a lovely sentence
```

它和底下的 JSON 格式字串是相等的：

```
"this is a lovely sentence"
```

有些情況下，你會有引號的字串。通常是在使用了大括號 {{ braces }} 用在變數取代的地方，我們將會在後面提到。

布林值

YAML 有一個原生的布林型態，而且讓我們可以有更多的字串種類去表示真值或假值，這個我們在之前第 26 頁的「為什麼有些地方使用 *True*，而有些地方使用 *Yes* ？」中說明過了。就個人而言，我在 Ansible playbook 中都是使用 True 以及 False。

例如，以下是在 YAML 中的布林數：

```
True
```

以是則是等價的 JSON 格式：

```
true
```

串列

YAML 的串列和 JSON 以及 Ruby 的陣列，還有 Python 的串列都是類似的。技術上來說，這些可以稱為在 YAML 中的序列（*sequence*），但是我把它稱為串列（*list*）以和 Ansible 的官方說明文件一致。

他們以減號做為分隔，如下：

```
- My Fair Lady
- Oklahoma
- The Pirates of Penzance
```

上面的內容等價於以下的 JSON 格式：

```
[
    "My Fair Lady",
    "Oklahoma",
    "The Pirates of Penzance"
]
```

（再一次說明，在 YAML 中我們不需要在字串加上引號，就算是他們有空格也沒有關係。）

YAML 也支援串列的行內格式設定方式，像是下面這個樣子：

```
[My Fair Lady, Oklahoma, The Pirates of Penzance]
```

字典

YAML 的**字典**就像是 JSON 中的物件、Python 中的字典或是 Ruby 中的雜湊。技術上，他們在 YAML 中被稱為是**對應**（*mapping*），但是本書還是以字典來稱呼，以和 Ansible 的官方說明文件一致。

他們看起來會是像下面這個樣子：

```
address: 742 Evergreen Terrace
city: Springfield
state: North Takoma
```

上面的設定和以下的 JSON 格式是等價的：

```
{
    "address": "742 Evergreen Terrace",
    "city": "Springfield",
    "state": "North Takoma"
}
```

YAML 也支援行內的字典設定，像是下面這個樣子：

```
{address: 742 Evergreen Terrace, city: Springfield, state: North Takoma}
```

折疊成許多行

當在編寫 playbook 時，經常會遇到需要傳遞許多參數到同一個模組的情形。從美觀上的角度來看，你可能會想要把這些參數分成好幾行來編排，但是這些行還是要讓 Ansible 把它當做是一行來看。

在 YAML 中你可以在行末加上一個大於（>）符號來做到，如此 YAML 的剖析器就會把換行符號使用空格來取代，如下例：

```
address: >
    Department of Computer Science,
    A.V. Williams Building,
    University of Maryland
city: College Park
state: Maryland
```

以下則是 JSON 的等價格式：

```
{
    "address": "Department of Computer Science, A.V. Williams Building,
                University of Maryland",
    "city": "College Park",
    "state": "Maryland"
}
```

剖析 Playbook 架構

接著就用 YAML 檔案的角度來檢視 playbook 的架構。再來看看範例 2-6：

範例 2-6　we-notls.yml

```
- name: Configure webserver with nginx
  hosts: webservers
  become: True
  tasks:
    - name: install nginx
      apt: name=nginx update_cache=yes

    - name: copy nginx config file
      copy: src=files/nginx.conf dest=/etc/nginx/sites-available/default

    - name: enable configuration
      file: >
        dest=/etc/nginx/sites-enabled/default
        src=/etc/nginx/sites-available/default
        state=link

    - name: copy index.html
      template: src=templates/index.html.j2 dest=/usr/share/nginx/html/index.html
        mode=0644

    - name: restart nginx
      service: name=nginx state=restarted
```

在範例 2-7 中，我們看到的是 web-notls.yml 的相對應等價之 JSON 版本。

範例 2-7 *web-notls.yml 的 JSON 版本*

```json
[
  {
    "name": "Configure webserver with nginx",
    "hosts": "webservers",
    "become": true,
    "tasks": [
      {
        "name": "Install nginx",
        "apt": "name=nginx update_cache=yes"
      },
      {
        "name": "copy nginx config file",
        "template": "src=files/nginx.conf dest=/etc/nginx/
        sites-available/default"
      },
      {
        "name": "enable configuration",
        "file": "dest=/etc/nginx/sites-enabled/default src=/etc/nginx/sites-available
/default state=link"
      },
      {
        "name": "copy index.html",
        "template" : "src=templates/index.html.j2 dest=/usr/share/nginx/html/
        index.html mode=0644"
      },
      {
        "name": "restart nginx",
        "service": "name=nginx state=restarted"
      }
    ]
  }
]
```

一個正確的 JSON 也是一個正確的 YAML 檔案。這是因為 YAML 允許字串
被使用引號括起來，把 **true** 和 **false** 當做是正確的布林值，以及也有行內
的串列和字典指定的語法，他們和 JSON 的陣列和物件的語法一樣。但是
不要把你的 playbook 編寫成 JSON，使用 YAML 的方式會讓人們更容易
閱讀理解。

Plays

不管是 YAML 或是 JSON 表示方式，在 playbook 中都應該要像一個字典的串列那樣的清楚，特別是在 playbook 中是一連串的 *play* 時。

底下是從例子中擷取出來的 play[4]：

```
- name: Configure webserver with nginx
  hosts: webservers
  become: True
  tasks:
    - name: install nginx
      apt: name=nginx update_cache=yes

    - name: copy nginx config file
      copy: src=files/nginx.conf dest=/etc/nginx/sites-available/default

    - name: enable configuration
      file: >
        dest=/etc/nginx/sites-enabled/default
        src=/etc/nginx/sites-available/default
        state=link

    - name: copy index.html
      template: src=templates/index.html.j2
                dest=/usr/share/nginx/html/index.html mode=0644

    - name: restart nginx
      service: name=nginx state=restarted
```

每一個 play 都必須包括以下的內容：

- 一組想要進行組態配置的主機（*host*）
- 要在這些主機上執行的一系列任務（*task*）

我們可以把一個 play 當做是把一些主機連結上一些任務的說明或劇本。

除了在 play 中需要指定主機和任務之外，play 也支援一些可以選用的設定，我們將會在比較後面的地方說明這個部份，在此只展示三個比較常用的部份：

name

　　用來描述 play 相關內容的註解。Ansible 會在 play 開始執行時列出這些訊息。

4　事實上，這個串列只包含單一個 play。

become

> 如果是真值，Ansible 將會扮演 root 使用者（預設值）執行每一個任務。此種方式在管理 Ubuntu 伺服器時非常有用，因為在預設的情況下，Ubuntu 不讓你以 root 的身份登入 SSH。

vars

> 一系列的變數和值。在本章的後續內容中可以看到他們是如何運作的。

任務（Task）

我們的範例 playbook 包含了一個具有 5 個任務的 play。以下是 play 的第一個任務：

```
- name: install nginx
  apt: name=nginx update_cache=yes
```

其中的 name 是可選用的，所以把它寫成如下的樣子也可以運行地非常完美：

```
- apt: name=nginx update_cache=yes
```

即使 name 是選用的，我還是建議你使用它們，因為使用 name 可以做為該任務目標的提醒。（name 的使用在當有其他人想要瞭解你的 playbook 時會非常有用，這當然也包括六個月之後的你自己）就像是你看到的，在執行之後，Ansible 會印出此 task 的 name。最後，就像是你將會在第 16 章中看到的，可以使用 --start-at-task <task name> 旗標告訴 ansible-playbook，在一個 play 中去啟動另外一個 playbook，但是你需要使用 name 去指向該 task。

每一個 task 必須包含一個 key，這個 key 包括了模組的名稱以及要傳遞到該模組的參數值。在前面的例子中，apt 是模組的名稱，而參數則是 name=nginx update_cache=yes 。

這些參數告訴 apt 模組要安裝一個叫做 *nginx* 的套件，而且在安裝這個套件之前要去更新套件的快取（等於是執行 apt-get update）。

有一個重點必須要瞭解，從被使用在 Ansible 前端之 YAML 剖析器觀點來看，參數被以字串來處理，而不是字典。這表示如果你打算要把參數切成許多行，你需要使用 YAML 的語法，像是下面這個樣子：

```
- name: install nginx
  apt: >
      name=nginx
      update_cache=yes
```

Ansible 也支援使用 YAML 字典做為模組參數的語法，當參數變得複雜時會很有幫助。這個部份我們將會在第 109 頁的「Task 中的複雜參數（Complex Argument）：先離題補充說明一下」說明。

Ansible 也支援舊式的語法，也就是把 action 當做是 key，然後模組名稱放入其值。所以，之前的例子也可以改寫成以下這個樣子：

```
- name: install nginx
  action: apt name=nginx update_cache=yes
```

模組（Modules）

模組是 Ansible 包裝好的腳本，用來在主機中執行一些操作[5]。固然這是相當通用的描述，但是 Ansible 的模組卻是千變萬化。以下是我們在本章中使用到的模組：

apt

使用 apt 套件管理員安裝或移除套件

copy

從本地端機器複製檔案到主機

file

設定檔案、連結或是目錄的屬性

template

從模板中產生檔案，然後複製到主機

檢視 Ansible 的模組說明文件

Ansible 的 ansible-doc 命令列工具可以用來顯示模組的說明文件，也可以說就是 Ansible 模組的 man pages。例如，要顯示 service 這個模組的說明文件，可以執行如下：

```
$ ansible-doc service
```

---

5 Ansible 的模組預設是使用 Python 語言，但也可以使用任何程式語言編寫。

> 如果你使用的是 macOS，有一個很好用的說明文件檢視器叫做 Dash（*http://kapeli.com/dash*），也支援 Ansible。Dash 索引了所有 Ansible 模組的說明文件。然而它是商用的工具（在撰寫本書時定價為美金 \$24.99 元），但是我發現它非常值得。

回想之前在第 1 章時，Ansible 透過模組名稱和參數，產生一個客製化、用來執行在主機的任務之腳本，然後複製這個腳本到主機上並執行之。

在 Ansible 預載的安裝就有超過 200 個模組，而且每一個釋出的版本中都還在持續地增加中，你也可以找到第三方支援的 Ansible 模組，或是也可以自己動手編寫。

全部加在一起

總結來看，playbook 包含了一個或一個以上的 play，而一個 play 則結合了沒有特定順序的主機（host）集合以及依序條列的任務（task）。每一個任務則連結到一個模組。

圖 2-3 是一個實體關係圖，用來說明 playbook、play、主機（host）、任務（task）及模組（module）之間的關係。

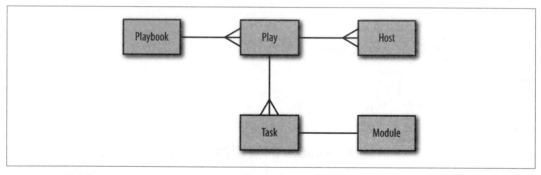

圖 2-3　實體關係圖

有什麼地方被改變了嗎？追踪主機的狀態

執行 ansible-playbook 時，Ansible 會為每一個 task 輸出它在 play 中執行的狀態資訊。

回過頭來看範例 2-5，注意到有一些任務的狀態是 changed，而其他的狀態則是 ok。例如，install nginx 任務的狀態就是 *changed*，在我的終端機中是以黃色來呈現：

```
TASK: [install nginx] *********************************************************
changed: [testserver]
```

此外，`enable configuration` 的狀態則是 *ok*，在我的終端機中是以綠色來呈現。

```
TASK: [enable configuration] **************************************************
ok: [testserver]
```

任一個 Ansible 任務的執行都有可能以某種型式改變主機的狀態。Ansible 模組會先檢查看看在做任何動作之前，主機的狀態是否需要被改變。如果主機的狀態符合模組的參數，Ansible 就不會做任何的動作，並且會回報狀態是 ok。

另一方面，如果主機的狀態和模組的參數是不符合的，Ansible 將會改變主機的狀態，然後傳回 *changed*。

在之前範例的輸出中，`install nginx` 任務是 changed，這表示在執行 playbook 之前，該主機並未安裝 nginx 套件。而 `enable configuration` 任務是沒有 unchanged，這表示在伺服器上已經有一個系統配置檔案，和準備要複製過去的是一樣的。原因是我使用在 playbook 中的 *nginx.conf* 檔和在主機的 Ubuntu 裡 *nginx* 套件安裝後的檔案是一樣的。

就像是你將會在本章後面看到的，Ansible 的狀態改變偵測可以透過 handler，用在觸發額外的動作上。但是，就算是沒有使用 *handler*，這仍然是一個很有用的回饋型式，可以看出你的主機狀態在 playbook 執行之後是否有了任何的改變。

讓事情變得更有趣：TLS 支援

接著來看看更複雜的例子：我們將要修改之前的 playbook，讓網頁伺服器可以支援 TLS。新用到的特色如下：

- 變數

- 事件處理器（Handler）

範例 2-8 是在 playbook 中加上 TLS 支援的內容。

範例 2-8 web-tls.yml

```
- name: Configure webserver with nginx and tls
  hosts: webservers
  become: True
  vars:
    key_file: /etc/nginx/ssl/nginx.key
    cert_file: /etc/nginx/ssl/nginx.crt
    conf_file: /etc/nginx/sites-available/default
```

```
        server_name: localhost
    tasks:
      - name: Install nginx
        apt: name=nginx update_cache=yes cache_valid_time=3600

      - name: create directories for ssl certificates
        file: path=/etc/nginx/ssl state=directory

      - name: copy TLS key
        copy: src=files/nginx.key dest={{ key_file }} owner=root mode=0600
        notify: restart nginx

      - name: copy TLS certificate
        copy: src=files/nginx.crt dest={{ cert_file }}
        notify: restart nginx

      - name: copy nginx config file
        template: src=templates/nginx.conf.j2 dest={{ conf_file }}
        notify: restart nginx

      - name: enable configuration
        file: dest=/etc/nginx/sites-enabled/default src={{ conf_file }} state=link
        notify: restart nginx

      - name: copy index.html
        template: src=templates/index.html.j2 dest=/usr/share/nginx/html/index.html
                mode=0644

    handlers:
      - name: restart nginx
        service: name=nginx state=restarted
```

產生一個 TLS 的憑證

現在需要手動地產生 TLS 憑證，如果你是在實際產品的情況下，那麼就需要到販售憑證的地方購買屬於自己的 TLS 憑證，或是使用像是 Let's Encrypt 這種免費的憑證，在 Ansible 中可以透過 letsencrypt 模組支援這個免費憑證。在此我們將使用自己簽發的憑證，因為可以自己免費地產生它們。

請在你的 *playbook* 目錄下建立一個叫做 *files* 的子目錄，然後使用以下的方式產生 TLS 憑證和 key（金鑰）：

```
$ mkdir files
$ openssl req -x509 -nodes -days 3650 -newkey rsa:2048 \
    -subj /CN=localhost \
    -keyout files/nginx.key -out files/nginx.crt
```

這些步驟應該會在 files 目錄中產生 *nginx.key* 以及 *nginx.crt* 這兩個檔案。這個憑證的有效期是在建立之後的 10 年（3,650 天）內。

變數

接著，在 playbook 中的 play，現在要有一個叫做 vars 的段落：

```
vars:
  key_file: /etc/nginx/ssl/nginx.key
  cert_file: /etc/nginx/ssl/nginx.crt
  conf_file: /etc/nginx/sites-available/default
  server_name: localhost
```

這個段落定義了 4 個變數，每一個都指定了相對應的值。

在我們的例子中，每一個值都是字串（例如：/etc/nginx/ssl/nginx.key），但是任何一個有效的 YAML 都可以被使用來當做是變數的值。你可以使用串列和字典再加上字串和布林值。

變數可以被使用在 task，以及在 template 檔案中。你可以使用「{{ 大括號 }}」符號來參用到要渲染的變數。Ansible 會以變數的值來取代這個雙大括號符號。

來看一下在 playbook 中的這個任務：

```
- name: copy TLS key
  copy: src=files/nginx.key dest={{ key_file }} owner=root mode=0600
```

當在執行任務的時候，Ansible 將會把「{{ key_file}}」使用「/etc/nginx/ssl/nginx.key」這個值來取代。

什麼時候需要使用引號

如果你在指定了模組之後參用了一個變數，YAML 剖析器將會把變數的參考誤解譯為一個行內字典的開頭。請看一下以下的這個例子：

```
- name: perform some task
  command: {{ myapp }} -a foo
```

Ansible 將會試著去解譯「{{ myapp }} -a foo」的第一個部份當做是字典而不是一個字串，接著就傳回一個錯誤。在這個例子中，你必須在參數的兩邊使用引號，如下所示：

```
- name: perform some task
  command: "{{ myapp }} -a foo"
```

同樣的問題在參數中有冒號時也會發生，例如：

```
- name: show a debug message
  debug: msg="The debug module will print a message: neat, eh?"
```

在 msg 參數中的冒號會讓 YAML 剖析器搞錯。為了讓它可以正常地解譯，你需對於整個參數字串加上引號。

不幸的是，只是使用引號也不能解決這個問題：

```
- name: show a debug message
  debug: "msg=The debug module will print a message: neat, eh?"
```

這對 YAML 剖析器來說不錯，但是輸出卻不是我們所預期的：

```
TASK: [show a debug message] *********************************************
ok: [localhost] => {
    "msg": "The"
}
```

debug 模組的 msg 參數傳回一個加上引號的字串以捕捉空格。在這個特殊的例子中，除了整得參數字串需要加上引號之外，msg 參數也需要。Ansible 可以讓你交替地使用單引號以及雙引號，所以你可以這樣做：

```
- name: show a debug message
  debug: "msg='The debug module will print a message: neat, eh?'"
```

這樣就可以產生我們所期待的輸出了：

```
TASK: [show a debug message] *********************************************
ok: [localhost] => {
    "msg": "The debug module will print a message: neat, eh?"
}
```

如果你的單引號和雙引號沒有放對位置而出現無效的 YAML，Ansible 會產生一個非常明確且清楚的錯誤訊息給你。

產生 Nginx 系統配置模板

如果你曾經做過網頁設計，應該就會很習慣使用模板來產生 HTML。簡單地說，模板（*template*）就是一個文字檔，但是它有一些特殊的語法可以用來指定一些要被特定值取代的變數。如果你曾經收過從一些公司寄給你的自動化郵件，它可能就是利用電子郵件模板來完成的，就像是範例 2-9 的樣子：

範例 2-9　電子郵件模板

```
Dear {{ name }},

You have {{ num_comments }} new comments on your blog: {{ blog_name }}.
```

在 Ansible 的 使 用 案 例 不 是 HTML 頁 面，也 不 是 電 子 郵 件，而 是 系 統 配 置
（configuration）檔案。如果可以的話，你不需要自己動手編輯系統配置檔。這種情況
特別是在那些需要在不同的系統配置檔中使用相同的系統配置資料（也就是，queue 伺
服器的 IP 位址，或是資料庫認證）時，最好的方式就是把要使用在部署時的這些資料
記錄在一個地方，然後從模板中產生需要這些資訊的所有檔案。

Ansible 使用 Jinja2 模板引擎實作出模板功能。如果你曾經使用過像是 Mustache、ERB
或是 Django 的模板系統，Jinja2 對你來說會非常地熟悉。

Nginx 的系統配置檔案需要有關於到哪裡去找到 TLS key 和憑證的檔案。我們將使用
Ansible 的模板功能定義系統配置檔案，以避免把那些可能會改變的值寫死在檔案中的
情形。

請在你的 *playbooks* 目錄中建立一個叫做 *templates* 的子目錄，然後建立一個叫做
templates/nginx.conf.j2 的檔案，就像是範例 2-10 所示的樣子。

範例 2-10　*template/nginx.conf.j2*

```
server {
        listen 80 default_server;
        listen [::]:80 default_server ipv6only=on;

        listen 443 ssl;

        root /usr/share/nginx/html;
        index index.html index.htm;

        server_name {{ server_name }};
        ssl_certificate {{ cert_file }};
        ssl_certificate_key {{ key_file }};

        location / {
                try_files $uri $uri/ =404;
        }
}
```

在此使用 .j2 副檔名以指出這個檔案是一個 Jinja2 的模板。不過，你也可以使用不同的
副檔名，對 Ansible 來說並沒有差別。

在此範例中，我們參用到 3 個變數：

server_name

　　網頁伺服器的主機名稱（例如：www.example.com）

cert_file

　　TLS 憑證的路徑

key_file

　　TLS 私鑰的路徑

我們在 playbook 中定義了這些變數。

Ansible 也在 playbook 中使用 Jinja2 模板引擎處理變數，就像是之前在 playbook 中曾經看過的 {{ conf_file }} 語法。

 早期的 Ansible 版本在 playbook 中使用錢號（$）插補字元代替雙大括號。如果你之前習慣使用 $foo 來代表變數 foo，則需要改寫為 {{ foo }}。錢號的語法已經被棄用了。如果你在網路上找到的 playbook 中遇到此種情形，就可以知道它使用的是舊版的 Ansible。

你可以在模板中使用所有的 Jinja2 功能，但是我們並不會在本書中詳加討論。你可以到 Jinja2 Tempalte Designer Documentation（*http://jinja.pocoo.org/docs/dev/templates/*）中找到所有的細節。然而，你應該是不需要使用到更進階的模板特性才對。其中一個你會在 Ansible 中用到的特性是過濾器（filter），我們將會到後面的章節中涵蓋它。

事件處理器（Handler）

回過頭去看 web-tls.yml 這個 playbook，其中有兩個新的 playbook 元素我們還沒有討論到。這個 handler 段落的內容看起來像是以下這個樣子：

```
handlers:
 - name: restart nginx
   service: name=nginx state=restarted
```

此外，有許多的任務包含了 notify 這個 key，例如：

```
 - name: copy TLS key
   copy: src=files/nginx.key dest={{ key_file }} owner=root mode=0600
   notify: restart nginx
```

事件處理器是 Ansible 所支援的其中一個條件式型式。事件處理器和任務類似，但是它只有當被任務通知到時才會被執行。如果 Ansible 發現系統的狀態已經改變的話，任務將會觸發一個通知。

任務通知一個事件處理器，並傳遞事件處理器的名稱以及參數。在前面的例子中，事件處理器的名稱是 restart nginx。對 Nginx 伺服器而言，如果發生了以下任一個事件均需要重新啟動伺服器[6]：

- TLS 的 key 改變了。
- TLS 的憑證改變了。
- 系統配置檔改變了。
- *sites-enabled* 目錄的內容改變了。

我們把 nofify 敘述放在每一個任務中，以確保上述的任一情況發生了之後，Ansible 會重啟 Nginx 伺服器。

對於事件處理器需要留意的一些事

事件處理器通常會在所有的任務被執行之後才會被執行。它們只執行一次，就算是被通知很多次也是一樣的。如果一個 play 包含了許多的事件處理器，事件處理器總是會依照它們定義在 handlers 段落中的順序執行，而不是通知的順序。

官方的 Ansible 說明文件提到，事件處理器最經常被使用的是只有在當服務需要被重啟或是系統重啟的時候。個人覺得，我總是只有在重啟服務時才會用到它。儘管如此，它是一個相當小的最佳化作業，因為我們總是只要在每一個 playbook 結束執行時無條件重啟服務就可以取代當有改變時進行通知的動作，而且重啟一個服務其實不會用到太多的時間。

另外一個我曾經遇過易犯的錯誤是，當你在偵錯 playbook 時，它們可能變得麻煩，可能的情形如下：

1. 我執行一個 playbook。

2. 其中一個任務因為狀態改變了而發了一個通知。

3. 在接下來的任務中發生了錯誤而停止了 Ansible。

4. 我修正了這個在 playbook 中的錯誤。

6　另外一種方式是，可以使用 state=reload 重新載入系統配置檔以取代重啓服務。

5. 再一次執行 Ansible

6. 在第二次執行時，沒有任何一個任務報告狀態的改變，所以 Ansible 就不會執行事件 處理器

關於進階事件處理器的用法以及其應用，請參考在第 188 頁的「進階的 Handlers」中的 說明。

執行 Playbook

正如前述，在此使用 ansible-playbook 命令以執行 playbook：

```
$ ansible-playbook web-tls.yml
```

執行之後的輸出，可能會像是下面這個樣子：

```
PLAY [Configure webserver with nginx and tls] ********************************

GATHERING FACTS *************************************************************
ok: [testserver]

TASK: [Install nginx] *******************************************************
changed: [testserver]

TASK: [create directories for tls certificates] ****************************
changed: [testserver]

TASK: [copy TLS key] ********************************************************
changed: [testserver]

TASK: [copy TLS certificate] ***********************************************
changed: [testserver]

TASK: [copy nginx config file] *********************************************
changed: [testserver]

TASK: [enable configuration] ***********************************************
ok: [testserver]

NOTIFIED: [restart nginx] **************************************************
changed: [testserver]

PLAY RECAP *****************************************************************
testserver                 : ok=8    changed=6    unreachable=0    failed=0
```

此時請開啟你的瀏覽器，然後前往 *https://localhost:8443*（別忘了 *https* 中的 *s*）。如果你也是用 Chrome，那麼將會看到一個訊息像是「Your connection is not private」（如圖 2-4 所示）

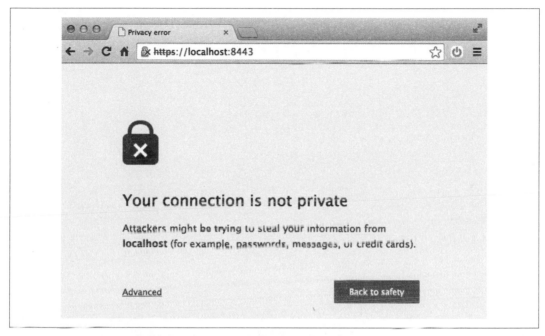

圖 2-4　Chrome 這一類的瀏覽器並不信任自己簽發的 TLS 憑證

別擔心，這個錯誤訊息是預料中的。因為這是我們自己簽發的憑證，而 Chrome 這一類的瀏覽器只會信任由公證單位所簽發的憑證。

這一章涵蓋了許多 Ansible 的內容，說明 Ansible 會在你主機上做的事。事件處理器的部份，只討論了它是一種 Ansible 所支援的控制流程其中一個型式。在接下來的章節中，我們將會說明基於變數值的重複和條件執行任務的方式。下一章，我們將討論關於被操作的對象，換句話說，就是如何去描述在 playbook 中所要執行的那些主機（host）。

## 第三章

Inventory：描述你的主機

到目前為止，我們只有在一台主機（或 *host*，也是 Ansible 所使用的詞）上作業。實務上應該都會管理許多部主機。在 Ansible 中，主機的集合被稱為 *invenotry*。在這一章中，你將學會如何使用 Ansible inventory 去描述一個主機的集合。

Inventory 檔案

在 Ansible 中描述主機的預設方式是在文字檔中把它們列出來，這個文字檔案就叫做 inventory。簡單的 *inventory* 檔案可以只包含一系列主機的名稱，就像是範例 3-1 所示的樣子。

範例 3-1　一個非常簡單的 inventory 檔

```
ontario.example.com
newhampshire.example.com
maryland.example.com
virginia.example.com
newyork.example.com
quebec.example.com
rhodeisland.example.com
```

 Ansible 預設使用你的本地 SSH 客戶端，這表示它會知道你設定在 SSH 系統配置檔中的所有主機別名。這並不表示如果你讓 Ansible 使用 Paramiko 連線外掛而不是 SSH 時也會成立。

在預設的情況下，Ansible 會自動地加上一個主機到 inventory 檔案中，那就是 *localhost*。Ansible 知道 localhost 表示你的本地端主機，所以你就可以直接和它互動而不需要透過 SSH。

雖然 Ansible 會自動加上 localhost 到你的 inventory 中，你還是必須至少在 inventory 檔案中有一個其他的主機，否則 ansible-playbook 將會報出以下的錯誤並停止執行：

```
ERROR: provided hosts list is empty
```

如果在 inventory 檔案中沒有其他的主機，你可以明示新增一個 localhost，就像是下面這個樣子：

```
localhost ansible_connection=local
```

第一步：多個 Vagrant 機器

為了解釋 inventory，我們需要和多個主機互動。現在就讓我們透過 Vagrant 啟用 3 台主機。在此，很無趣地把這 3 台主機命名為 vagrant1、vagrant2 及 vagrant3。

在你編輯現有的 Vagrantfile 之前，先確定是否已經使用以下命令刪除現有的虛擬機：

```
$ vagrant destory --force
```

如果上面的指令沒有包含 --force 選項，Vagrant 會要求我們確認是否刪除這台虛擬機。

接下來，請參考範例 3-2 編輯 Vagrantfile 這個檔案。

範例 3-2　使用 3 台伺服器的 *Vagrantfile*

```
VAGRANTFILE_API_VERSION = "2"

Vagrant.configure(VAGRANTFILE_API_VERSION) do |config|
  # Use the same key for each machine
  config.ssh.insert_key = false

  config.vm.define "vagrant1" do |vagrant1|
    vagrant1.vm.box = "ubuntu/trusty64"
    vagrant1.vm.network "forwarded_port", guest: 80, host: 8080
    vagrant1.vm.network "forwarded_port", guest: 443, host: 8443
  end
  config.vm.define "vagrant2" do |vagrant2|
    vagrant2.vm.box = "ubuntu/trusty64"
    vagrant2.vm.network "forwarded_port", guest: 80, host: 8081
    vagrant2.vm.network "forwarded_port", guest: 443, host: 8444
  end
```

```
    config.vm.define "vagrant3" do |vagrant3|
      vagrant3.vm.box = "ubuntu/trusty64"
      vagrant3.vm.network "forwarded_port", guest: 80, host: 8082
      vagrant3.vm.network "forwarded_port", guest: 443, host: 8445
    end
  end
```

Vargant 1.7 版本之後預設的情況是對每一個主機使用一個不同的 SSH key。範例 3-2 裡面多了一行設定以讓每一個主機都使用相同的 SSII key：

```
config.ssh.insert_key = false
```

對每一台主機都使用相同的 key 可以簡化我們在 Ansible 設置時的作業，因為只要指定一個 SSH key 在 *ansible.cfg* 中就可以了。接下來請編輯在 *ansible.cfg* 中 host_key_checking 的值，然後你的檔案看起來就會像是範例 3-3 所示的樣子。

範例 *3-3*　*ansible.cfg*

```
[defaults]
inventory = inventory
remote_user = vagrant
private_key_file = ~/.vagrant.d/insecure_private_key
host_key_checking = False
```

現在，我們假設每一個伺服器都可能會做為網頁伺服器，所以範例 3-2 對每一個 Vagrant 機器都對應了 80 和 443 這兩個埠到本地端機器。

現在應該就可以藉由以下的命令啟動虛擬機器了：

```
$ vargrant up
```

如果一切都順利的話，輸出看起來會像是下面這個樣子：

```
Bringing machine 'vagrant1' up with 'virtualbox' provider...
Bringing machine 'vagrant2' up with 'virtualbox' provider...
Bringing machine 'vagrant3' up with 'virtualbox' provider...
...
    vagrant3: 80 => 8082 (adapter 1)
    vagrant3: 443 => 8445 (adapter 1)
    vagrant3: 22 => 2201 (adapter 1)
==> vagrant3: Booting VM...
==> vagrant3: Waiting for machine to boot. This may take a few minutes...
    vagrant3: SSH address: 127.0.0.1:2201
    vagrant3: SSH username: vagrant
    vagrant3: SSH auth method: private key
    vagrant3: Warning: Connection timeout. Retrying...
==> vagrant3: Machine booted and ready!
```

```
==> vagrant3: Checking for guest additions in VM...
==> vagrant3: Mounting shared folders...
    vagrant3: /vagrant => /Users/lorin/dev/oreilly-ansible/playbooks
```

接著，讓我們建立一個可以包含這些機器的 inventory 檔。

首先，我們需要知道每一台機器在本地端機器中對應到 SSH 埠（22）的埠號。回想之前做過的，可以使用以下的命令來看到這些資訊：

```
$ vagrant  ssh-config
```

輸出看起來應該會是像下面這個樣子：

```
Host vagrant1
  HostName 127.0.0.1
  User vagrant
  Port 2222
  UserKnownHostsFile /dev/null
  StrictHostKeyChecking no
  PasswordAuthentication no
  IdentityFile /Users/lorin/.vagrant.d/insecure_private_key
  IdentitiesOnly yes
  LogLevel FATAL

Host vagrant2
  HostName 127.0.0.1
  User vagrant
  Port 2200
  UserKnownHostsFile /dev/null
  StrictHostKeyChecking no
  PasswordAuthentication no
  IdentityFile /Users/lorin/.vagrant.d/insecure_private_key
  IdentitiesOnly yes
  LogLevel FATAL

Host vagrant3
  HostName 127.0.0.1
  User vagrant
  Port 2201
  UserKnownHostsFile /dev/null
  StrictHostKeyChecking no
  PasswordAuthentication no
  IdentityFile /Users/lorin/.vagrant.d/insecure_private_key
  IdentitiesOnly yes
  LogLevel FATAL
```

從以上的訊息可以看出，**vagrant1** 使用 port 2222，**vagrant2** 使用 port 2200，而 **vagrant3** 則是使用 port 2201。

請修改 *hosts* 檔案，讓它看起來像是下面這個樣子：

```
vagrant1 ansible_host=127.0.0.1 ansible_port=2222
vagrant2 ansible_host=127.0.0.1 ansible_port=2200
vagrant3 ansible_host=127.0.0.1 ansible_port=2201
```

現在，要確定你可以存取到這些機器。例如，要取得關於 vagrant2 的網路介面卡資料，可以執行以下的命令：

```
$ ansible vagrant2 -a "ip addr show dev eth0"
```

在我的機器中，輸出看起來像是下面這個樣子：

```
vagrant2 | success | rc=0 >>
2: eth0: <BROADCAST,MULTICAST,UP,LOWER_UP> mtu 1500 qdisc pfifo_fast state UP
group default qlen 1000
    link/ether 08:00:27:fe:1e:4d brd ff:ff:ff:ff:ff:ff
    inet 10.0.2.15/24 brd 10.0.2.255 scope global eth0
       valid_lft forever preferred_lft forever
    inet6 fe80::a00:27ff:fefe:1e4d/64 scope link
       valid_lft forever preferred_lft forever
```

Behavioral Inventory Parameters

要在 Ansible inventory 檔案中描述 Vagrant 機器，需要明確地指明 SSH 客戶端所需要連線的 hostname（127.0.0.1）以及 port（2222、2200 或 2201）。Ansible 把這些變數叫做 *behavioral inventory parameters*，當你需要覆寫 Ansible 對於一台主機的預設值時，有許多項目是你可以運用的（請參考表 3-1）。

表 *3-1 Behavioral inventory parameters*

名稱	預設值	說明
ansible_host	主機名稱	SSH 要連線的主機或 IP 位址
ansible_port	22	SSH 要連線的埠號
ansible_user	Root	SSH 要連線的使用者
ansible_password	（無）	用來給 SSH 驗證用的密碼
ansible_connection	smart	Ansible 要用什麼方式連線到主機（請參考以下章節的說明）
ansible_private_key_file	（無）	SSH 驗證所需之 SSH 私鑰檔案
ansible_shell_type	sh	用來執行命令的 Shell（請參考以下章節的說明）
ansible_python_inteperter	/usr/bin/python	在主機上 Python 解譯器的位置（請參考以下章節的說明）
ansible_*_interpreter	（無）	使用其他程式語言解譯器的位置（請參考以下章節的說明）

在表格中的一些項目就像是它的名字所代表的意思，但是有一些則是需要額外的說明。

ansible_connection

Ansible 支援多個 *transports*，此種機制讓 Ansible 可以使用它們連接到主機。預設的transport 是 smart，它會檢查本地端是否安裝了 SSH 客戶端的一個叫做 *ControlPersist* 的功能。如果 SSH 客戶端支持 ControlPersist，Ansible 將會使用本地端的 SSH 客戶端。如果 SSH 客戶端不支援 ControlPersist，則 smart trasnport 就會回復到使用以 Python 為基礎的 SSH 客戶端程式庫 *Paramiko*。

ansible_shell_type

Ansible 藉由使用 SSH 的連線以連接到遠端的機器然後執行程式腳本。預設的情況下，Ansible 假設遠端的 Shell 是 Bourne shell，且放置在 */bin/sh* 之下，然後產生適合於Bourne shell 使用的命令列參數。

Ansible 也可以接受 csh、fish 及（在 Windows 中的）powershell 做為此參數的值。我從來沒有遇到過需要改變 Shell 型式的情形。

ansible_python_intepreter

因為和 Ansible 一起的模組是以 Python 2 實作的，Ansible 需要知道遠端機器上 Python解譯器的位置。如果遠端機器在 /usr/bin/python 裡找不到 Python 2，則可能會需要去改變這個參數。例如，如果你所管理的主機是執行 Arch Linux，就需要把它改為 */usr/bin/python2*，因為 Arch Linux 把 Python 3 安裝在 */usr/bin/python*，而 Ansible 模組目前並還沒支援 Python 3。

ansible_*_intepreter

如果你使用一個不是由 Python 所編寫的客製化模組，你可以使用這個參數去指定語言解譯器的位置（例如：*/usr/bin/ruby*）。我們將會在第 12 章中再次提到。

改變 Behavioral 參數的預設值

你可以在 *ansible.cfg* 檔案（表 3-2）的 defaults 段落中覆寫一些 behavioral 參數的預設值。就好像是之前我們使用這個方式去改變過一個預設的 SSH 使用者的情況。

表 3-2　預設值可以在 *ansible.cfg* 中覆寫

behavioral inventory 參數	ansible.cfg 選項
ansible_port	remote_port
ansible_user	remote_user
ansible_private_key_file	private_key_file
ansible_shell_type	executable（請參考接下來內容）

ansible_cfg 的 executable 選 項 並 沒 有 完 全 等 於 ansible_shell_type 的 behavioral inventory 參數。取而代之的，executable 指定一個在遠端機器上 shell 的完整路徑名稱（例如：*/usr/local/bin/fish*）。Ansible 將會檢視在此路徑中的檔案名稱（在此例中為 */usr/local/bin/fish* 的檔案名稱是 *fish*），然後使用這個作為 ansible_shell_type 中的預設值。

分組、分組、分組

當執行系統配置的工作時，一般來說我們都會是想要去對一群主機執行操作，而不是一台一台來做。Ansible 自動地定義群組為 all（或是 *），這包括所有在 inventory 中的所有主機。例如，我們使用以下的設定，檢查所有在機器的上主機之時鐘是否大概是同步的情形：

```
$ ansible all -a "date"
```

或

```
$ ansible '*' -a "date"
```

在我的系統中輸出看起來像是下面這樣：

```
vagrant3 | success | rc=0 >>
Sun Sep  7 02:56:46 UTC 2014

vagrant2 | success | rc=0 >>
Sun Sep  7 03:03:46 UTC 2014

vagrant1 | success | rc=0 >>
Sun Sep  7 02:56:47 UTC 2014
```

我們可以在 inventory 檔案中定義群組。Ansible 使用 *.ini* 檔案格式，在這個 *.ini* 格式中，配置的值被以段落的方式組成同一群。

以下是我們使用 vagrant 把 Vagrant 伺服器主機組成同一組，然後和本章一開始時提到的範例主機放一起：

```
ontario.example.com
newhampshire.example.com
maryland.example.com
virginia.example.com
newyork.example.com
quebec.example.com
rhodeisland.example.com

[vagrant]
vagrant1 ansible_host=127.0.0.1 ansible_port=2222
vagrant2 ansible_host=127.0.0.1 ansible_port=2200
vagrant3 ansible_host=127.0.0.1 ansible_port=2201
```

我們也可以把 Vagrant 主機列在最上面，然後也是在同一組，像是下面這樣：

```
maryland.example.com
newhampshire.example.com
newyork.example.com
ontario.example.com
quebec.example.com
rhodeisland.example.com
vagrant1 ansible_host=127.0.0.1 ansible_port=2222
vagrant2 ansible_host=127.0.0.1 ansible_port=2200
vagrant3 ansible_host=127.0.0.1 ansible_port=2201
virginia.example.com

[vagrant]
vagrant1
vagrant2
vagrant3
```

實例：Django App 的佈署

想像你正在負責部署一個要長期執行的 Django 網頁應用程式。這個網頁應用程式需要能夠支援以下的服務：

- Django 網頁應用，以 Gunicorn HTTP 伺服器來執行

- 一個 Nginx 網頁伺服器，在 Gunicorn 的前端，負責用來服務靜態資料

- 一個 Celery 工作排程，可以執行在網頁應用中的長時間執行的作業

- 一個 RabbitMQ 訊息排程，可以做為 Celery 的後端程式

- 一個 Postgres 資料庫，用來作為長期資料的儲存處

在接下來的章節中，我們將會整個跑過一遍所有部署此類 Django 為主的應用範例的細節，儘管在範例中並沒有用到 Celery 或 RabbitMQ。

我們需要部署此網頁應用程式到不同型態的環境：production（實際應用產品）、staging（我們團隊所共享的空間，用來做為在主機上的測試環境）及 Vagrant（本地端測試之用）。

當要部署到 production 時，整個系統需要能夠快速回應，而且必須是可靠的，所以需要執行以下的步驟：

- 為了比較好的效能，要把這個網頁應用執行在多個主機上，然後在它們前面放一個負載平衡器。

- 為了較好的效能，在多個主機上執行工作排程伺服器。

- 在所有的伺服器上放置 Gunicorn、RabbitMQ 及 Postgres。

- 使用兩個 Postgres 主機，其中一個是主要的，而另一個則做為備援。

假設我們有 1 個負載平衡器、3 台網頁伺服器、3 個工作排程、1 台 RabbitMQ 伺服器及 2 台資料庫伺服器，所以總共需要 10 台主機以完成這項任務。

在 staging 環境中，假設為了節省成本而只想要使用比較少台主機，尤其是因為在 staging 環境中不至於有像是 production 環境中那麼多的活動。這麼說好了，假設我們決定在 staging 環境中只要使用 2 台主機，就需要把網頁伺服器和工作排程放在 1 台 staging 主機，然後 RabbitMQ 和 Postgres 以及其他的部份就都放在另外一台主機上。

對於本地端的 Vagrant 環境而言，我們決定使用三台伺服器：1 台是網頁應用，1 台用來做工作排程，而另外一台則負責 RabbitMQ 以及 Postgres。

範例 3-4 是一個 inventory 檔案，以不同的環境（production、staging、Vagrant）以及不同的功能（網頁伺服器、工作排程等等）來分組。

範例 3-4　用來部署 *Django* 應用的 *Inventory* 檔案

```
[production]
delaware.example.com
georgia.example.com
maryland.example.com
newhampshire.example.com
newjersey.example.com
newyork.example.com
northcarolina.example.com
```

```
pennsylvania.example.com
rhodeisland.example.com
virginia.example.com

[staging]
ontario.example.com
quebec.example.com

[vagrant]
vagrant1 ansible_host=127.0.0.1 ansible_port=2222
vagrant2 ansible_host=127.0.0.1 ansible_port=2200
vagrant3 ansible_host=127.0.0.1 ansible_port=2201

[lb]
delaware.example.com

[web]
georgia.example.com
newhampshire.example.com
newjersey.example.com
ontario.example.com
vagrant1

[task]
newyork.example.com
northcarolina.example.com
maryland.example.com
ontario.example.com
vagrant2

[rabbitmq]
pennsylvania.example.com
quebec.example.com
vagrant3

[db]
rhodeisland.example.com
virginia.example.com
quebec.example.com
vagrant3
```

我們也可以在 inventory 檔案一開頭的地方就列出所有的伺服器而不指定組別,但這不是必須的,而且這樣也會讓這個檔案變得更長。

請留意我們只需要為 Vargrant 實例指定一次 behavioral inventory 參數。

別名和連接埠

我們是以如下所示的樣子描述 vagrant：

```
[vagrant]
vagrant1 ansible_host=127.0.0.1 ansible_port=2222
vagrant2 ansible_host=127.0.0.1 ansible_port=2200
vagrant3 ansible_host=127.0.0.1 ansible_port=2201
```

其中這些名稱 vargrant1、vargrant2 及 vargrant3 在這裡就是所謂的別名（alias）。它們不是真正的主機名稱，但是卻可以很方便地用來指向這些主機。

Ansible 使用 < 主機名稱 >:< 連接埠 > 語法來設定主機，所以我們可以使用 **127.0.0.1:2222** 取代 vargrant1 這一行。然而，不能直接執行像是在範例 3-5 中看到的內容。

範例 3-5　無法執行的內容

```
[vagrant]
127.0.0.1:2222
127.0.0.1:2200
127.0.0.1:2201
```

原因是 Ansible 的 inventory 只能連結單一個 *127.0.0.1*，所以 Vagrant 群組只能包含一台主機而不是三台。

組中之組

Ansible 也可以在群組中再定義其他的分組。例如，包括網頁伺服器和工作排程伺服器兩個都會需要有 Django 以及其他相依的套件。如果可以定義一個包含這兩個群組的 **django** 群組就會非常有用。你可以把底下的內容加到 inventory 檔案中：

```
[django:children]
web
task
```

要留意的是，當你在群組裡面再定義群組的話語法會有所改變，以便於和主機的群組有所分別。也因此，Ansible 才會知道如何去把 web 和 task 當做是分組而不是主機了。

編號的主機（寵物 vs. 牛）

在範例 3-4 中的 inventory 檔案看起來還滿複雜的。實際上，它只描述 15 台主機。在雲環境的世界中，這看起來並不算是一個很大的數字。然而，就算是在 inventory 檔案中處理 15 台主機也可能會變得冗長，因為每一個主機會有完全不一樣的主機名稱。

微軟的 Bill Baker 想出了把伺服器當做是寵物或是牛之間的差別 [1]。我們給寵物取不同的名字，而把牠們每一隻都被當做是不同的個體。另一方面，當我們討論到牛的時候，我們只給牠們不同的編號。

對待牛的方式更容易可以擴大規模，而且 Ansible 也完整地支援編號的編碼。例如，如果你的 20 部伺服器要命名為 *web1.example.com*、*web2.example.com* 等等，那麼你可以在 inventory 檔案中以如下所示的方法來設定：

```
[web]
web[1:20].example.com
```

如果你比較喜歡在數字之前都加上 0 的話（例如 *web01.example.com*），那麼你可以直接在數字之前加個 0 就好了，就像是以下這樣：

```
[web]
web[01:20].example.com
```

Ansible 也支援使用字母字元以指定其範圍。如果你想要在你的 20 台伺服器中使用這樣的命名方式：*web-a.example.com*、*web-b.example.com*，等等，也可以這樣做：

```
[web]
web-[a-t].example.com
```

在 Inventory 裡面的主機和群組變數

回想之前我們在為 Vagrant 主機指定 behavioral inventory 參數時的方式：

```
vagrant1 ansible_host=127.0.0.1 ansible_port=2222
vagrant2 ansible_host=127.0.0.1 ansible_port=2200
vagrant3 ansible_host=127.0.0.1 ansible_port=2201
```

這些參數對 Ansible 來說是有意義的變數。我們也可以定義任意的變數名稱，然後把在主機上的值連結在一起。例如，我們可以定義一個變數名稱 color，然後為每一個伺服器設定一個值：

```
newhampshire.example.com color=red
maryland.example.com color=green
ontario.example.com color=blue
quebec.example.com color=purple
```

然後這個變數就可以被使用在 playbook 中，就像是其他的變數一樣。

我個人並不常把變數綁到特定的主機，而是比較常把變數和群組設定在一起。

1　這個詞已經被 Cloudscaling 的 Randy Bias 把它變得普及了。（http://bit.ly/1P3nHB2）.

回到我們之前的 Django 例子，網頁應用和工作排程服務需要和 RabbitMQ 以及 Postgres 溝通。假設在網路層中和 Postgres 資料庫的存取是安全的（所以，只有網頁應用和工作排程可以接觸到資料庫），同時在網路層中，透過使用者名稱和密碼連線到 RabbitMQ 也是安全的。

要讓所有的事情都設置完成，需要做以下的事：

- 使用主要 Postgres 伺服器的 hostname、port、username、password 以及資料庫名稱配置網頁伺服器。

- 使用主要 Postgres 伺服器的 hostname、port、username、password 以及資料庫名稱配置工作排程。

- 使用 RabbitMQ 伺服器的 hostname 以及 port 配置網頁伺服器。

- 使用 RabbitMQ 伺服器的 hostname 以及 port 配置工作排程。

- 使用備援 Postgres 伺服器的 hostname、port、username、password 配置主要的 Postgres 伺服器（只有在 production 部署時才需要）

這個系統配置資料在不同的環境中是會改變的，所以把這些定義成群組變數使用在 production、staging 及 vagrant 群組就非常有用。範例 3-6 展示了在 inventory 檔案中把這些資訊變成群組變數的其中一種方式。

範例 3-6　在 inventory 檔案中指定群組變數

```
[all:vars]
ntp_server=ntp.ubuntu.com

[production:vars]
db_primary_host=rhodeisland.example.com
db_primary_port=5432
db_replica_host=virginia.example.com
db_name=widget_production
db_user=widgetuser
db_password=pFmMxcyD;Fc6)6
rabbitmq_host=pennsylvania.example.com
rabbitmq_port=5672


[staging:vars]
db_primary_host=quebec.example.com
db_primary_port=5432
db_name=widget_staging
db_user=widgetuser
db_password=L@4Ryz8cRUXedj
```

```
rabbitmq_host=quebec.example.com
rabbitmq_port=5672

[vagrant:vars]
db_primary_host=vagrant3
db_primary_port=5432
db_name=widget_vagrant
db_user=widgetuser
db_password=password
rabbitmq_host=vagrant3
rabbitmq_port=5672
```

需留意群組變數是如何組織成段落名稱的「[<群組名稱>:vars]」。也要注意的是我們如何利用 all 群組讓 Ansible 自動去指定那些我們在不同的主機間不會改變的變數。

在自己檔案中的主機和群組變數

如果你沒有指定非常多主機的話，把主機和群組變數放在 inventory 檔中是很合理的。但是，當你的 inventory 檔案愈來愈大時，使用這個方式來管理變數就會變得比較困難。

此外，雖然 Ansible 的變數可以使用布林值、字串、列表、和字典型態，但是你在 inventory 檔中只能使用布林值和字串。

Ansible 提供一個更好的可規模化的方式去保存主機和群組變數：你可以為每一個主機和群組建立一個獨立的變數檔案。Ansible 會把這些變數檔案以 YAML 格式來解釋。

Ansible 會去一個叫做 *host_vars* 的資料夾中尋找主機的變數檔案以及到 *group_vars* 的目錄中尋找群組變數檔案。Ansible 預期這兩個目錄會和 playbooks 所在的目錄或是和你的 inventory 檔案的目錄在一起。在本例中，這兩個目錄是相同的。

例如，如果我的目錄 */home/lorin/playbooks/* 裡面包含了 playbooks，那麼 */home/lorin/playbooks/hosts* 中則會有我的 inventory 檔，然後我會把叫做 quebec.example.com 主機的變數放在檔案 */home/lorin/playbooks/host_vars/quebec.example.com* 中，然後把 production 群組的變數放在 */home/lorin/playbooks/group_bars/production* 裡面。

範例 3-7 顯示了在 */home/lorin/playbooks/group_vars/production* 檔案看起來會是什麼樣子。

範例 3-7 *group_vars/production*
```
db_primary_host: rhodeisland.example.com
db_primary_port: 5432
db_replica_host: virginia.example.com
```

```
db_name: widget_production
db_user: widgetuser
db_password: pFmMxcyD;Fc6)6
rabbitmq_host:pennsylvania.example.com
rabbitmq_port=5672
```

我們也可以使用 YAML 字典代表這些數值，就像是範例 3-8 所示的樣子。

範例 3-8　*group_vars/production*，使用字典型態

```
db:
    user: widgetuser
    password: pFmMxcyD;Fc6)6
    name: widget_production
    primary:
        host: rhodeisland.example.com
        port: 5432
    replica:
        host: virginia.example.com
        port: 5432

rabbitmq:
    host: pennsylvania.example.com
    port: 5672
```

如果我們選用 YAML 字典，會改變存取變數的方式：

```
{{ db_primary_host }}
```

對比：

```
{{ db.primary.host }}
```

如果你想要更進一步地拆解，Ansible 也允許你可以定義 *group_vars/production* 當做是字典而不是檔案，如此可以讓你放置多個 YAML 檔案以包含變數的定義。例如，我們可以放置和資料庫相關的變數在一個檔案，然後把 RabbitMQ 相關的變數放在另外一個檔案中，就像是在範例 3-9 和範例 3-10 所示的樣子。

範例 3-9　*group_vars/production/db*

```
db:
    user: widgetuser
    password: pFmMxcyD;Fc6)6
    name: widget_production
    primary:
        host: rhodeisland.example.com
        port: 5432
    replica:
```

```
        host: virginia.example.com
        port: 5432
```

範例 3-10　group_vars/production/rabbitmq

```
    rabbitmq:
        host: pennsylvania.example.com
        port: 6379
```

一般而言，我發現不要把變數切成那麼多不同的檔案會讓事情保持簡單一些。

動態的 Inventory

到目前為止，我們已經很明確地在 inventory 檔案中指定了所有的主機。然而，你可能有一個在 Ansible 之外的系統也保持和你的主機之連繫。例如，如果你的主機是在 Amazon EC2 上執行，而 EC2 會幫你追蹤這些主機的相關資訊，而你則可以透過 EC2 的網頁介面、查詢 API，或是透過像是 awscli 這一類的命令列工具取得這些資訊。或是，如果你正在管理你自己的主機，而這些主機是使用像 Cobbler 或 Ubuntu Metal as a Service （MAAS）這一類的自動生成工具產生的。或是可能你有一個此類的多功能配置管理工具資料庫（Configuration Management Database, CMDBs）讓這些資料隨時保持上線。

你不想要手動地複製這些資料在你的主機檔案中，因為總有一天這些檔案將會和你的外部系統不一致，而這才是你的主機資訊真正的來源。Ansible 支援一個特色是動態 inventory（*dynamic inventory*），可以讓你避免掉這些重複的現象。

如果 inventory 檔案被設定成是可執行的，Ansible 會假設它是動態的 inventory 腳本，然後就會以執行的方式而不是讀取的方式處理它。

> 可以使用 chmod +x 命令讓檔案被成是可執行的。例如：
> ```
> $ chmod +x dynamic.py
> ```

動態 Inventory 腳本的介面

一個 Ansible 動態 Inventory 腳本必須支援 2 個命令列旗標：

- --host=<hostname> 用來顯示主機的細節

- --list 用來列出群組

顯示主機的細節

為了取得個別主機的細節，Ansible 將會以如下所示的方式呼叫 inventory 腳本：

```
$ ./dynamic.py --host=vagrant2
```

上述命令的輸出應該包含任一和主機相關的變數，包括 behavioral 參數，如下：

```
{ "ansible_host": "127.0.0.1", "ansible_port": 2200,
  "ansible_user": "vagrant"}
```

上述的輸出是一個 JSON 物件，名稱就是變數的名稱，而值就是變數的值。

列出群組

動態的 inventory 腳本需要可以列出所有的群組，以及每一個主機的細節。例如，如果腳本叫做 *dynamic.py*，Ansible 將會以如下所示的方式呼叫，以取得所有群組的列表：

```
$ ./dynamic.py --list
```

而輸出看起來大約會是像以下這個樣子：

```
{"production": ["delaware.example.com", "georgia.example.com",
                "maryland.example.com", "newhampshire.example.com",
                "newjersey.example.com", "newyork.example.com",
                "northcarolina.example.com", "pennsylvania.example.com",
                "rhodeisland.example.com", "virginia.example.com"],
 "staging": ["ontario.example.com", "quebec.example.com"],
 "vagrant": ["vagrant1", "vagrant2", "vagrant3"],
 "lb": ["delaware.example.com"],
 "web": ["georgia.example.com", "newhampshire.example.com",
         "newjersey.example.com", "ontario.example.com", "vagrant1"],
 "task": ["newyork.example.com", "northcarolina.example.com",
          "ontario.example.com", "vagrant2"],
 "rabbitmq": ["pennsylvania.example.com", "quebec.example.com", "vagrant3"],
 "db": ["rhodeisland.example.com", "virginia.example.com", "vagrant3"]
}
```

同樣地，輸出也是一個 JSON 物件，名字就是 Ansible 的群組名稱，而值就是一個主機名稱的陣列。

為了最佳化，`--list` 命令可以包含所有主機的主機變數值，如此可以節省 Ansible 為了取得每一個主機的變數資料而去個別呼叫 `--host` 所花費的時間。

為了使用這項最佳化的好處，`--list` 命令應該要回應一個 `_meta` 的名稱，包含有每一個主機的變數，像是下面這個樣子：

```
 "_meta" :
   { "hostvars" :
     "vagrant1" : { "ansible_host": "127.0.0.1", "ansible_port": 2222,
                    "ansible_user": "vagrant"},
     "vagrant2": { "ansible_host": "127.0.0.1", "ansible_port": 2200,
                    "ansible_user": "vagrant"},
     ...
   }
```

編寫動態 Inventory 腳本

vagrant status 是讓你可以看到哪一個主機目前正在執行的常用的 Vagrant 命令。假設我們有一個 Vagrant 檔案看起來像是範例 3-2 的樣子，若是執行 vagrant status，輸出看起來會像是範例 3-11 所示的樣子。

範例 3-11　*vagrant status 的輸出*

```
$ vagrant status
Current machine states:

vagrant1                  running (virtualbox)
vagrant2                  running (virtualbox)
vagrant3                  running (virtualbox)
```

這個環境代表多個虛擬機，虛擬機全部以其當前狀態列出。 更多有關特定 VM 的資訊，請執行 `vagrant status NAME`。

因為 Vagrant 已經有在為我們追蹤機器的狀態，所以就不需要再於 Ansible 的 Inventory 檔案中寫一個 Vagrant 機器的清單。取而代之的是，我們可以寫一個動態的 inventory 腳本去查詢 Vagrant 關於正在執行中的是哪些機器。一旦為 Vagrant 設定好了動態 Inventory 腳本，就算是我們改變了 Vagrantfile 以執行不同數量的 Vagrant 機器，也不需要再去編輯 Ansible 的 Inventory 檔案。

現在讓我們重頭來做一遍，建立一個動態腳本以從 Vagrant 取得關於主機的相關資訊[2]。我們的動態 Inventory 腳本將會需要去呼叫 vagrant status。被呈現在範例 3-11 輸出的樣子是設計用來給人們閱讀檢視，而不是適用於機器剖析之用的。我們可以使用 --machine-readable 以取得適合於機器剖析的執行中的主機資訊，如下所示：

```
$ vagrant status --machine-readable
```

2　沒錯，有一個 Vagrant 動態 inventory 腳本已經被包含在 Ansible 了，但是整個練習做一遍對你會很有幫助。

輸出看起來應該是像下面這個樣子：

```
1474694768,vagrant1,metadata,provider,virtualbox
1474694768,vagrant2,metadata,provider,virtualbox
1474694768,vagrant3,metadata,provider,virtualbox
1410577818,vagrant1,state,running
1410577818,vagrant1,state-human-short,running
1410577818,vagrant1,state-human-long,The VM is running. To stop this VM%!(VAGRANT
_COMMA) you can run `vagrant halt` to\nshut it down forcefully%!(VAGRANT_COMMA)
or you can run `vagrant suspend` to simply\nsuspend the virtual machine. In
either case%!(VAGRANT_COMMA) to restart it again%!(VAGRANT_COMMA)\nsimply run
`vagrant up`.
1410577818,vagrant2,state,running
1410577818,vagrant2,state-human-short,running
1410577818,vagrant2,state-human-long,The VM is running. To stop this VM%!(VAGRANT
_COMMA) you can run `vagrant halt` to\nshut it down forcefully%!(VAGRANT_COMMA)
or you can run `vagrant suspend` to simply\nsuspend the virtual machine. In
either case%!(VAGRANT_COMMA) to restart it again%!(VAGRANT_COMMA)\nsimply run
`vagrant up`.
1410577818,vagrant3,state,running
1410577818,vagrant3,state-human-short,running
1410577818,vagrant3,state-human-long,The VM is running. To stop this VM%!(VAGRANT
_COMMA) you can run `vagrant halt` to\nshut it down forcefully%!(VAGRANT_COMMA)
or you can run `vagrant suspend` to simply\nsuspend the virtual machine. In
either case%!(VAGRANT_COMMA) to restart it again%!(VAGRANT_COMMA)\nsimply
run `vagrant up`.
```

如果是要取得某一特定的 Vagrant 機器之細節，例如 vagrant2，可以執行如下所示的命令：

```
$ vagrant ssh-config vagrant2
```

輸出看起來會像是下面這個樣子：

```
Host vagrant2
  HostName 127.0.0.1
  User vagrant
  Port 2200
  UserKnownHostsFile /dev/null
  StrictHostKeyChecking no
  PasswordAuthentication no
  IdentityFile /Users/lorin/.vagrant.d/insecure_private_key
  IdentitiesOnly yes
  LogLevel FATAL
```

動態 Inventory 腳本需要去呼叫這些命令，剖析這些輸出，然後輸出適當的 JSON。我們可以使用 Paramiko 程式庫去剖析 vagrant ssh-config 的輸出。以下是交互式 Python 的執行階段以展現如何使用 Paramiko 達成這些工作：

```
>>> import subprocess
>>> import paramiko
>>> cmd = "vagrant ssh-config vagrant2"
>>> p = subprocess.Popen(cmd.split(), stdout=subprocess.PIPE)
>>> config = paramiko.SSHConfig()
>>> config.parse(p.stdout)
>>> config.lookup("vagrant2")
{'identityfile': ['/Users/lorin/.vagrant.d/insecure_private_key'],
 'loglevel': 'FATAL', 'hostname': '127.0.0.1', 'passwordauthentication': 'no',
 'identitiesonly': 'yes', 'userknownhostsfile': '/dev/null', 'user': 'vagrant',
 'stricthostkeychecking': 'no', 'port': '2200'}
```

 要執行這些程式碼腳本需要安裝 Paramiko 程式庫，安裝方法如下：

```
$ sudo pip install paramiko
```

範例 3-12 顯示完整 vagrant.py 腳本。

範例 3-12　vagrant.py

```python
#!/usr/bin/env python
# Adapted from Mark Mandel's implementation
# https://github.com/ansible/ansible/blob/stable-2.1/contrib/inventory/vagrant.py
# License: GNU General Public License, Version 3 <http://www.gnu.org/licenses/>
import argparse
import json
import paramiko
import subprocess
import sys


def parse_args():
    parser = argparse.ArgumentParser(description="Vagrant inventory script")
    group = parser.add_mutually_exclusive_group(required=True)
    group.add_argument('--list', action='store_true')
    group.add_argument('--host')
    return parser.parse_args()


def list_running_hosts():
    cmd = "vagrant status --machine-readable"
    status = subprocess.check_output(cmd.split()).rstrip()
    hosts = []
    for line in status.split('\n'):
        (_, host, key, value) = line.split(',')[:4]
        if key == 'state' and value == 'running':
            hosts.append(host)
    return hosts
```

```
def get_host_details(host):
    cmd = "vagrant ssh-config {}".format(host)
    p = subprocess.Popen(cmd.split(), stdout=subprocess.PIPE)
    config = paramiko.SSHConfig()
    config.parse(p.stdout)
    c = config.lookup(host)
    return {'ansible_host': c['hostname'],
            'ansible_port': c['port'],
            'ansible_user': c['user'],
            'ansible_private_key_file': c['identityfile'][0]}


def main():
    args = parse_args()
    if args.list:
        hosts = list_running_hosts()
        json.dump({'vagrant': hosts}, sys.stdout)
    else:
        details = get_host_details(args.host)
        json.dump(details, sys.stdout)

if __name__ == '__main__':
    main()
```

預存的 inventory 腳本

Ansible 已經有一些你馬上可以使用的動態 inventory 腳本。我沒辦法指出我的套件管理程式把這些檔案安裝在哪裡,所以我只會從 GitHub 中(*https://github.com/ansible/ansible*)去拿取需要的那些。你可以前往 Ansible GitHub 倉庫,然後瀏覽 *contrib/inventory* 目錄,去拿取這些檔案。

許多這些檔案都伴隨著一個配置檔案。在第 14 章,我們將會更詳細的討論 Amazon EC2 動態 Inventory 腳本。

把 inventory 分拆成許多檔案

如果你想要同時使用一般的 inventory 和動態的 inventory 腳本(或,實際上,靜態和動態 inventory 檔案的任意組合),只要把它們放在同一個目錄中,然後設定 Ansible 把這個目錄當做是 inventory 使用。你可以透過在 *ansible.cfg* 中的 inventory 參數,或是在命令列中使用 -i 旗號來完成。Ansible 將會處理所有這些檔案,把它們結果合併成一個 inventory 檔。

例如，目錄結構可能會是這個樣子：*inventory/hosts* 以及 *inventory/vagrant.py*。

在 *ansible.cfg* 可以包含以下這幾行：

```
[defaults]
inventory = inventory
```

使用 add_host 以及 group_by 在執行階段添加項目

在執行一個 playbook 時，Ansible 允許你把 host 和 group 增加到 inventory 中。

add_host

add_host 模組把主機新增到 inventory 中。如果你在一個 IaaS 的雲主機中使用 Ansible 去新增一個新的虛擬機執行實例時，這個模組非常有用。

當使用動態 Inventory 時，為何需要 add_host？

就算你使用的是動態的 Inventory 腳本，有一個情境還是需要使用 add_host，那就是當你在同一個 playbook 中新建一個虛擬機然後配置它們的時候。

當 playbook 正在執行時啟動了一台虛擬機，動態 Inventory 腳本並沒有拿到這台主機。這是因為動態 inventory 腳本是在 playbook 一開始時執行的，所以如果任一台新的主機在 playbook 執行時被加進去，Ansible 並看不到它們。

我們將會在第 14 章中涵蓋一個使用 add_host 模組的雲端計算範例。

呼叫此模組之後看起來會像是以下這樣：

```
add_host name=hostname groups=web,staging myvar=myval
```

指定群組的列表以及額外的參數是選用的功能項目。

以下是執行中的 add_host 命令，帶起一台 Vagrant 機器，而且配置這台機器：

```
- name: Provision a vagrant machine
  hosts: localhost
  vars:
    box: trusty64
  tasks:
    - name: create a Vagrantfile
      command: vagrant init {{ box }} creates=Vagrantfile
```

```
  - name: Bring up a vagrant machine
    command: vagrant up

  - name: add the vagrant machine to the inventory
    add_host: >
            name=vagrant
            ansible_host=127.0.0.1
            ansible_port=2222
            ansible_user=vagrant
            ansible_private_key_file=/Users/lorin/.vagrant.d/
            insecure_private_key

- name: Do something to the vagrant machine
  hosts: vagrant
  become: yes
  tasks:
    # The list of tasks would go here
    - ...
```

 add_host 模組只有在 playbook 執行時才會把主機加進去，它不會修改你
的 Inventory 檔案。

當我在 playbook 中新建主機時，喜歡把它分成 2 個 play。第一個 play 在 localhost 中執
行然後建立那些主機，而第 2 個 play 則用在配置這些主機上。

請留意我們在這個任務中使用 creates=Vagrantfile 參數：

```
- name: create a Vagrantfile
  command: vagrant init {{ box }} creates=Vagrantfile
```

此點告訴 Ansible，如果 *Vagrantfile* 存在的話，這個主機是處於正確的狀態，然後就不需
要再一次執行這個命令。這是讓我們在 playbook 呼叫命令模組時達成 idempotence 的一
種方式。也就是藉此確保命令（可能會造成不再 idempotence 的命令）只會被執行一次。

group_by

Ansible 也允許你在 playbook 的運行中使用 group_by 建立新的群組。此種方法讓你可以
基於一個變數的值來建立一個群組，該變數已經在每一個主機上被設定，就是 Ansible
所謂的 *fact*[3]。

---

3   關於 facts，在第 4 章中會有更詳細的解說。

如果 Ansible 的 fact 收集是啟用的，Ansible 將會對一個主機連結一組變數。例如，ansible_machine 變數對於 32-bit x86 的機器其值會是 i386，而對 64-bit 的 x86 機器時其值則為 x86_64。如果 Ansible 在這些不同架構的機器間互動，就可以在這個任務中建立 i386 和 x86_64 群組。

或是，如果我們想要依照不同的 Linux 發行版本（例如：Ubuntu，CentOS）分成不同的群組，可以使用 ansible_distribution 的 fact 如下：

```
- name: create groups based on Linux distribution
  group_by: key={{ ansible_distribution }}
```

在範例 3-13 中，我們使用 group_by 為 Ubuntu 主機和 CentOS 主機建立不同的群組，然後對 Ubutnu 使用 apt 模組安裝套件，對 CentOS 使用 yum 模組安裝套件。

範例 3-13　依照不同的 Linux 發行版本建立群組

```
- name: group hosts by distribution
  hosts: myhosts
  gather_facts: True
  tasks:
    - name: create groups based on distro
      group_by: key={{ ansible_distribution }}

- name: do something to Ubuntu hosts
  hosts: Ubuntu
  tasks:
    - name: install htop
      apt: name=htop
    # ...

- name: do something else to CentOS hosts
  hosts: CentOS
  tasks:
    - name: install htop
      yum: name=htop
    # ...
```

雖然使用 group_by 是在 Ansible 做到條件式行為的其中一個方式，我還沒看過很多使用的情況。在第 6 章，將會看到一個例子說明如何使用 when 這個任務參數，使其基於變數進行不同的工作。

以上就是和 Ansible 的 inventory 有關的部份。下一章將會說明如何使用變數。關於 *ControlPersist*，也就是所謂的 SSH 多工，更詳細的內容請參考第 11 章。

## 第四章

變數和 Fact

Ansible 並不是一個全功能的程式語言，但也還是有一些程式語言的特性，其中一個最重要的就是變數的取代。在這一章中將會更詳細地呈現 Ansible 對於變數的支援，包括一個被 Ansible 稱為是 *fact* 的型態。

在 Playbook 中定義變數

一個最簡單定義變數的方式，就是在 playbook 中加上一個 var 段落，在裡面加上變數名稱以及其指定的值。回想之前在範例 2-8 時，我們使用過此種方式定義一些和系統配置相關的變數如下：

```
vars:
  key_file: /etc/nginx/ssl/nginx.key
  cert_file: /etc/nginx/ssl/nginx.crt
  conf_file: /etc/nginx/sites-available/default
  server_name: localhost
```

Ansible 也允許我們可以把變數放到另外一個或多個檔案中，只要使用 vars_files 就可以了。也就是說，像是在前面的例子中，如果我們想要把變數放到一個叫做 *nginx.yml* 的檔案裡而不是直接放在 playbook，可以使用 vars_files 取代原來的 vars 段落，如下所示：

```
vars_files:
  - nginx.yml
```

而 *nginx.yml* 檔看起來則像是範例 4-1 所示的樣子。

範例 *4-1　nginx.yml*

```
key_file: /etc/nginx/ssl/nginx.key
cert_file: /etc/nginx/ssl/nginx.crt
```

```
conf_file: /etc/nginx/sites-available/default
server_name: localhost
```

你還會在第 6 章看到一個 vars_files 的例子，是用在把包含一些重要資訊的變數放在另外一個檔案的情況。

在第 3 章的說明中，Ansilble 也讓我們可以在 inventory 檔中依照主機或是群組定義結合的變數，或是把它們放在和 inventory 檔一起的另外的檔案中。

檢視變數的值

偵錯時若是可以檢視變數的輸出會非常方便。在第 2 章說明了如何使用 debug 模組印出任意的訊息，也可以使用它來輸出變數的值，如下所示：

```
- debug: var=myvarname
```

在這一章中將會多次以這樣的方式來使用 debug 模組。

註冊變數

很快地你將會發現需要依照任務的結果來設定變數的值。為了達成這樣的目的，在呼叫模組時，可以加上一個 register 子句建立 *registered variable*。範例 4-2 展示了如何擷取 whoami 命令的輸出，把它放到名為 login 的變數中。

範例 *4-2*　擷取一個命令的輸出到變數中。

```
- name: capture output of whoami command
  command: whoami
  register: login
```

為了在之後使用 login 變數，我們需要知道預期的值之型態。使用 register 子句的變數值都是字典型態，但是字典中特定的鍵則會不一樣，視你呼叫的模組而定。

不幸的是，官方的 Ansible 說明文件中並沒有包括關於呼叫每一個模組傳回值的相關資訊。好在模組 docs 中有很多包含使用 register 子句的範例，這些會很有幫助。我發現要找出模組傳回值最簡單的方式就是去註冊一個變數，然後使用 debug 模組輸出這個變數。

假設執行一個像是範例 4-3 所示的 playbook。

範例 *4-3* *whoami.yml*

```
- name: show return value of command module
  hosts: server1
  tasks:
    - name: capture output of id command
      command: id -un
      register: login
    - debug: var=login
```

使用 debug 模組的輸出看起來會像是下面這個樣子：

```
TASK: [debug var=login] *****************************************************
ok: [server1] => {
    "login": {
        "changed": true, ❶
        "cmd": [ ❷
            "id",
            "-un"
        ],
        "delta": "0:00:00.002180",
        "end": "2015-01-11 15:57:19.193699",
        "invocation": {
            "module_args": "id -un",
            "module_name": "command"
        },
        "rc": 0, ❸
        "start": "2015-01-11 15:57:19.191519",
        "stderr": "", ❹
        "stdout": "vagrant", ❺
        "stdout_lines": [ ❻
            "vagrant"
        ],
        "warnings": []
    }
}
```

❶ changed_key 在所有的 Ansible 模組的傳回值中都會出現，Ansible 使用它來確定狀態的改變是否發生。對於 command 以及 shell 模組，它總是會被設定為 true，除非被 changed_when 覆寫，這個部份在第 8 章中會有說明。

❷ cmd 鍵包含了所有被呼叫的命令，是以字串列表的方式呈現。

❸ rc 鍵包含了傳回值。如果它不是零，Ansible 將會假設這項任務執行失敗。

❹ stderr 鍵包含了所有寫到標準錯誤輸出的文字訊息，是單一字串型態。

❺ stdout 鍵包含了所有寫到標準輸出的文字訊息，也是單一字串型態。

❻ stdout_lines 鍵包含了所有寫到標準輸出的文字訊息，但是包含了換行符號。它是一個串列型態，而串列中的每一個元素項目就是輸出中的一列。

如果你在 command 模組中使用 register 子句，你可能會想要存取 stdout 鍵，就如同範例 4-4 所示的操作。

範例 *4-4*　在任務中使用到一個命令列指令的輸出

```
- name: capture output of id command
  command: id -un
  register: login
- debug: msg="Logged in as user {{ login.stdout }}"
```

有時候取得一個失敗任務之輸出也很有用。然而，如果一個任務失敗了，Ansible 會中斷對於失敗主機的任務。在此可以使用 ignore_errors 子句，如範例 4-5 所示的方式，如此 Ansible 就不會因為錯誤而中斷執行了。

範例 *4-5*　忽略模組傳回的錯誤

```
- name: Run myprog
  command: /opt/myprog
  register: result
  ignore_errors: True
- debug: var=result
```

shell 模組的輸出結構和 command 模組相同，但是其他的模組則會包含不同的鍵。範例 4-6 顯示當在安裝一個未曾出現的過的套件時，其 apt 模組的輸出內容。

範例 *4-6*　當在安裝一個新的套件時，*apt* 模組的輸出

```
ok: [server1] => {
    "result": {
        "changed": true,
        "invocation": {
            "module_args": "name=nginx",
            "module_name": "apt"
        },
        "stderr": "",
        "stdout": "Reading package lists...\nBuilding dependency tree...",
        "stdout_lines": [
            "Reading package lists...",
            "Building dependency tree...",
            "Reading state information...",
            "Preparing to unpack .../nginx-common_1.4.6-1ubuntu3.1_all.deb ...",
            ...
            "Setting up nginx-core (1.4.6-1ubuntu3.1) ...",
            "Setting up nginx (1.4.6-1ubuntu3.1) ...",
```

```
        "Processing triggers for libc-bin (2.19-0ubuntu6.3) ..."
    ]
    }
}
```

存取在變數中的字典鍵

如是在變數中包含了字典，你可以使用點符號「.」或是中括號「[]」來存取字典中的鍵。在範例 4-4 中存取的方式是使用點符號：

```
{{ login.stdout}}
```

我們也可以改為使用中括號取代：

```
{{ login['stdout'] }}
```

這些規則也可以適用於多重存取，因此以下的這些都是等價的：

```
ansible_eth1['ipv4']['address']
ansible_eth1['ipv4'].address
ansible_eth1.ipv4['address']
ansible_eth1.ipv4.address
```

一般來說我比較喜歡點符號，除非這個鍵是字串，且其中包含了不能使用在變數名稱中的符號，像是點、空格及減號。

Ansible 使用 Jinja2 解譯這些取得變數值的方法，所以關於此點更詳細的資訊，可以參考 Jinja2 有關於變數的線上說明文件（*http://jinja.pocoo.org/docs/dev/templates/#variables*）。

範例 4-7 展示當套件已經存在於主機上時，apt 模組的輸出內容。

範例 4-7　已經存在的套件在執行 apt 模組時的輸出

```
ok: [server1] => {
    "result": {
        "changed": false,
        "invocation": {
            "module_args": "name=nginx",
            "module_name": "apt"
        }
    }
}
```

請留意 stout、stderr 及 stdout_lines 這些鍵只有在該套件之前沒有安裝過時才會出現在輸出內容中。

 如果你的 playbook 使用已註冊變數（registered variables），要確定你知道那些變數的內容，包括模組改變主機的狀態，以及模組沒有改變主機的狀態。否則，你的 playbook 可能會在當它嘗試去存取一個不存在的註冊變數時發生錯誤。

Facts

就像是你之前看過的，在第一次任務執行之前，Ansible 執行 playbook 時會出現以下的內容：

```
GATHERING FACTS *************************************************
ok: [servername]
```

當 Ansible 收集 fact 時，它會連接到主機並查詢所有關於主機的所有細節：CPU 架構、作業系統、IP 位址、記憶體資訊、磁碟資訊等等，這些資訊被存在一個叫做 fact 的變數中，而它的行為和其他的變數一樣。

底下是一個簡單的 playbook，用來列印出每一個伺服器的作業系統資訊：

```
- name: print out operating system
  hosts: all
  gather_facts: True
  tasks:
  - debug: var=ansible_distribution
```

底下的訊息則分別是執行在 Ubuntu 和 CentOS 伺服器的輸出：

```
PLAY [print out operating system] ******************************************

GATHERING FACTS ***********************************************************
ok: [server1]
ok: [server2]

TASK: [debug var=ansible_distribution] ************************************
ok: [server1] => {
    "ansible_distribution": "Ubuntu"
}
ok: [server2] => {
    "ansible_distribution": "CentOS"
}
```

```
PLAY RECAP *********************************************************************
server1                    : ok=2    changed=0    unreachable=0    failed=0
server2                    : ok=2    changed=0    unreachable=0    failed=0
```

你可以透過官方的 Ansible 說明文件找到一些可用的 fact（*http://bit.ly/1G9pVfx*）。我在
GitHub 中有維護一份更完整的（*http://bit.ly/1G9pX7a*）。

檢視所有和伺服器結合的 fact

Ansible 透過特殊的 **setup** 模組實現收集 fact 的工作。你不需要在 playbook 中呼叫這個
模組，因為 Ansible 會在當需要收集 fact 時自動執行它。然而，如果你以如下的方式手
動地呼叫它：

```
$ ansible server1 -m setup
```

則 Ansible 將會輸出所有的 fact，就像是在範例 4-8 中所示的樣子。

範例 *4-8 setup* 模組的輸出

```
server1 | success >> {
    "ansible_facts": {
        "ansible_all_ipv4_addresses": [
            "10.0.2.15",
            "192.168.4.10"
        ],
        "ansible_all_ipv6_addresses": [
            "fe80::a00:27ff:fefe:1e4d",
            "fe80::a00:27ff:fe67:bbf3"
        ],
    (many more facts)
```

請留意這個傳回值是字典型態，它的 key 是 **ansible_facts**，而這些值中包含了實際 fact
的名稱以及對應的值。

檢視 fact 的子集合

因為 Ansible 收集很多 fact，**setup** 模組支援一個 **filter** 參數讓你使用一個 glob[1] 以 fact
的名稱來過濾其內容。例如：

```
$ ansible web -m setup -a 'filter=ansible_eth*'
```

---

1 glob 是我們用來在 shell 中指定檔名配對用的樣式（例如：*.txt）

出看起來如下所示：

```
web | success >> {
    "ansible_facts": {
        "ansible_eth0": {
            "active": true,
            "device": "eth0",
            "ipv4": {
                "address": "10.0.2.15",
                "netmask": "255.255.255.0",
                "network": "10.0.2.0"
            },
            "ipv6": [
                {
                    "address": "fe80::a00:27ff:fefe:1e4d",
                    "prefix": "64",
                    "scope": "link"
                }
            ],
            "macaddress": "08:00:27:fe:1e:4d",
            "module": "e1000",
            "mtu": 1500,
            "promisc": false,
            "type": "ether"
        },
        "ansible_eth1": {
            "active": true,
            "device": "eth1",
            "ipv4": {
                "address": "192.168.33.10",
                "netmask": "255.255.255.0",
                "network": "192.168.33.0"
            },
            "ipv6": [
                {
                    "address": "fe80::a00:27ff:fe23:ae8e",
                    "prefix": "64",
                    "scope": "link"
                }
            ],
            "macaddress": "08:00:27:23:ae:8e",
            "module": "e1000",
            "mtu": 1500,
            "promisc": false,
            "type": "ether"
        }
    },
    "changed": false
}
```

任一個會回傳 fact 的模組

如果仔細看範例 4-8，你將會發現輸出是一個鍵（key）為 ansible_facts 的字典。使用 ansible_facts 做為傳回值是 Ansible 的習慣用法。如果一個模組的回傳字典包括了 ansible_facts 這個鍵，Ansible 將會在環境中建立一個變數名稱，讓他們的值和目前作用中的主機結合在一起。

那些會回傳 fact 的模組並不需要註冊變數，因為 Ansible 會自動地為你建立這些變數。例如，底下的任務使用 ec2_facts 模組以擷取關於 Amazon EC2[2] 伺服器的 fact，然後印出其執行實例的 ID：

```
- name: get ec2 facts
  ec2_facts:

- debug: var=ansible_ec2_instance_id
```

輸出看起來會像是下面這個樣子：

```
TASK: [debug var=ansible_ec2_instance_id] *********************************
ok: [myserver] => {
    "ansible_ec2_instance_id": "i-a3a2f866"
}
```

要注意的是，當在呼叫 ec2_facts 時，我們不需要使用 register 關鍵字，因為傳回值是 facts。Ansible 內建的許多模組會傳回 facts。你將會在第 15 章中看到它們之中的另外一個例子，也就是 docker 模組。

本地端 Facts

Ansible 提供一個額外的機制把 facts 和主機連結在一起。你可以放置一個或是更多檔案在遠端的主機機器中的 */etc/ansible/facts.d* 目錄中。如果它們是以下的其中一種檔案的話，Ansible 將會辨識出它們：

- 使用 *.ini* 格式

- 使用 *JSON* 格式

- 可執行且不需要額外參數，然後在標準輸出中輸出 JSON

這些 facts 可以使用而它的鍵就是一個叫做 ansible_local 的變數。

舉個例子，範例 4-9 顯示的是一個使用 *.ini* 格式的例子。

2　我們將會在第 14 章更詳細討論 Amazon EC2

範例 4-9 */etc/ansible/facts.d/example.fact*

```
[book]
title=Ansible: Up and Running
author=Lorin Hochstein
publisher=O'Reilly Media
```

如果複製這個檔案到遠端主機的 */etc/ansible/facts.d/example.fact*，就可以在 playbook 中
存取到 ansible_local 變數中的內容：

```
- name: print ansible_local
  debug: var=ansible_local
- name: print book title
  debug: msg="The title of the book is {{ ansible_local.example.book.title }}"
```

這些 task 的輸出如下：

```
TASK: [print ansible_local] ************************************************
ok: [server1] => {
    "ansible_local": {
        "example": {
            "book": {
                "author": "Lorin Hochstein",
                "publisher": "O'Reilly Media",
                "title": "Ansible: Up and Running"
            }
        }
    }
}

TASK: [print book title] ************************************************
ok: [server1] => {
    "msg": "The title of the book is Ansible: Up and Running"
}
```

請注意在 ansible_local 變數中值的結構。因為 fact 檔案名稱是 *example.fact*，則在字典
中會包含一個做 example 的鍵。

使用 set_fact 定義一個新的變數

Ansible 也允許你在一個 task 中透過 set_fact 模組設定一個 fact（和定義一個新的變數
一樣）。我常常喜歡在 register 之後立即使用 set_fact 讓參用變數變得更容易些。範例
4-10 展現了如何使用 set_fact 使一個變數可以被 snap 而不是 snap_result.stdout 加以
參考。

範例 *4-10　使用 set_fact 以簡化變數的參考*

```
- name: get snapshot id
  shell: >
    aws ec2 describe-snapshots --filters
    Name=tag:Name,Values=my-snapshot
    | jq --raw-output ".Snapshots[].SnapshotId"
  register: snap_result

- set_fact: snap={{ snap_result.stdout }}

- name: delete old snapshot
  command: aws ec2 delete-snapshot --snapshot-id "{{ snap }}"
```

內建變數

Ansible 定義了許多的變數可以在 playbook 中使用；在表 4-1 中摘要了其中的一部份。

表 *4-1　一些內建的變數*

參數	說明
hostvars	一個字典，它的鍵包括 Ansible 主機名稱和值，是對應變數名稱到其值
inventory_hostname	Ansible 所知道的目前主機的完整網址（例如 myhost.example.com）
inventory_hostname_short	目前 Ansible 所知道的主機名稱，沒有包括網域名稱（例如：myhost）
group_names	目前主機所歸屬的所有群組之列表
groups	鍵是 Ansible 群組名稱，而值是此群組所有成員之主機名稱的列表的字典。包括 all 以及沒有被分組的群組：{"all": [···], "web": [···], "ungrouped": [···]}
ansible_check_mode	一個布林值，當執行在 check 模式時為 true（請參考第 329 頁的「檢查模式」）
ansible_play_batch	在目前批次中活躍的 inventory 主機名稱列表（請參考第 183 頁的「每次在一批主機上執行」）
ansible_play_hosts	在目前的 play 中所有活躍的 inventory 主機名稱列表。
ansible_version	關於 Ansible 版本資訊的字典：{"full": 2.3.1.0", "major": 2, "minor": 3, "revision": 1, "string": "2.3.1.0"}

其中 hostvars、inventory_hostname 及 groups 變數還需要一些額外的說明。

hostvars

在 Ansible 中，變數的作用範圍是以主機為主。因此，只有在相對給定一個主機所存取的相關變數才有意義。

此種相關於主機的變數概念可能聽起來有一些讓人困惑，因為 Ansible 允許你在一個群組的主機中定義變數。例如，如果你在一個 play 中的 vars 段落中定義了一個變數，你等於是在整個群組的主機中定義了這個變數。但是，Ansible 實際上只是建立了在群組中的每一個主機的變數複本。

有時候，一個執行在某一台主機上的任務需要一個定義在別台主機上的變數。例如，你需要在網頁伺服器上建立一個配置檔，在此檔中包含資料庫伺服器的 *eth1* 的 IP 位址，而你事先並不知道這個 IP 位址是多少。這個 IP 位址在資料庫伺服器的 *ansible_eth1_ipv4.address fact* 才是可用的。

解決方法就是使用 hostvars 變數。這是一個字典，包含了所有被定義在所有主機中的變數，以 Ansible 所知的主機名稱做為其鍵。如果 Ansible 還沒有收集某一台主機上的 facts，你就沒有辦法使用 hostvars 存取到這些 fact，除非 fact 的快取被啟用了 [3]。

繼續我們的例子，如果資料庫伺服器是 *db.example.com*，那麼就可以把以下的內容放在配置檔的模板中：

    {{ hostvars['db.example.com'].ansible_eth1.ipv4.address }}

上述的內容會計算 *ansible_eth1.ipv4.address fact*，使其連結到叫做 *db.example.com* 的主機中。

inventory_hostname

inventory_hostname 是 Ansible 所知的目前主機的主機名稱。如果你已經為主機定義了別名，在這裡就是主機的別名。例如，如果 inventory 包含了以下的這一行：

    server1 ansible_host=192.168.4.10

則 inventory_hostname 就會是 server1。

你可以透過 hostvars 和 inventory_hostname 的幫助，輸出所有和目前主機連結的所有變數：

    - debug: var=hostvars[inventory_hostname]

3　請參閱第 11 章關於 fact 快取的相關資訊。

Groups

當你需要去存取一個群組主機的變數時，groups 變數會很有用處。假設我們正在配置一個負載平衡主機，而配置檔需要在網頁群組中所有伺服器的 IP 位址。配置檔就需要包含一個像是以下這樣的片段：

```
backend web-backend
{% for host in groups.web %}
  server {{ hostvars[host].inventory_hostname }} \
  {{ hostvars[host].ansible_default_ipv4.address }}:80
{% endfor %}
```

產生出來的檔案看起來會是如下所示的樣子：

```
backend web-backend
  server georgia.example.com 203.0.113.15:80
  server newhampshire.example.com 203.0.113.25:80
  server newjersey.example.com 203.0.113.38:80
```

在命令列中設定變數

透過傳遞 -e var=value 把變數設定到 ansible-playbook 中擁有最高的優先權，這表示你可以使用這個方法去覆蓋已經定義的變數。範例 4-11 展示了如何把 token 設定為 12345 的方法。

範例 4-11　在命令列中設定變數

```
$ ansible-playbook example.yml -e token=12345
```

當你打算使用 playbook 當做是 shell 腳本時，使用 ansible-playbook -e var=value 方法可以取得命令列參數。其中 -e 旗標就可以有效地使用參數傳遞變數。

範例 4-12 展現一個非常簡單的 playbook，它輸出一個指定變數的訊息。

範例 4-12　greet.yml

```
- name: pass a message on the command line
  hosts: localhost
  vars:
    greeting: "you didn't specify a message"
  tasks:
    - name: output a message
      debug: msg="{{ greeting }}"
```

如果你以如下的方式呼叫：

```
$ ansible-playbook greet.yml -e greeting=hiya
```

則輸出看起來會是像以下這個樣子：

```
PLAY [pass a message on the command line] ************************************

TASK: [output a message] ****************************************************
ok: [localhost] => {
    "msg": "hiya"
}

PLAY RECAP *****************************************************************
localhost                  : ok=1    changed=0    unreachable=0    failed=0
```

如果想要在變數中加上空格，就需要加上引號，如下所示：

```
$ ansible-playbook greet.yml -e 'greeting="hi there"'
```

你必須要在整個 `'greeting="hi there"'` 句子外圍加上單引號，讓 shell 解譯器可以把它當做是一個單一的參數傳遞給 Ansible，而你也必須在 `"hi there"` 外加上雙引號，如此 Ansible 才會把這個訊息當做是一個單一的字串。

Ansible 也允許你傳遞一個包含有變數的檔案代替直接在命令中傳遞參數，只要使用 `@filename.yml` 在 -e 的參數後面就可以了。假設，我們有一個像是範例 4-13 的檔案。

範例 *4-13* *greetvars.yml*

```
greeting: hiya
```

就可以在命令列中使用以下的方式傳遞這個檔案：

```
$ ansible-playbook greet.yml -e @greetvars.yml
```

優先順序

在此之前我們說明了幾種定義變數不同的方式，因此有可能會發生對同一台主機定義多次相同的變數但是指定了不同的值。可以的話盡量避免此種情形發生，而且，也要瞭解 Ansible 的優先順序規則。當相同的變數被使用不同的方法定義時，就由優先順序的規則來決定哪一種方式勝出。

基本的優先順序規則如下：

1. （優先權最高）ansible-playbook -e var=value

2. Task 變數

3. Block 變數

4. Role 以及匯入變數

5. set_fact

6. 註冊的變數

7. vars_files

8. vars_prompt

9. Play 變數

10. 主機 facts

11. 在 playbook 中的 host_var 集

12. 在 playbook 中的 group_vars 集

13. 在 inventory 中的 host_vars 集

14. 在 inventory 中的 group_vars 集

15. Inventory 變數

16. 在一個角色中的 *defaults/main.yml*[4]

在這一章中，我們說明了許多定義和存取變數及 facts 的方式。下一章，我們將把討論的焦點放在一個部署應用的實際範例上。

---

4 我們會在第 7 章討論到角色（role）

## 第五章

Mezzanine 簡介：
測試應用

在第 2 章中涵蓋了編寫 playbook 的基礎。但真實的世界總是比書本中的描述來得複雜，因此筆者編寫了這一章，透過部署一個大型的應用專案，帶領讀者實際走一遍真實的情境。

我們的範例應用是一個叫做 Mezzanine 的開源專案內容管理系統（Content Management System, CMS）（*http://mezzanine.jupo.org*），基本上就是和 WordPress 類似的東西。Mezzanine 是建構在 Django 之上，而 Django 則是一套以 Python 為基礎的網頁應用程式框架。

為什麼部署成為產品是複雜的工作

讓我們先叉開話題來聊聊，在你的筆電上開發軟體時和實際把軟體上架產品化時的差別。Mezzanine 就是一個在開發時執行非常容易，而要成為實際產品時就困難多了的例子。範例 5-1 展示了在你的筆電上執行 Mezzanine 時，所有你需要做的工作 [1]。

範例 5-1　把 *Mezzanine* 執行在開發模式

```
$ virtualenv venv
$ source venv/bin/activate
$ pip install mezzanine
$ mezzanine-project myproject
$ cd myproject
```

---

[1]　在此是把 Python 套件安裝到 virtualenv 中。我們會在第 106 頁的「安裝 Mezzanine 和其他的套件到虛擬環境中」中說明有關於 virtualenv。

```
$ sed -i.bak 's/ALLOWED_HOSTS = \[\]/ALLOWED_HOSTS = ["127.0.0.1"]/' myproject\
/settings.py
$ python manage.py createdb
$ python manage.py runserver
```

在過程中你會被提示回答一些問題。每次在出現「yes/no」時我都回答 yes，以接受所有的預設值。安裝的過程看起來會像是下面這個樣子：

```
Operations to perform:
  Apply all migrations: admin, auth, blog, conf, contenttypes, core,
  django_comments, forms, galleries, generic, pages, redirects, sessions, sites,
  twitter
Running migrations:
  Applying contenttypes.0001_initial... OK
  Applying auth.0001_initial... OK
  Applying admin.0001_initial... OK
  Applying admin.0002_logentry_remove_auto_add... OK
  Applying contenttypes.0002_remove_content_type_name... OK
  Applying auth.0002_alter_permission_name_max_length... OK
  Applying auth.0003_alter_user_email_max_length... OK
  Applying auth.0004_alter_user_username_opts... OK
  Applying auth.0005_alter_user_last_login_null... OK
  Applying auth.0006_require_contenttypes_0002... OK
  Applying auth.0007_alter_validators_add_error_messages... OK
  Applying auth.0008_alter_user_username_max_length... OK
  Applying sites.0001_initial... OK
  Applying blog.0001_initial... OK
  Applying blog.0002_auto_20150527_1555... OK
  Applying conf.0001_initial... OK
  Applying core.0001_initial... OK
  Applying core.0002_auto_20150414_2140... OK
  Applying django_comments.0001_initial... OK
  Applying django_comments.0002_update_user_email_field_length... OK
  Applying django_comments.0003_add_submit_date_index... OK
  Applying pages.0001_initial... OK
  Applying forms.0001_initial... OK
  Applying forms.0002_auto_20141227_0224... OK
  Applying forms.0003_emailfield... OK
  Applying forms.0004_auto_20150517_0510... OK
  Applying forms.0005_auto_20151026_1600... OK
  Applying galleries.0001_initial... OK
  Applying galleries.0002_auto_20141227_0224... OK
  Applying generic.0001_initial... OK
  Applying generic.0002_auto_20141227_0224... OK
  Applying pages.0002_auto_20141227_0224... OK
  Applying pages.0003_auto_20150527_1555... OK
  Applying redirects.0001_initial... OK
  Applying sessions.0001_initial... OK
  Applying sites.0002_alter_domain_unique... OK
```

```
  Applying twitter.0001_initial... OK

A site record is required.
Please enter the domain and optional port in the format 'domain:port'.
For example 'localhost:8000' or 'www.example.com'.
Hit enter to use the default (127.0.0.1:8000):

Creating default site record: 127.0.0.1:8000 ...


Creating default account ...

Username (leave blank to use 'lorin'):
Email address: lorin@ansiblebook.com
Password:
Password (again):
Superuser created successfully.
Installed 2 object(s) from 1 fixture(s)

Would you like to install some initial demo pages?
Eg: About us, Contact form, Gallery. (yes/no). yes
```

你應該最終會在終端機中看到像是以下的輸出畫面：

```
                 . . . . .
             _d^^^^^^^^^b_
          .d''           ``b.
         .p'               'q.
        .d'                 `b.
       .d'                   `b.    * Mezzanine 4.2.2
       ::                     ::    * Django 1.10.2
       ::    M E Z Z A N I N E ::    * Python 3.5.2
       ::                     ::    * SQLite 3.14.1
       `p.                   .q'    * Darwin 16.0.0
        `p.                 .q'
         `b.               .d'
           `q..         ..p'
             ^q........p^
                ''''
```

```
Performing system checks...

System check identified no issues (0 silenced).
October 04, 2016 - 04:57:44
Django version 1.10.2, using settings 'myproject.settings'
Starting development server at http://127.0.0.1:8000/
Quit the server with CONTROL-C.
```

此時如果把瀏覽器的網址指向 *http://127.0.0.1:8000/*，則會看到像是圖 5-1 所示的畫面。

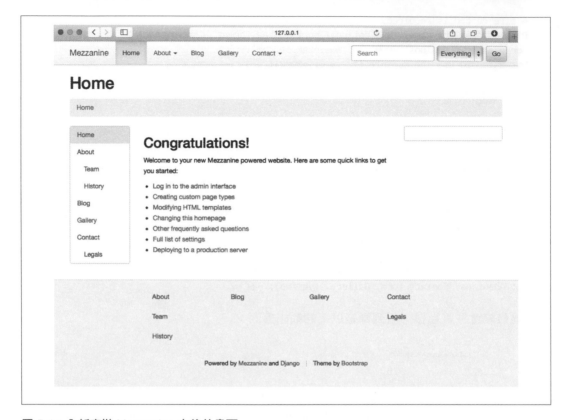

圖 5-1：全新安裝 Mezzanine 之後的畫面

部署這個應用以成為產品則是另外一件事。當你執行 `mezzanine-project` 命令時，Mezzanine 將會產生一個 Fabric（*http://www.fabfile.org*）部署腳本 *myproject/fabfile.py*，讓你可以用來部署專案使成為產品伺服器。（Fabric 是一個 Python 工具，被使用於透過 SSH 以協助自動化執行任務）此腳本大約有 700 行那麼長，這還不包括也被包含在部署中的被引入的配置檔。為什麼部署成為產品需要這麼複雜？我很高興你能夠提出這個問題。

當執行在開發模式時，Mezzanine 提供了以下的簡化（請參考圖 5-2）：

- 系統使用 SQLite 做為後端的資料庫，如果資料庫檔案不存在時則會新建一個。

- 開發模式中的 HTTP 伺服器服務了包括靜態內容（圖形檔、.css 檔案及 JavaScript）以及動態產生的 HTML。

- 開發模式中的 HTTP 伺服器使用（不安全的）HTTP，而不是（安全的）HTTPS。

- 開發模式中的 HTTP 伺服器的處理程序在前景執行，它會佔用你的終端機。

- HTTP 伺服器的主機名稱總是 127.0.0.1（localhost）。

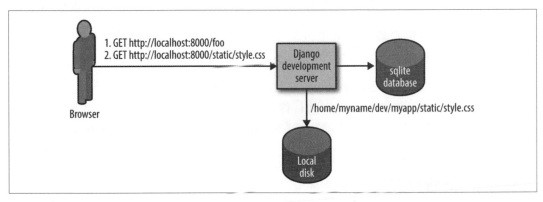

圖 5-2　開發模式中的 Django 應用

現在讓我們來看看在產品模式中會發生什麼事。

PostgresSQL：資料庫部份

SQLite 是一個沒有伺服器的資料庫。在產品模式中，我們想要執行的是伺服器型式的資料庫，因為它對於多重的、並行的請求有更好的支援，同時伺服器型式的資料庫允許我們可以為了負載平衡而執行多份 HTTP 伺服器。這表示我們需要去佈署像是 MySQL 或是 PostgresSQL（又叫做 Postgres）這一類的伺服器型式資料庫。設定這些伺服器你需要更多的作業，如下所示：

1. 安裝資料庫軟體

2. 確保資料庫的服務是在執行狀態

3. 在資料庫管理系統中建立資料庫

4. 在資料庫系統中建立使用者，並給予適當的權限

5. 使用資料庫的使用者、驗證和連線資料以配置 Mezzanine 應用。

Gunicon：應用程式伺服器

因為 Mezzanine 是一個以 Django 為基礎的應用，你可以使用 Django 的 HTTP 伺服器來執行 Mezanine，此點可以參考在 Django 的官方說明文件中的 *development server* 一節。以下是 Django 1.10 的文件中有關於 dcvelopment server 的說明（*http://bit.ly/2cPe8X8*）。

> 不要使用這個伺服器來建構產品環境，它是用來做為開發的時候用的
> （我們的專長是在做 *Web* 框架，而不是 *Web* 伺服器）。

Django 實作出標準的 Web Server Gateway Interface (WGSI)[2]，因此任何可以支援 WSGI 的 Python HTTP 伺服器都可以用來執行像是 Mezzanine 這一類的應用。我們將使用其中一個最受歡迎的 HTTP WSGI 伺服器 ——Gunicorn，用來執行 Mezzanine 的部署腳本檔。

Nginx：網頁伺服器

Gunicorn 將會執行我們的 Django 應用程式，就像是開發用的伺服器一樣。然而，Gunicorn 並不會服務任何和此應用有關的靜態資源（*static asset*）。靜態資源其實就是一些檔案，包括影像檔、*.css* 檔案、和 JavaScript 檔案。這些檔案之所以被稱為靜態的原因，是因為和由 Gunicorn 所動態產生的那些網頁比較起來，它們是不會改變的[3]。

雖然 Gunicorn 可以處理 TLS 加密，但通常都會設置讓 Nginx 可以處理加密的機制。

我們將會使用 Nginx 當做是我們用來處理靜態資源以及處理 TLS 加密的部份，如圖 5-3 所示的樣子。

2　WGSI 協定可以在 Python Enhancement Proposal (PEP) 3333 的說明文件中找到 (*https://www.python.org/dev/peps/pep-3333*)。

3　Gunicorn 0.17 新增了對 TLS 加密的支援。在此之前，你必須使用一個像是 Ngnix 這一類的額外應用以處理加密的功能。

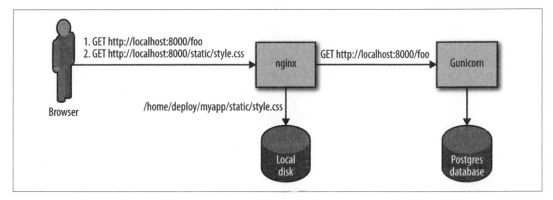

圖 5-3　使用 Nginx 做為反向代理（reverse proxy）

我們需配置 Nginx 做為一個 Gunicorn 的反向代理。如果來自於瀏覽器的請求是靜態資源，例如一個 .css 的檔案，Nginx 將會直接從本地端的檔案系統中提取這個檔案返回，否則，Nginx 會產生一個 HTTP 請求，這個請求送到同樣位於本地端的 Gunicorn 服務。Nginx 使用 URL 決定要從本地端產生服務，或是要轉送請求到 Gunicorn。

請注意，送往 Nginx 的請求會是（已加密的）HTTPS，而所有被轉送到 Gunicorn 的請求將是使用（未加密的）HTTP。

Supervisor：程序管理員

當在開發模式中執行時，我們把應用伺服器執行在終端機的前景。如果我們把此終端機關閉，則此程式也會跟著被結束。對於一個伺服器應用程式來說，需要讓它可以成為背景執行的程式，才不至於跟著終端機一起被關閉。

習慣上我們把這樣的程式叫做 *daemon* 或是 *service*。我們需要把 Gunicorn 當做是 daemon 來執行，而且需要能夠輕易地結束或重啟它。有許多服務管理器可以執行這樣的工作。我們將使用 Supervisor，因為它是 Mezzanine 部署腳本所使用的。

至此，你應該對於部署一個網頁應用程式成為產品有一些感覺了。接下來我們將在第 6 章中整個走一遍實際部署的工作。

使用 Ansible 部署 Mezzanine

現在可以寫一個 Ansible 的 playbook 用來部署 Mezzaninc 成為一個伺服器了。我們將會一步一步完成這個任務，如果你是那種想要跳過開始而馬上前往最後一頁看看最後的結果是什麼的人 [1]，你可以在本章的最末尾部份找到範例 6-28。我也把它放在 **GitHub** 上（*http://bit.ly/19P0QAj*）。在開始執行之前，請先閱讀一下 README 檔案（*http://bit.ly/1Onko4u*）。

在本章中的內容會讓它儘量地接近由 Mezzanine 作者 Stephen McDonald 所編寫的原始 Fabric 的腳本。[2]

在 Playbook 中列出 task

在深入 playbook 內容之前，先以一個高階的角度來看。**Ansilbe playbook** 命令列工具支援一個旗標叫做 `--list-tasks`。這個旗標會印出在 playbook 中所有 task 的名稱。它是一個方便的工具可以用來看看某一 playbook 打算做些什麼。以下就是用法：

```
$ ansible-playbook --list-tasks mezzanine.yml
```

範例 6-1 顯示了在範例 6-28 中的 *mezzanine.yml* 這個 playbook 的輸出。

---

1 我的太太 Stacy 經常做這種事。
2 你也可以在 GitHub 上找到和 Mezzanine 一起發行的 Fabric 腳本。

範例 6-1　在 *Mezzanine playbook* 中的 *task* 列表

```
playbook: mezzanine.yml

  play #1 (web): Deploy mezzanine   TAGS: []
    tasks:
      install apt packages TAGS: []
      create project path   TAGS: []
      create a logs directory TAGS: []
      check out the repository on the host TAGS: []
      install Python requirements globally via pip TAGS: []
      create project locale   TAGS: []
      create a DB user   TAGS: []
      create the database   TAGS: []
      ensure config path exists TAGS: []
      create tls certificates TAGS: []
      remove the default nginx config file TAGS: []
      set the nginx config file   TAGS: []
      enable the nginx config file TAGS: []
      set the supervisor config file   TAGS: []
      install poll twitter cron jobTAGS: []
      set the gunicorn config file TAGS: []
      generate the settings fileTAGS: []
      install requirements.txt   TAGS: []
      install required python packages   TAGS: []
      apply migrations to create the database, collect static content TAGS: []
      set the site id TAGS: []
      set the admin password   TAGS: []
```

被部署的檔案之組織

就像是之前討論過的，Mezzanine 是建立在 Django 之上。在 Django 中，每一個網頁 app 都被稱為是一個 *project*。我們需要去選用一個 project 的名稱，在這裡選用的是 *mezzanine_example*。

我們的 playbook 部署到 Vagrant 機器中，而且將會把這些檔案部署到 Vagrant 使用者帳戶的家目錄裡。

範例 6-2 展示了在 */home/vagrant* 之下的相關目錄。

- */home/vagrant/mzzanine-example* 將包含從免費原始碼儲存庫 GitHub 中複製下的來的程式原始碼。

- */home/vagrant/.virtualenvs/mezzanine_example* 是虛擬目錄，這表示我們將安裝 Python 的套件到這個目錄中。

- /home/vagrant/logs 將會包含被 Mezzanine 產生的 log 記錄檔案

範例 6-2　在 /home/vargant 之下的目錄結構

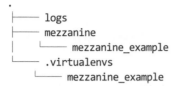

```
.
├── logs
├── mezzanine
│   └── mezzanine_example
└── .virtualenvs
    └── mezzanine_example
```

變數和私密（Secret）變數

就像是你在範例 6-3 中看到的，playbook 定義的變數相當少。

範例 6-4　定義變數

```yaml
vars:
  user: "{{ ansible_user }}"
  proj_app: mezzanine_example
  proj_name: "{{ proj_app }}"
  venv_home: "{{ ansible_env.HOME }}/.virtualenvs"
  venv_path: "{{ venv_home }}/{{ proj_name }}"
  proj_path: "{{ ansible_env.HOME }}/mezzanine/{{ proj_name }}"
  settings_path: "{{ proj_path }}/{{ proj_name }}"
  reqs_path: requirements.txt
  manage: "{{ python }} {{ proj_path }}/manage.py"
  live_hostname: 192.168.33.10.xip.io
  domains:
    - 192.168.33.10.xip.io
    - www.192.168.33.10.xip.io
  repo_url: git@github.com:ansiblebook/mezzanine_example.git
  locale: en_US.UTF-8
  # Variables below don't appear in Mezzanine's fabfile.py
  # but I've added them for convenience
  conf_path: /etc/nginx/conf
  tls_enabled: True
  python: "{{ venv_path }}/bin/python"
  database_name: "{{ proj_name }}"
  database_user: "{{ proj_name }}"
  database_host: localhost
  database_port: 5432
  gunicorn_procname: gunicorn_mezzanine
  num_workers: "multiprocessing.cpu_count() * 2 + 1"
vars_files:
  - secrets.yml
```

我試著讓使用的變數和 Mezzanine Fabric 腳本上使用的一樣。我也加了一些額外的變數以期讓事情簡單一些。例如，fabric 腳本直接使用 proj_name 當做是 database 名稱以及資料庫的使用者名稱。我比較喜歡定義中介的變數將之命名為 database_name 和 database_user，然後依據 proj_name 定義它們。

在此還要再留意一些事。首先，我們可以依據別的變數來定義變數。例如，在例子中根據 venv_home 和 proj_name 來定義 venv_path。

同時，也可以在這些變數中參用到 Ansible facts。例如，依據從每一台主機中收集到的 ansible_env fact 來定義 venv_home。

最後，值得注意的地方是，我們把一些變數指定到另外一個叫做 *secrets.yml* 的檔案中，如下所示：

```
vars_files:
  - secrets.yml
```

這個檔案包含有像是密碼和權杖這些需要保持私密的資料。在 GitHub 的儲存庫中並不會保存這個檔案，取而代之，它包含一個叫做 *secrets.yml.example* 的檔案，如下所示：

```
db_pass: e79c9761d0b54698a83ff3f93769e309
admin_pass: 46041386be534591ad24902bf72071B
secret_key: b495a05c396843b6b47ac944a72c92ed
nevercache_key: b5d87bb4e17c483093296fa321056bdc
# 為了可以取得 Mezzanine 在 twitter 上整合用的認證資料
# 你需要在 https://dev.twitter.com 建立一個 Twitter 應用程式
#
# 請參閱 http://mezzanine.jupo.org/docs/twitter-integration.html
# 那裡有關於整合 Twitter 的詳細資訊
twitter_access_token_key: 80b557a3a8d14cb7a2b91d60398fb8ce
twitter_access_token_secret: 1974cf8419114bdd9d4ea3db7a210d90
twitter_consumer_key: 1f1c627530b34bb58701ac81ac3fad51
twitter_consumer_secret: 36515c2b60ee4ffb9d33d972a7ec350a
```

為了使用這個儲存庫（repo），需要複製 *secrets.yml.example* 到 *secrets.yml*，然後進行編輯，以讓此檔案包含在你的網站中所需要的認證資料。同時，也要留意 *secrets.yml* 這個檔名要被包含在 *.gitignore* 檔中，以避免這個用來認證用的檔案不小心被一起放到倉儲中。

一般而言，最好避免把你未加密的安全驗證資料放到版本控制的儲存庫中，這樣會有資安上的隱患。而這只是維護私密認證資料的其中一種策略。我們也可以把它們使用環境變數來傳遞。另外一種方式我們將在第 8 章討論，就是藉由使用 Ansible 的 vault 功能來確保加密版本的 *secrets.yml* 檔案。

使用迭代（with_items）安裝多個套件

在部署 Mezzanine 時會需要兩種型式的套件。在此需要安裝一些系統層級的套件，而且因為我們打算部署到 Ubuntu 上，所以使用的是 apt 作為安裝系統套件的套件管理器。此外也要安裝一些 Python 的套件，因此也會使用到 pip 這個 Python 的套件管理程式。

和 Python 的套件比較起來，系統層級的套件一般來說比較簡單，因為系統層級的套件本來就是被設計來運行於某一特定的作業系統中。然而，系統套件的儲存庫經常不會是 Python 程式庫所需要的最新版本，所以就需要改為使用 Python 套件去安裝它們。這是一個你想要的是執行最新最棒的，還是只要求穩定性間的一個取捨。

範例 6-4 展示了我們將要使用來安裝系統套件的任務。

範例 6-4 安裝系統套件

```
- name: install apt packages
  apt: pkg={{ item }} update_cache=yes cache_valid_time=3600
  become: True
  with_items:
    - git
    - libjpeg-dev
    - libpq-dev
    - memcached
    - nginx
    - postgresql
    - python-dev
    - python-pip
    - python-psycopg2
    - python-setuptools
    - python-virtualenv
    - supervisor
```

因為需要安裝多個套件，所以需要使用到 Ansible 的迭代功能，也就是 with_items 子句。之前我們是使用如下所示的方法一次安裝一個套件：

```
- name: install git
  apt: pkg=git

- name: install libjpeg-dev
  apt: pkg=libjpeg-dev
...
```

然而，如果我們把套件組成一個串列（list），在 playbook 中的編寫就會比較簡單。當在呼叫 apt 模組時，會傳遞 {{ item }} 給它。這個符號會被 with_items 中的每一個項目所逐一取代。

在預設的情況下，Ansible 使用 item 當做是迴圈迭代中的名稱。在第 8 章中，將會展示如何去更改這個變數名稱。

此外，此 apt 模組含有最佳化的處理，使得透過 with_items 子句中安裝多個套件會更有效率。Ansible 會傳遞整個套件的列表到 apt 模組，而此模組只會呼叫 apt 程式一次，傳遞整個需要安裝的列表給它。有些模組，像是 apt，已經設計了很聰明的方式處理此種情況。如果一個模組沒有支援列表的方式，Ansible 會呼叫此模組許多次，一次只傳遞列表中的一個項目給它。

可以說 apt 模組已經夠聰明可以一次處理多個套件，因為它的輸出看起來像是以下這個樣子：

```
TASK: [install apt packages] *************************************************
ok: [web] => (item=[u'git', u'libjpeg-dev', u'libpq-dev', u'memcached',
u'nginx', u'postgresql', u'python-dev', u'python-pip', u'python-psycopg2',
u'python-setuptools', u'python-virtualenv', u'supervisor'])
```

在另一方面，pip 模組就沒辦法聰明地處理列表，所以 Ansible 就必須一次只能對每一個列表中的項目呼叫一次，而輸出看起來如下：

```
TASK [install required python packages] **************************************
ok: [web] => (item=gunicorn)
ok: [web] => (item=setproctitle)
ok: [web] => (item=psycopg2)
ok: [web] => (item=django-compressor)
ok: [web] => (item=python-memcached)
```

加入 become 子句到任務中

在第 2 章的 playbook 範例中，想要讓整個 playbook 以 root 的身份來執行，因此需要加上 become: True 這個子句。當在部署 Mezzanine 時，大部份的任務是以 SSH 到主機中的一般使用者身份執行，而不是以 root 的身份。因為我們不想要在整個 play 中都是以 root 的身份，只有部份的任務才需要。

我們可以透過 become: True 來進行這樣的設定，以決定某個任務是否需要以 root 的身份執行，就像是範例 6-4 的內容。

更新 apt 的快取

 在這個小節中所有的範例命令，都是在遠端的主機（Ubuntu）中執行，
不是在本地端的控制機器上。

apt 所有可用的套件名稱，在 Ubuntu 的保存位置中維護了一個快取。假設你打算去安裝
一個叫做 *libssl-dev* 的套件，可以使用 apt-cache 程式去查詢本地端快取以檢查它所知道
關於此程式的版本訊息：

```
$ apt-cache policy libssl-dev
```

上述指令的輸出如範例 6-5 所示。

範例 6-5   apt-cache 的輸出

```
libssl-dev:
  Installed: (none)
  Candidate: 1.0.1f-1ubuntu2.21
  Version table:
     1.0.1f-1ubuntu2.21 0
        500 http://archive.ubuntu.com/ubuntu/ trusty-updates/main amd64 Packages
        500 http://security.ubuntu.com/ubuntu/ trusty-security/main amd64 Packages
     1.0.1f-1ubuntu2 0
        500 http://archive.ubuntu.com/ubuntu/ trusty/main amd64 Packages
```

就像我們所看到的，這個套件在本地端還沒有安裝。依據本地端的快取資訊，最後的版
本是 1.0.1f-1ubuntu2.21。此外也可以看到一些關於套件儲存庫的位置資訊。

在某些例子中，當 Ubuntu 專案釋出一個新的套件版本時，它會從套件儲存庫中移除舊
的版本。如果一個 Ubuntu 本地端 apt 快取還沒有更新，它將會嘗試去安裝一個不存在於
套件保存處的套件。

繼續來檢視我們的例子，假設我們試著去安裝 libssl-dev 套件：

```
$ apt-get install libssl-dev
```

如果版本 1.0.1f-1ubuntu2.21 已經不在套件的保存處了，將會看到以下的錯誤訊息：

```
Err http://archive.ubuntu.com/ubuntu/ trusty-updates/main libssl-dev amd64
1.0.1f-1ubuntu2.21
  404  Not Found [IP: 91.189.88.153 80]
Err http://security.ubuntu.com/ubuntu/ trusty-security/main libssl-dev amd64
1.0.1f-1ubuntu2.21
  404  Not Found [IP: 91.189.88.149 80]
```

```
Err http://security.ubuntu.com/ubuntu/ trusty-security/main libssl-doc all
1.0.1f-1ubuntu2.21
  404  Not Found [IP: 91.189.88.149 80]
E: Failed to fetch
http://security.ubuntu.com/ubuntu/pool/main/o/openssl/libssl-dev_1.0.1f-1ubuntu2.
21_amd64.deb
404  Not Found [IP: 91.189.88.149 80]

E: Failed to fetch
http://security.ubuntu.com/ubuntu/pool/main/o/openssl/libssl-doc_1.0.1f-1ubuntu2.
21_all.deb
404  Not Found [IP: 91.189.88.149 80]

E: Unable to fetch some archives, maybe run apt-get update or try with
--fix-missing?
```

在命令列中，讓本地端的 apt 快取更新的方法就是執行 apt-get update。當使用 apt 的 Ansible 模組時，讓 apt 快取保持最新的方式是在呼叫模組時額外傳遞一個 update_cache=yes 參數，就像是在範例 6-4 中的樣子。

因為更新快取會花費額外的時間，而且為了除錯我們可能會很快地執行一個 playbook 許多次，對模組使用 cache_valid_time 參數可以避免因為更新而多浪費了時間。此旗標指示，只有在比某一個臨界值還要舊時才會更新。在範例 6-4 的例子中使用 cache_valid_time=3600，表示只有快取在超過 3,600 秒（1 小時）時才會執行更新的動作。

使用 Git 查看專案

雖然 Mezzanine 不需要撰寫任何程式就可以使用，其中一個強項就是它是建立在 Django 平台之上的，而且如果瞭解 Python，就會知道 Django 這個偉大的網頁應用程式平台。如果你只是想要一個 CMS，可能只需要使用 WordPress 就可以了。但是如果你正想寫一個可以和 CMS 功能合作的客製化應用程式，Mezzanine 是一個非常好的開始。

就如同開發的一部份，你需要去查看包含你的 Django 應用程式的 Django 專案。我已經建立了一個儲存庫放在 GitHub 上，它包含了一個 Django 專案所有該有的檔案。而這個專案就是要被一個 play 所部署的內容。

我使用 messznine-project 程式建立了這些檔案，方法如下：

```
$ mezzanine-project mezzanine_example
$ chmod +x mezzanine_example/manage.py
```

請留意，在我的儲存庫中沒有任何客製化的 Django 應用程式，只有這個專案所需要的檔案。在真實的 Django 專案開發中，這個儲存庫應該還要包含那些額外 Django 應用程式的子目錄。

範例 6-6 展現我們如何使用 git 模組在遠端的主機上查看 Git 的儲存庫。

範例 6-6　查看 Git 儲存庫

```
- name: check out the repository on the host
  git: repo={{ repo_url }} dest={{ proj_path }} accept_hostkey=yes
```

我已經讓專案的儲存庫變成公開的，所以讀者也可以讀取它。但是，通常而言，你可以透過 SSH 查看私有的 Git 儲存庫。基此這個原因，我設定了 repo_url 變數以使用這樣的機制，它將會透過 SSH 複製這份儲存庫：

```
repo_url: git@github.com:ansiblebook/mezzanine_example.git
```

如果你打算從一開始跟著操作，為了執行這個 playbook 你必須具備以下幾個條件：

- 一個 GitHub 的帳戶
- 一個連結到帳戶的公鑰
- 一個在控制電腦上執行的 SSH 客戶端，而該客戶端程式的 forwarding 是啟用的
- 你的 SSH key 已經被加入到 SSH 的客戶端

在你的 SSH 客戶端程式執行時，加上你的 key：

```
$ ssh-add
```

如果成功的話，接下來的命令會輸出你剛剛才加入的公鑰內容：

```
$ ssh-add -l
```

輸出看起來會像是這個樣子：

```
2048 SHA256:o7H/I9rRZupXHJ7JnDi10RhSzeAKYiRVrlH9L/JFtfA /Users/lorin/.ssh/id_rsa
```

要啟用 agent forwarding，請把以下的內容加到 ansible.cfg 中：

```
[ssh_connection]
ssh_args = -o ControlMaster=auto -o ControlPersist=60s -o ForwardAgent=yes
```

你可以使用 Ansible 列出所有已知的 key，以驗證 agent forwarding 是否正常工作：

```
$ ansible web -a "ssh-add -l"
```

此時應該可以看到和當你在本地端機器執行 ssh-add -l 時相同的輸出。

另外一個有用的檢查是去驗證是否可以使用 GitHub 的 SSH 伺服器：

```
$ ansible web -a "ssh -T git@github.com"
```

上述的命令如果成功執行的話，輸出看起來會是像下面這個樣子：

```
web | FAILED | rc=1 >>
Hi lorin! You've successfully authenticated, but GitHub does not provide shell
access.
```

儘管在輸出的訊息中出現了 FAILED 這個字，如果這個訊息是來自於 GitHub 的，那表示還是成功的。

此外，使用 repo 參數指定儲存庫的 URL，而使用 dest 參數指定儲存庫的目標路徑，也可以傳遞一個額外的參數 accept_hostkey，它和 *host-key* 檢查是相關的。我們將在附錄 A 的地方更詳細地討論 SSH agent forwarding 以及 *host-key* 檢查。

安裝 Mezzanine 和其他套件到虛擬環境中

就像是我們在本章中早先提到過的，我們將會使用 Python 套件來取代一些 apt 的套件，因為 Python 的套件會比較新一些。

我們可以藉由 root 權限來安裝系統等級的 Python 套件，但是在練習時還是把它們安裝在隔離的虛擬環境中以避免污染系統層級的 Python 套件。在 Python 中，這一些的隔離套件環境被稱為虛擬環境 *virtualenv*。使用者可以建立多個 virtualenv，而且可以視需要把套件安裝在這些環境中而不需要具有 root 的存取權。

Ansible 的 pip 模組支援把套件安裝到 virtualenv 中，而且如果沒有虛擬環境的話也會建立一個。

範例 6-7 展示如何使用 pip 安裝許多全域的套件。要留意的是，become: True 要做好設定。

範例 *6-7　*安裝 *Python* 的需求

```
- name: install Python requirements globally via pip
  pip: name={{ item }} state=latest
  with_items:
    - pip
    - virtualenv
    - virtualenvwrapper
  become: True
```

範例 6-8 展示把 Python 套件安裝到 virtualenv 中的兩個 task，兩者都使用 pip 模組，但是使用不同的方法。

範例 6-8　安裝 Python 套件

```
- name: install requirements.txt
  pip: requirements={{ proj_path }}/{{ reqs_path }} virtualenv={{ venv_path }}

- name: install required python packages
  pip: name={{ item }} virtualenv={{ venv_path }}
  with_items:
    - gunicorn
    - setproctitle
    - psycopg2
    - django-compressor
    - python-memcached
```

在 Python 專案中一個用來指定套件相依性的共通方式是一個叫做 *requirements.txt* 的檔案。而且，事實上，在 Mezzanine 範例中的儲存庫也含有 *requirements.txt*。它內容如範例 6-9 所示。

範例 6-9　requirements.txt

```
Mezzanine==4.2.2
```

在這個 *requirements.txt* 中少了幾個在部署時需要的 Python 套件，所以我們必須指出這些，並把它當做是另外一個 task。

請留意，在 *requirements.txt* 中所指定的 Mezzaninet 的 Python 套件被固定在一個特定的版本（4.2.2），而其他的套件則沒有特別指定版本，所以就會取得它們的最新版。如果不打算固定 Mezzanine 的版本，只要把 Mezzanine 加到套件的列表中就可以了，如下所示：

```
- name: install python packages
  pip: name={{ item }} virtualenv={{ venv_path }}
  with_items:
    - mezzanine
    - gunicorn
    - setproctitle
    - south
    - psycopg2
    - django-compressor
    - python-memcached
```

或者，如果打算要把所有套件的版本都固定下來，有幾種可以選用的方式。可以在 *requirements.txt* 中指定所有套件的版本。這個檔案包含關於所有套件和相依性的資訊。其中一個範例檔案如範例 6-10 所示。

範例 6-10　requirements.txt 的範例

```
beautifulsoup4==4.5.3
bleach==1.5.0
chardet==2.3.0
Django==1.10.4
django-appconf==1.0.2
django-compressor==2.1
django-contrib-comments==1.7.3
filebrowser-safe==0.4.6
future==0.16.0
grappelli-safe==0.4.5
gunicorn==19.6.0
html5lib==0.9999999
Mezzanine==4.2.2
oauthlib==2.0.1
olefile==0.43
Pillow==4.0.0
psycopg2==2.6.2
python-memcached==1.58
pytz==2016.10
rcssmin==1.0.6
requests==2.12.4
requests-oauthlib==0.7.0
rjsmin==1.0.12
setproctitle==1.1.10
six==1.10.0
tzlocal==1.3
```

如果已經有一個安裝了所有套件的 virtualenv，你可以使用 **pip freeze** 命令輸出所有已安裝的套件列表。例如，如果你的 virtualenv 是在 *~/mezzanine_example* 中，則可以啟用這個 virtualenv，然後在 virtualenv 中列出所有的套件，方式如下：

```
$ source ~/mezzanine_example/bin/activate
$ pip freeze > requirements.txt
```

範例 6-11 展示我們如何從現有的 *requirements.txt* 來安裝套件的方法。

範例 *6-11* 　使用 *requirements.txt* 安裝套件

```
- name: copy requirements.txt file
  copy: src=files/requirements.txt dest=~/requirements.txt
- name: install packages
  pip: requirements=~/requirements.txt virtualenv={{ venv_path }}
```

另一方面，也可以在列表中同時指定套件名稱以及它們的版本，如範例 6-12 所示。傳遞一個字典的列表，然後使用 item.name 和 item.version 以取得這些元素。

範例 *6-12* 　指定套件的名稱和版本

```
- name: python packages
  pip: name={{ item.name }} version={{ item.version }} virtualenv={{ venv_path }}
  with_items:
    - {name: mezzanine, version: 4.2.2 }
    - {name: gunicorn, version: 19.6.0 }
    - {name: setproctitle, version: 1.1.10 }
    - {name: psycopg2, version: 2.6.2 }
    - {name: django-compressor, version: 2.1 }
    - {name: python-memcached, version: 1.58 }
```

Task 中的複雜參數（Complex Argument）：先離題補充說明一下

行文至此，每次呼叫一個模組，我們總是把參數當做一個字串傳遞過去。以範例 6-12 中的 pip 為例，我們傳遞了以下的字串給 pip 模組：

```
- name: install package with pip
  pip: name={{ item.name }} version={{ item.version }} virtualenv={{ venv_path }}
```

如果你不喜歡檔案中有那麼長的一列，可以把字串參數分成許多列，只要使用 YAML 的 line folding 格式就可以了，請參考第 32 頁中的「折疊成許多行」一節中的說明：

```
- name: install package with pip
  pip: >
    name={{ item.name }}
    version={{ item.version }}
    virtualenv={{ venv_path }}
```

Ansible 也提供另外一種可以把模組呼叫的部份分成多列表示的方法。取代傳遞一個字串，我們可以使用變數名當做是鍵的字句傳遞過去。這表示我們可以用以下的方式來取代範例 6-12 中的呼叫：

```
- name: install package with pip
  pip:
    name: "{{ item.name }}"
    version: "{{ item.version }}"
    virtualenv: "{{ venv_path }}"
```

此種以字典來傳遞參數的方式當我們在呼叫模組並傳遞複雜參數的時候很有用。而在呼叫模組時所傳遞的串列或是字典就視為是複雜參數。ec2 模組，也就是我們在 Amazon EC2 所新建的伺服器模組，就是一個使用複雜參數的典型例子。範例 6-13 展示如何為一個 group 參數，透過取得一個串列當做是呼叫模組之參數，以及使用字典當做是參數的值傳遞到 instance_tags 參數。我們將在第 14 章針對這個部份有更深入的討論。

範例 6-13　使用複雜參數呼叫模組

```
- name: create an ec2 instance
  ec2:
    image: ami-8caa1ce4
    instance_type: m3.medium
    key_name: mykey
    group:
      - web
      - ssh
    instance_tags:
      type: web
      env: production
```

你甚至也可以把它們混合運用，也就是有一些參數以字串來傳遞，而其他的則是使用字典來傳遞，只要使用 args 子句指定其中的一些變數做為字典即可。重寫之前的例子如下：

```
- name: create an ec2 instance
  ec2: image=ami-8caa1ce4 instance_type=m3.medium key_name=mykey
  args:
    group:
      - web
      - ssh
    instance_tags:
      type: web
      env: production
```

如果你使用 local_action 子句（我們將會在第 9 章有更詳細的說明），則複雜參數的語法就會有一些改變。你需要加上 module:<modulename> 如下：

```
- name: create an ec2 instance
  local_action:
    module: ec2
    image: ami-8caa1ce4
    instance_type: m3.medium
    key_name: mykey
    group:
      - web
      - ssh
    instance_tags:
      type: web
      env: production
```

當使用 local_action 時，也可以混合使用簡單參數和複雜參數如下：

```
- name: create an ec2 instance
  local_action: ec2 image=ami-8caa1ce4 instance_type=m3.medium key_name=mykey
  args:
    image: ami-8caa1ce4
    instance_type: m3.medium
    key_name: mykey
    group:
      - web
      - ssh
    instance_tags:
      type: web
      env: production
```

 Ansible 讓你可以在許多模組中設定檔案的權限，包括 **file**、**copy** 及 **template**。如果你以 8 進位的數字做為複雜參數，則它必須是以數字元 0 起始，或是使用雙引號包起來做為字串。

例如，請參考以下 mode 參數是如何使用數字元 0 做為起始的方式：

```
- name: copy index.html
  copy:
    src: files/index.html
    dest: /usr/share/nginx/html/index.html
    mode: "0644"
```

如果你不是使用數字元 0 做為起始或是使用雙引號，Ansible 會把這個值以 10 進位數值來解釋而不是 8 進位，然後就沒有辦法依照你所期望的去設定正確的檔案權限了，詳細的說明請參考 GitHub 中的內容（*http://bit.ly/1GASfbl*）。

如果你想要讓參數可以用多列來表示，而你並不是正在傳遞複雜的參數，想要使用哪一種型式就看你自己的習慣。我個人比較喜歡使用字典型式，但是本書兩者都有使用。

配置資料庫

當 Django 執行在開發模式下時，它的資料庫後端使用的是 SQLite。這個後端會在資料庫檔案不存在時自動建立一個新的。

當使用像是 Postgres 這一類的資料庫管理系統時，要先在 Postgres 中建立一個資料庫，然後建立使用者帳戶讓它擁有這個資料。接下來將進行 Mezzanine 使用者驗證的組態配置。

Ansible 提供 postgresql_user 以及 postgresql_db 模組用來在 Postgres 中建立使用者和資料庫。範例 6-14 展示如何在 playbook 中呼叫這些模組。

在建立資料庫時，透過 lc_ctype 以及 lc_collate 參數提供本地的資訊。我們使用 locale_gen 模組確保作業系統安裝了所使用的本地資訊（locale）。

範例 6-14　建立資料庫和資料庫使用者

```
- name: create project locale
  locale_gen: name={{ locale }}
  become: True

- name: create a DB user
  postgresql_user:
    name: "{{ database_user }}"
    password: "{{ db_pass }}"
  become: True
  become_user: postgres

- name: create the database
  postgresql_db:
    name: "{{ database_name }}"
    owner: "{{ database_user }}"
    encoding: UTF8
    lc_ctype: "{{ locale }}"
    lc_collate: "{{ locale }}"
    template: template0
  become: True
  become_user: postgres
```

請留意上面的兩個 task 中使用了 become: True 以及 become_user: postgres。當你在 Ubuntu 上安裝 Postgres 時，此安裝過程建立了一個名為 postgres 的使用者，而它在此 Postgres 安裝中具有管理者權限。在預設的情況下，root 帳號並沒有 Postgres 的管理權限，因此在 playbook 中，我們需要 become 成為 Postgres 的使用者以執行管理的作業，像是建立使用者和建立資料庫等等。

當我們建立資料庫時，為資料庫設定了編碼 encoding（UTF8）以及本地資訊類別（LC_CTYPE、LC_COLLATE）。因為設定了本地的資訊，所以使用 *teamplate0* 做為樣板 [3]。

從樣板中產生 local_settings.py 檔

Django 會從 *settings.py* 中找出和專案有關的設定值。Mezzanine 也和 Django 使用同樣的作法，它把這些設定分成 2 組：

- 在所有部署中都是相同的（*settings.py*）

- 會根據部署有所改變的（*local_settings.py*）

在我們的儲存庫中，定義那些在所有部署中都相同設定值的 *settings.py* 檔案。你可以在 GitHub 中（*http://bit.ly/2jaw4zf*）找到這個檔案。

settings.py 包含了用來載入 *local_settings.py* 的 Python 程式片段，而 local_settings.py 的內容就是和部署有關的設定值。在 *.gitignore* 檔案中設定了要忽略 *local_settings.py*，因為開發者都會在自己開發環境中建立這個檔案。

做為部署中的一部份，需要建立一個 *local_settings.py* 而且把它上傳到遠端的主機中。範例 6-15 展示了我們所使用的 Jinja2 模板。

範例 *6-15　local_settings.py.j2*

```
from __future__ import unicode_literals

SECRET_KEY = "{{ secret_key }}"
NEVERCACHE_KEY = "{{ nevercache_key }}"
ALLOWED_HOSTS = [{% for domain in domains %}"{{ domain }}",{% endfor %}]

DATABASES = {
    "default": {
        # Ends with "postgresql_psycopg2", "mysql", "sqlite3" or "oracle".
        "ENGINE": "django.db.backends.postgresql_psycopg2",
        # DB name or path to database file if using sqlite3.
```

3　有關於模板資料庫的更多細節，請參考 Postgres 的說明文件。

```
        "NAME": "{{ proj_name }}",
        # Not used with sqlite3.
        "USER": "{{ proj_name }}",
        # Not used with sqlite3.
        "PASSWORD": "{{ db_pass }}",
        # Set to empty string for localhost. Not used with sqlite3.
        "HOST": "127.0.0.1",
        # Set to empty string for default. Not used with sqlite3.
        "PORT": "",
    }
}

SECURE_PROXY_SSL_HEADER = ("HTTP_X_FORWARDED_PROTOCOL", "https")

CACHE_MIDDLEWARE_SECONDS = 60

CACHE_MIDDLEWARE_KEY_PREFIX = "{{ proj_name }}"

CACHES = {
    "default": {
        "BACKEND": "django.core.cache.backends.memcached.MemcachedCache",
        "LOCATION": "127.0.0.1:11211",
    }
}

SESSION_ENGINE = "django.contrib.sessions.backends.cache"
```

此模板中的大部份內容都相當地直覺，其中使用 {{ 變數 }} 語法來插入像是 secret_key、nevercache_key、proj_name 及 db_pass 等這些變數的值。

唯一比較不那麼簡單的部份是如範例 6-16 中所示的那一行。

範例 6-16 在 Jinja2 模板中使用迴圈

```
ALLOWED_HOSTS = [{% for domain in domains %}"{{ domain }}",{% endfor %}]
```

如果回去查看變數的定義，就可以看到有一個叫做 domains 的變數被定義如下：

```
domains:
  - 192.168.33.10.xip.io
  - www.192.168.33.10.xip.io
```

Mezzanine 應用被設計成只有來自於上述所列的主機，也就是在此例 domains 變數中的 *http://192.168.33.10.xip.io* 或是 *http://www.192.168.33.10.xip.io*，之請求才會回應訊息。如果一個不是來自於這兩個網域的請求來到了 Mezzanine，此網站會回覆一個 "Bad Request（400）" 的訊息。

我們想要這一行被產生之後像如下所示的樣子：

```
ALLOWED_HOSTS = ["192.168.33.10.xip.io", "www.192.168.33.10.xip.io"]
```

上述的內容可以使用 for 迴圈來產生它，就像是在範例 6-16 所示的樣子。請注意它不會產生出完全和你預期的一模一樣的樣子，取而代之的是在後面多了一個逗號，如下：

```
ALLOWED_HOSTS = ["192.168.33.10.xip.io", "www.192.168.33.10.xip.io",]
```

然而 Python 非常歡迎在串列後面的逗號，所以可以保留這樣的格式沒問題。

什麼是 xip.io ？

你可能會注意到我們使用的這個網域看起來有些陌生：*192.168.33.10.xip.io* 以及 *www.192.168.33.10.xip.io*。它們是網域名稱（Doman Name, 領域名稱），但是有 IP 位址嵌在其中。

當存取一個網站，通常都會把瀏覽器指向如 *http://ansiblebook.com*，而不是 *http://151.101.192.133*。當在編寫 playbook 部署 Mezzanine 到 Vagrant 時，我們想要配置此應用程式一個網域或是需要可以存取的名稱。

問題是，我們並沒有 DNS 記錄把 IP 位址對應到 Vagrant 機器中。在此例是 *192.168.33.10*。但是沒有任何事可以阻止我們為這個 IP 設定一個 DNS 記錄。我可以從 *messznine-internal.ansiblebook.com* 去建立一個 DNS 項目指向 *192.168.33.10*。

然而，如果我們想要建立一個 DNS 名稱可以解讀特定的 IP 位址，有一個方便的服務就是 *xip.io*，它由 Basemap 提供一個免費的服務，免除建立自己的 DNS 記錄。如果 *AAA.BBB.CCC.DDD* 是一個 IP 位址，則 *AAA.BBB.CCC.DDD.xip.io* 則會被解譯到 *AAA.BBB.CCC.DDD*。例如，*192.168.33.10.xip.ip* 就會被指向 *192.168.33.10*。此外，*www.192.168.33.10.xip.ip* 也一樣會被解譯成 *192.168.33.10*。

我發現在測試時把網站應用部署在私有位址時，*xip.io* 非常有用。另一方面，你也可以直接在你的本地端機器裡把項目加到 */etc/hosts* 檔案中，這樣子在離線時也可以正常運作。

現在讓我們來看一下 Jinja2 的 for 迴圈語法。為了讓內容比較好閱讀，在此把它以多列的方式來呈現，如下所示：

```
ALLOWED_HOSTS = [
{% for domain in domains %}
                "{{ domain }}",
{% endfor %}
                ]
```

如此產生的配置檔看起來會像下面這樣，這是一個正確的 Python 語法：

```
ALLOWED_HOSTS = [
                "192.168.33.10.xip.io",
                "www.192.168.33.10.xip.io",
                ]
```

其中 for 迴圈是以一個 {% endfor %} 敘述做為結束點，也請留意其中 endfor 敘述是放在 {% %} 中，它和 {{ }} 並不一樣，{{ }} 是用來進行變數取代的。

所有被定義在 playbook 中的變數和 facts 都可以被放在 Jinja2 模板中，所以我們永遠不需要明確地傳遞變數到模板中。

執行 django-manage 命令

Django 應用程式使用一個特殊的腳本叫做 *manage.py*（*http://bit.ly/2iica5a*），它可以執行 Django 應用程式中的管理工作如下：

- 建立資料表

- 套用資料庫的遷移

- 從檔案中取得資料儲存到資料庫中

- 把資料庫中的資料傾印出來到檔案中

- 複製靜態資料到正確的目錄中

此外還支援了許多內建的命令可以使用在 *manage.py* 中，Django 應用程式也可以新增客製化的命令。Mezzanine 新增了一個叫做 createdb 的客製化命令，它被使用到對於資料庫的初始化以及複製靜態資料到正確的地方。官方的 Fabric 腳本可以如以下這般方式執行：

```
$ manage.py createdb --noinput --nodata
```

Ansible 也內建有 **django_manage** 模組可以呼叫 **manage.py** 命令。我們可以使用以下的方法進行呼叫：

```
- name: initialize the database
  django_manage:
    command: createdb --noinput --nodata
    app_path: "{{ proj_path }}"
    virtualenv: "{{ venv_path }}"
```

不幸的是，客製化 **createdb** 命令 Mezzanine 並沒有加上 idempotent 特性，如果呼叫了第 2 次，就會出像如下所示的錯誤：

```
TASK: [initialize the database] **********************************************
failed: [web] => {"cmd": "python manage.py createdb --noinput --nodata", "failed"
: true, "path": "/home/vagrant/mezzanine_example/bin:/usr/local/sbin:/usr/local/b
in:/usr/sbin: /usr/bin:/sbin:/bin:/usr/games:/usr/local/games", "state": "absent"
, "syspath": ["", "/usr/lib/python2.7", "/usr/lib/python2.7/plat-x86_64-linux-gnu
", "/usr/lib/python2.7/lib-tk", "/usr/lib/python2.7/lib-old", "/usr/lib/python2.7
/lib-dynload", "/usr/local/lib/python2.7/dist-packages", "/usr/lib/python2.7/dist
-packages"]}
msg:
:stderr: CommandError: Database already created, you probably want the syncdb or
migrate command
```

還好的是，客製化的 **createdb** 命令等於是兩個具有 idempotent 特性的內建 **manage.py** 命令：

migrate

　　為 Django 的 models 建立和更新資料表

collectstatic

　　把靜態資源檔案複製到正確的目錄中

藉由呼叫這些命令，我們可以得到一個 idempotent task：

```
- name: apply migrations to create the database, collect static content
  django_manage:
    command: "{{ item }}"
    app_path: "{{ proj_path }}"
    virtualenv: "{{ venv_path }}"
  with_items:
    - syncdb
    - collectstatic
```

在應用程式的上下文中執行客製化的 Python 腳本

要初始化我們的應用程式，需要先在資料庫中做兩件事情：

- 建立一個 Site（*http://bit.ly/2hYWztG*） model 物件，它包含網站之網域名稱（在此例為 *192.168.33.10.xip.io*）。

- 設定管理者的帳號和密碼。

雖然可以使用原始的 SQL 命令或 Django 的 migration 進行這些改變，但是 Mezzanine Fabric 腳本使用的是 Python 的程式腳本，所以在此也使用同樣的方式。

在這邊使用了兩個技巧。Python 的腳本需要執行在我們建立的 virtualenv 虛擬環境中，而且 Python 的環境需要正確地設定使得它的腳本可以正確地匯入在 *~/mezzanine/ mezzanine_example/mezzanine_example* 中的 *settings.py*。

在大部份的情況下，如果需要一些自訂的 Python 程式碼，我寧願使用一個客製化的 Ansible 模組。然而，就目前我們知道的，Ansible 並不讓你在虛擬環境中執行模組，所以這個方法就不能用了。

我使用 script 模組取代，它可以複製一個自訂的腳本而且執行它。我寫了兩個腳本，其中一個是用來設定 Site 記錄，而另外一個則是設定 admin 的帳號和密碼。

你可以傳遞命令列參數到 script 模組，然後解析它們，但是我決定使用傳遞環境變數來代替。我不想要在命令列的參數中傳遞帳號和密碼（這樣會在執行 ps 命令時跟著程序資訊一起被顯示出來），而且在腳本中解析環境變數比解析命令列參數來得簡單。

 你可以在一個 task 的 environment 子句中設定環境變數，傳遞一個含有環境變數名稱和值的字典。你可以加一個 environment 子句到任一個 task 中，不一定需要使用 script。

為了在虛擬環境中執行這些腳本，還需要設定 path 變數，如此在 path 中的 Python 腳本就可以被執行在虛擬環境中了。範例 6-17 展示了我如何呼叫這兩個腳本。

範例 6-17　使用 script 模組呼叫自訂的 Python 程式碼

```
- name: set the site id
  script: scripts/setsite.py
  environment:
    PATH: "{{ venv_path }}/bin"
    PROJECT_DIR: "{{ proj_path }}"
```

```
        PROJECT_APP: "{{ proj_app }}"
        WEBSITE_DOMAIN: "{{ live_hostname }}"

    - name: set the admin password
      script: scripts/setadmin.py
      environment:
        PATH: "{{ venv_path }}/bin"
        PROJECT_DIR: "{{ proj_path }}"
        PROJECT_APP: "{{ proj_app }}"
        ADMIN_PASSWORD: "{{ admin_pass }}"
```

上述使用到的 2 個腳本分別如範例 6-18 和範例 6-19 所示。我把它們都放在 *scripts* 子目錄中。

範例 *6-18 scripts/setsite.py*

```
#!/usr/bin/env python
# A script to set the site domain
# Assumes two environment variables
#
# WEBSITE_DOMAIN: the domain of the site (e.g., www.example.com)
# PROJECT_DIR: root directory of the project
# PROJECT_APP: name of the project app
import os
import sys

# Add the project directory to system path
proj_dir = os.path.expanduser(os.environ['PROJECT_DIR'])
sys.path.append(proj_dir)

proj_app = os.environ['PROJECT_APP']
os.environ['DJANGO_SETTINGS_MODULE'] = proj_app + '.settings'
import django
django.setup()
from django.conf import settings
from django.contrib.sites.models import Site
domain = os.environ['WEBSITE_DOMAIN']
Site.objects.filter(id=settings.SITE_ID).update(domain=domain)
Site.objects.get_or_create(domain=domain)
```

範例 *6-19 scripts/setadmin.py*

```
#!/usr/bin/env python
# A script to set the admin credentials
# Assumes two environment variables
#
# PROJECT_DIR: the project directory (e.g., ~/projname)
```

```
# PROJECT_APP: name of the project app
# ADMIN_PASSWORD: admin user's password

import os
import sys

# Add the project directory to system path
proj_dir = os.path.expanduser(os.environ['PROJECT_DIR'])
sys.path.append(proj_dir)

proj_app = os.environ['PROJECT_APP']
os.environ['DJANGO_SETTINGS_MODULE'] = proj_app + '.settings'
import django
django.setup()
from django.contrib.auth import get_user_model
User = get_user_model()
u, _ = User.objects.get_or_create(username='admin')
u.is_staff = u.is_superuser = True
u.set_password(os.environ['ADMIN_PASSWORD'])
u.save()
```

設定 Service 組態配置檔案

接下來要設定給 Gunicorn（我們的應用程式伺服器）使用的系統配置檔案、Nginx（我們的網頁伺服器）及 Supervisor（我們的程序管理員），其內容在範例 6-20。這個給 Gunicorn 系統配置檔案使用的模板內容放在範例 6-22 中，而給 Supervisor 系統配置檔用的模板則是範例 6-23。

範例 6-20　設定系統配置檔

```
- name: set the gunicorn config file
  template:
      src: templates/gunicorn.conf.py.j2
      dest: "{{ proj_path }}/gunicorn.conf.py"

- name: set the supervisor config file
  template:
      src: templates/supervisor.conf.j2
      dest: /etc/supervisor/conf.d/mezzanine.conf
  become: True
  notify: restart supervisor

- name: set the nginx config file
  template:
      src: templates/nginx.conf.j2
```

```
        dest: /etc/nginx/sites-available/mezzanine.conf
    notify: restart nginx
    become: True
```

在這三個例子中，我透過樣板產生配置檔案。Supervisor 和 Nginx 程序是以 root 啟動的
（雖然在執行時會被調降為非 root 的使用者），因此需要 sudo 讓它可以具有寫入配置檔
的權限。

如果 Supervisor 的配置檔有所改變，Ansible 將會觸發 restart supervisor handler。如
果 Nginx 配置檔有所變更，Ansible 會觸發 restart nginx handler，就像是在範例 6-21
中所示的樣子。

範例 6-21　Handlers

```
handlers:
  - name: restart supervisor
    supervisorctl: name=gunicorn_mezzanine state=restarted
    sudo: True

  - name: restart nginx
    service: name=nginx state=restarted
    sudo: True
```

範例 6-22　templates/gunicorn.conf.py.j2

```
from __future__ import unicode_literals
import multiprocessing

bind = "127.0.0.1:{{ gunicorn_port }}"
workers = multiprocessing.cpu_count() * 2 + 1
loglevel = "error"
proc_name = "{{ proj_name }}"
```

範例 6-23　templates/supervisor.conf.j2

```
[program:{{ gunicorn_procname }}]
command={{ venv_path }}/bin/gunicorn -c gunicorn.conf.py -p gunicorn.pid \
    {{ proj_app }}.wsgi:application
directory={{ proj_path }}
user={{ user }}
autostart=true
stdout_logfile = /home/{{ user }}/logs/{{ proj_name }}_supervisor
autorestart=true
redirect_stderr=true
environment=LANG="{{ locale }}",LC_ALL="{{ locale }}",LC_LANG="{{ locale }}"
```

其中只有一個樣板有使用樣板邏輯（不同於單純變數取代），就是在範例 6-24 中。它有一個條件式邏輯：如果 tls_enabled 變數被設定為 true 時，就啟用 TLS。你會在樣板檔案中看到一些 if 敘述，看起來像是下面這個樣子：

```
{% if tls_enabled %}
...
{% endif %}
```

在樣板中也可以加入 Jinja2 的 join 過濾器：

```
server_name {{ domains|join(", ") }};
```

上述的程式片段會預期 domains 變數是一個串列（list）。它會把所有 domains 中的元素都串連在一起，然後中間用逗號分隔。回到我們的例子，domains 串列被定義如下：

```
domains:
  - 192.168.33.10.xip.io
  - www.192.168.33.10.xip.io
```

模板經過渲染之後，該行看起來會像是下面這個樣子：

```
server_name 192.168.33.10.xip.io, www.192.168.33.10.xip.io;
```

範例 6-24　*templats/nginx.conf.j2*

```
upstream {{ proj_name }} {
    server unix:{{ proj_path }}/gunicorn.sock fail_timeout=0;
}

server {

    listen 80;

    {% if tls_enabled %}
    listen 443 ssl;
    {% endif %}
    server_name {{ domains|join(", ") }};
    client_max_body_size 10M;
    keepalive_timeout     15;

    {% if tls_enabled %}
    ssl_certificate        conf/{{ proj_name }}.crt;
    ssl_certificate_key    conf/{{ proj_name }}.key;
    ssl_session_cache      shared:SSL:10m;
    ssl_session_timeout    10m;
    # ssl_ciphers entry is too long to show in this book
    # See https://github.com/ansiblebook/ansiblebook
    #     ch06/playbooks/templates/nginx.conf.j2
```

```
ssl_prefer_server_ciphers on;
{% endif %}

location / {
    proxy_redirect         off;
    proxy_set_header       Host                    $host;
    proxy_set_header       X-Real-IP               $remote_addr;
    proxy_set_header       X-Forwarded-For         $proxy_add_x_forwarded_for;
    proxy_set_header       X-Forwarded-Protocol    $scheme;
    proxy_pass             http://{{ proj_name }};
}

location /static/ {
    root           {{ proj_path }};
    access_log     off;
    log_not_found  off;
}

location /robots.txt {
    root           {{ proj_path }}/static;
    access_log     off;
    log_not_found  off;
}

location /favicon.ico {
    root           {{ proj_path }}/static/img;
    access_log     off;
    log_not_found  off;
}
}
```

啟用 Nginx 系統配置

慣例上 Nginx 的系統配置檔會被放在 */etc/nginx/sites-available* 中，而把它們連結到 */etc/nginx/sites-enabled* 即可啟用它們。

Mezzanine Fabric 腳本只是複製了系統配置檔到 sites-enabled 中，但是我將會和 Mezzanine 做得不一樣，因為它給了我一個藉口去使用 `file` 模組以建立一個系統連結。我們也需要去移除 Nginx 套件中在 */etc/nginx/sites-enabled/default* 中的預設系統配置檔。

如範例 6-25 所示，使用 `file` 模組建立一個檔案連結，而且移除預設的 config 檔案。這個模組在建立目錄、檔案連結及空的檔案；刪除檔案、目錄及檔案連結；以及設置像是權限和擁有者的檔案屬性時非常有用。

範例 6-25　啟用 Nginx 的系統配置檔

```
- name: enable the nginx config file
  file:
    src: /etc/nginx/sites-available/mezzanine.conf
    dest: /etc/nginx/sites-enabled/mezzanine.conf
    state: link
  become: True

- name: remove the default nginx config file
  file: path=/etc/nginx/sites-enabled/default state=absent
  notify: restart nginx
  become: True
```

安裝 TLS 憑證

我們的 playbook 定義了一個叫做 tls_enabled 的變數。如果這個變數被設定為 true，則
playbook 將會安裝 TLS 憑證。在本例中使用的是自己簽發的憑證，因此 playbook 將會
在憑證不存在時建立它。

在產品部署時，你可以複製一個取自於第三方公證單位所簽發的的 TLS 憑證。

範例 6-26 是 2 個被呼叫用來配置 TLS 憑證的 task。使用 file 模組以確保這個目錄會用
來放置 TLS 憑證。

範例 6-26　安裝 TLS 憑證

```
- name: ensure config path exists
  file: path={{ conf_path }} state=directory
  sudo: True
  when: tls_enabled

- name: create tls certificates
  command: >
    openssl req -new -x509 -nodes -out {{ proj_name }}.crt
    -keyout {{ proj_name }}.key -subj '/CN={{ domains[0] }}' -days 3650
    chdir={{ conf_path }}
    creates={{ conf_path }}/{{ proj_name }}.crt
  sudo: True
  when: tls_enabled
  notify: restart nginx
```

留意這兩個 task 都包含了以下的子句：

```
when: tls_enabled
```

如果 `tls_enabled` 的值是 false，則 Ansible 會跳過這一個 task。

Ansible 預設並沒有可以用來建立 TLS 憑證的模組，所以需要使用 command 模組去呼叫 openssl 命令以建立一個自我簽發的憑證。因為這個命令非常長，所以使用 YAML 折疊語法（請參考第 32 頁的「折疊成許多行」），讓這個命令可以使用多列的方式來呈現。

在這個命令的最後這兩列是額外的參數，它被傳遞到模組，而不被傳遞到命令列中：

```
chdir={{ conf_path }}
creates={{ conf_path }}/{{ proj_name }}.crt
```

其中 `chdir` 參數可以在命令執行之前改變路徑。而 `creates` 參數則是用來實現 idempotence：Ansible 首先會檢查這個檔案 `{{ conf_path }}/{{ proj_name }}.crt` 是否存在於主機上。如果已經存在了，Ansible 就會跳過這項任務。

安裝 Twitter 的定期工作

如果你執行 `manage.py poll_twitter`，Mezzanine 將會去取得和配置帳號所連結的貼文（tweets），而且把它們放在首頁中。由 Mezzanine 所提供的 Fabric 腳本，只要安裝定期功能 crontab，則它會每 5 分鐘更新一次貼文資料。

如果完全跟著 Fabric 腳本，我們會複製一個設定好定時工作的 cron 腳本到 /etc/cron.d 目錄中。可以使用 template 模組做這件事情。然而，Ansible 自己有一個 cron 模組讓我們可以建立或刪除 cron 定期工作，使用這個模組會比較優雅些。範例 6-27 展示安裝 cron 工作的任務。

範例 6-27　為輪詢 *Twitter* 建立一個定期的工作

```
- name: install poll twitter cron job
  cron: name="poll twitter" minute="*/5" user={{ user }} job="{{ manage }} \
  poll_twitter"
```

如果你手動地使用 SSH 到虛擬機中，你可以使用 `crontab -l` 看到 cron 工作已經被安裝進系統了。在此，當我以 Vagrant 使用者部署時，看起來會像是下面這個樣子：

```
#Ansible: poll twitter
*/5 * * * * /home/vagrant/.virtualenvs/mezzanine_example/bin/python \
/home/vagrant/mezzanine/mezzanine_example/manage.py poll_twitter
```

請留意在第一行的註解，這是 Ansible 模組支援以名稱刪除 cron 工作的方法。如果你編寫如下的指令碼：

```
- name: remove cron job
  cron: name="poll twitter" state=absent
```

cron 模組會去尋找和註解行一樣的名稱，然後刪除和此註解內容一樣的工作。

完整的 Playbook

範例 6-28 顯示了所有完整的 playbook 內容。

範例 6-28　*meaaznine.yml*：完整的 *playbook*

```
---
- name: Deploy mezzanine
  hosts: web
  vars:
    user: "{{ ansible_user }}"
    proj_app: mezzanine_example
    proj_name: "{{ proj_app }}"
    venv_home: "{{ ansible_env.HOME }}/.virtualenvs"
    venv_path: "{{ venv_home }}/{{ proj_name }}"
    proj_path: "{{ ansible_env.HOME }}/mezzanine/{{ proj_name }}"
    settings_path: "{{ proj_path }}/{{ proj_name }}"
    reqs_path: requirements.txt
    manage: "{{ python }} {{ proj_path }}/manage.py"
    live_hostname: 192.168.33.10.xip.io
    domains:
      - 192.168.33.10.xip.io
      - www.192.168.33.10.xip.io
    repo_url: git@github.com:ansiblebook/mezzanine_example.git
    locale: en_US.UTF-8
    # Variables below don't appear in Mezannine's fabfile.py
    # but I've added them for convenience
    conf_path: /etc/nginx/conf
    tls_enabled: True
    python: "{{ venv_path }}/bin/python"
    database_name: "{{ proj_name }}"
    database_user: "{{ proj_name }}"
    database_host: localhost
    database_port: 5432
    gunicorn_procname: gunicorn_mezzanine
    num_workers: "multiprocessing.cpu_count() * 2 + 1"
  vars_files:
    - secrets.yml
  tasks:
```

```
- name: install apt packages
  apt: pkg={{ item }} update_cache=yes cache_valid_time=3600
  become: True
  with_items:
    - git
    - libjpeg-dev
    - libpq-dev
    - memcached
    - nginx
    - postgresql
    - python-dev
    - python-pip
    - python-psycopg2
    - python-setuptools
    - python-virtualenv
    - supervisor
- name: create project path
  file: path={{ proj_path }} state=directory
- name: create a logs directory
  file:
      path: "{{ ansible_env.HOME }}/logs"
      state: directory
- name: check out the repository on the host
  git: repo={{ repo_url }} dest={{ proj_path }} accept_hostkey=yes
- name: install Python requirements globally via pip
  pip: name={{ item }} state=latest
  with_items:
    - pip
    - virtualenv
    - virtualenvwrapper
  become: True
- name: create project locale
  locale_gen: name={{ locale }}
  become: True
- name: create a DB user
  postgresql_user:
      name: "{{ database_user }}"
      password: "{{ db_pass }}"
  become: True
  become_user: postgres
- name: create the database
  postgresql_db:
      name: "{{ database_name }}"
      owner: "{{ database_user }}"
      encoding: UTF8
      lc_ctype: "{{ locale }}"
      lc_collate: "{{ locale }}"
      template: template0
  become: True
```

```
    become_user: postgres
- name: ensure config path exists
  file: path={{ conf_path }} state=directory
  become: True
- name: create tls certificates
  command: >
    openssl req -new -x509 -nodes -out {{ proj_name }}.crt
    -keyout {{ proj_name }}.key -subj '/CN={{ domains[0] }}' -days 3650
    chdir={{ conf_path }}
    creates={{ conf_path }}/{{ proj_name }}.crt
  become: True
  when: tls_enabled
  notify: restart nginx
- name: remove the default nginx config file
  file: path=/etc/nginx/sites-enabled/default state=absent
  notify: restart nginx
  become: True
- name: set the nginx config file
  template:
    src=templates/nginx.conf.j2
    dest=/etc/nginx/sites-available/mezzanine.conf
  notify: restart nginx
  become: True
- name: enable the nginx config file
  file:
    src: /etc/nginx/sites-available/mezzanine.conf
    dest: /etc/nginx/sites-enabled/mezzanine.conf
    state: link
  become: True
  notify: restart nginx
- name: set the supervisor config file
  template:
    src=templates/supervisor.conf.j2
    dest=/etc/supervisor/conf.d/mezzanine.conf
  become: True
  notify: restart supervisor
- name: install poll twitter cron job
  cron:
    name="poll twitter"
    minute="*/5"
    user={{ user }}
    job="{{ manage }} poll_twitter"
- name: set the gunicorn config file
  template:
    src=templates/gunicorn.conf.py.j2
    dest={{ proj_path }}/gunicorn.conf.py
- name: generate the settings file
  template:
    src=templates/local_settings.py.j2
```

```
        dest={{ settings_path }}/local_settings.py
  - name: install requirements.txt
    pip: requirements={{ proj_path }}/{{ reqs_path }} virtualenv={{ venv_path }}
  - name: install required python packages
    pip: name={{ item }} virtualenv={{ venv_path }}
    with_items:
      - gunicorn
      - setproctitle
      - psycopg2
      - django-compressor
      - python-memcached
  - name: apply migrations to create the database, collect static content
    django_manage:
      command: "{{ item }}"
      app_path: "{{ proj_path }}"
      virtualenv: "{{ venv_path }}"
    with_items:
      - migrate
      - collectstatic
  - name: set the site id
    script: scripts/setsite.py
    environment:
      PATH: "{{ venv_path }}/bin"
      PROJECT_DIR: "{{ proj_path }}"
      PROJECT_APP: "{{ proj_app }}"
      WEBSITE_DOMAIN: "{{ live_hostname }}"
  - name: set the admin password
    script: scripts/setadmin.py
    environment:
      PATH: "{{ venv_path }}/bin"
      PROJECT_DIR: "{{ proj_path }}"
      PROJECT_APP: "{{ proj_app }}"
      ADMIN_PASSWORD: "{{ admin_pass }}"
handlers:
  - name: restart supervisor
    supervisorctl: "name={{ gunicorn_procname }} state=restarted"
    become: True
  - name: restart nginx
    service: name=nginx state=restarted
    become: True
```

在一台 Vagrant 機器中執行 playbook

在我們的 playbook 中，live_hostname 以及 domains 變數假設要部署到 *192.168.33.10*。而在範例 6-29 所示的 Vagrantfile 配置了一個使用該 IP 位址的 Vagrant 機器。

範例 *6-29　Vagrantfile*

```
VAGRANTFILE_API_VERSION = "2"

Vagrant.configure(VAGRANTFILE_API_VERSION) do |config|
  config.vm.box = "ubuntu/trusty64"
  config.vm.network "private_network", ip: "192.168.33.10"
end
```

部署 Mezzanine 到 Vagrant 機器如下：

```
$ ansible-playbook mezzanine.yml
```

然後你就可以使用以下任一個網址瀏覽到你新部署的 Mezzanine 了：

- *http://192.168.33.10.xip.io*

- *https://192.168.33.10.xip.io*

- *http://www.192.168.33.10.xip.io*

- *https://www.192.168.33.10.xip.io*

問題排除

當你試著在你的機器上執行這個 playbook 時可能會遇到一些障礙。讓我們在這一小節中看看如何克服一些常會遇到的問題。

沒有辦法 Check out Git 的儲存庫

你可能會看到一個名為 "check out the repository on the host" 失敗的錯誤訊息：

```
fatal: Could not read from remote repository.
```

一個可能的排除方法是移除在你的 *~/.ssh/known_hosts* 檔案中已存在的 192.168.33.10 項目。在第 387 頁中的「錯誤的 Host Key 可能會導致一些問題，就算是 Key Checking 被取消了也一樣」有更詳細的說明。

無法連線到 192.168.33.10.xip.io

有一些 WiFi 路由器本身具有 DNS 伺服器，而這個 DNS 有可能並無法正確地解譯 *192.168.33.10.xip.io*。你可以透過以下的命令檢查一下：

```
dig +short 192.168.33.10.xip.io
```

上列命令的輸出應該是如下所示的樣子：

```
192.168.33.10
```

如果輸出是空白的話，就表示你的 DNS 伺服器拒絕解譯 *xip.io*。如果是這種情形，可以做的就是在 */etc/hosts* 檔案中加入下面這一行：

```
192.168.33.10 192.168.33.10.xip.io
```

Bad Requests（400）

如果瀏覽器傳回了「Bad Requests(400)」，很有可能是你所嘗試要連線的 hostname 或是 IP 位址並沒有在 Mezzanine 設定檔中的 ALLOWED_HOSTS 的清單中。這個列表可以透過 playbook 中的 domains 這個 Ansible 變數把它添加進去以下的內容：

```
domains:
  - 192.168.33.10.xip.io
  - www.192.168.33.10.xip.io
```

把 Mezzanine 部署到多部機器上

到目前為止，我們已經可以把 Mezzanine 完整地部署到一台機器上了。然而，比較常見的情況還是要把資料庫和網頁伺服器分別部署在不同的機器上。在第 7 章中，我們將會展示如何使用 playbook 把資料庫和網頁伺服器部署在不同的主機中。

你現在已經學習到了透過 Mezzanine 的真實應用部署的方式。在下一章中，我們將會涵蓋一些 Ansible 並沒有放在範例中的進階技巧。

Roles：擴大 Playbook 規模的方法

我喜歡 Ansible 的其中一個原因就是它可以擴大或縮小工作規模的部份。我並不是指你正在管理的主機數量，而是你正嘗試去自動化的工作之複雜度。

Ansible 可以把工作規模縮小，因為簡單的任務比較容易實施。它也可以把規模擴大，因為它提供了一些機制讓我們可以把複雜的工作解構成比較小的單位。

在 Ansible 中，*role* 是要讓 playbook 切割成多個檔案的主要機制。使用 role 化簡了複雜的 playbook 之編寫工作，而且讓它們更容易被重用（reuse）。可以把 role 想像成你指定給一個或多個主機的角色。例如，你可以指定 database role 到那些擔任資料庫伺服器的主機群。

Role 的基本結構

Ansible 的 role（角色）會有一個名字，例如 database。使用了 database 角色的檔案會被放在 *roles/database* 目錄中，此目錄會包含以下的檔案和目錄：

roles/database/tasks/main.yml

  一些任務

roles/database/files/

  那些要被上傳到主機的檔案

roles/database/templates/

用來放置 Jinja2 樣板的檔案

roles/database/handlers/main.yml

Handlers

roles/database/vars/main.yml

放置那些不能夠被覆寫的變數

roles/database/defaults/main.yml

可以被覆寫的預設變數

roles/dtabase/meta/main.yml

和 role 相關的相依性資訊

每一個獨立的檔案都是可選的；也就是如果你的角色沒有任何的 Handler，就不需要放一個空的 *handlers/main.yml* 檔案。

Ansible 會到哪裡去找 role ？

Ansible 會在你的 playbook 所在的目錄下的 *roles* 子目錄中尋找 role，也會到 /*etc/ansible/roles* 去尋找系統層級的 role。在 *ansible_cfg* 檔中的 *roles_path* 設定中有一個 defaults 段落可以自訂系統層級的 roles 所在的位置，如範例 7-1 所示。

範例 7-1　ansible.cfg：覆寫 default roles 的路徑

```
[defaults]
roles_path = ~/ansible_roles
```

你也可以 ANSIBLE_ROLES_PATH 這個環境變數覆寫上面的內容。

範例：Database 和 Mezzanine 角色

回到 Mezzanine playbook 例子，現在來實作 Ansible 的 role。當然可以建立一個單獨的 role 叫做 mezzanine，但是在此打算把 Postgres 資料庫獨立出來成為另外一個 role 叫做 database。這樣會讓最終在部署資料庫到獨立的伺服器時的工作變得簡單一些。

在 Playbook 中使用 Roles

在深入如何定義 role 的細節之前，先來看看在 playbook 中是如何把 role 設定到主機上的。範例 7-2 展示把 Mezzanine 部署到一台單一主機時的內容，同時在其中也設定了 database 和 mezzanine 這兩個 role。

範例 7-2 *mezzanine-single-host.yml*

```
- name: deploy mezzanine on vagrant
  hosts: web
  vars_files:
    - secrets.yml

  roles:
    - role: database
      database_name: "{{ mezzanine_proj_name }}"
      database_user: "{{ mezzanine_proj_name }}"

    - role: mezzanine
      live_hostname: 192.168.33.10.xip.io
      domains:
        - 192.168.33.10.xip.io
        - www.192.168.33.10.xip.io
```

當在使用 roles 時，在 playbook 中要有一個叫做 roles 的段落。在這個段落中可以列出所有的 role。在此例的列表中包含兩個角色：database 以及 mezzanine。

留意我們在呼叫角色時可以使用變數傳遞。在我們的例子中，我們傳遞 database_name 以及 database_user 變數給 database 這個角色。如果這些變數已經在 role 定義過了（不管是在 *vars/main.yml* 或是 *defaults/main.yml*），則這些值會被我們傳進去的變數所覆蓋。

如果你沒有傳遞變數給 role，只要列出 role 的名稱就可以了，如下所示：

```
  roles:
    - database
    - mezzanine
```

在 database 以及 mezzanine 角色被定義之後，編寫 playbook 以部署網頁應用以及資料庫服務到多個主機就變得簡單多了。範例 7-3 展示了一個部署資料庫到 db 主機以及網頁服務到 web 主機的 playbook。請注意在這個 playbook 中包含了兩個不同的 play。

範例 7-3　*mezzanine-across-hosts.yml*

```
- name: deploy postgres on vagrant
  hosts: db
  vars_files:
    - secrets.yml
  roles:
    - role: database
      database_name: "{{ mezzanine_proj_name }}"
      database_user: "{{ mezzanine_proj_name }}"

- name: deploy mezzanine on vagrant
  hosts: web
  vars_files:
    - secrets.yml
  roles:
    - role: mezzanine
      database_host: "{{ hostvars.db.ansible_eth1.ipv4.address }}"
      live_hostname: 192.168.33.10.xip.io
      domains:
        - 192.168.33.10.xip.io
        - www.192.168.33.10.xip.io
```

前置任務（Pre-Task）以及後續任務（Post-Task）

有時候你會想要在 role 之前或是之後執行任務。例如想要在部署 Mezzanine 之前更新 apt 的快取，而且想要在部署之後寄送一個通知給 Slack 頻道。

Ansible 允許你在 **pre_tasks** 段中定義要在 role 之前執行的一系列任務，而使用 **post_tasks** 段落定義要在 role 之後執行的一系列任務。範例 7-4 展示了實際使用的範例。

範例 7-4　使用 *pre-tasks* 以及 *post-tasks*

```
- name: deploy mezzanine on vagrant
  hosts: web
  vars_files:
    - secrets.yml
  pre_tasks:
    - name: update the apt cache
      apt: update_cache=yes
  roles:
    - role: mezzanine
      database_host: "{{ hostvars.db.ansible_eth1.ipv4.address }}"
      live_hostname: 192.168.33.10.xip.io
      domains:
        - 192.168.33.10.xip.io
        - www.192.168.33.10.xip.io
```

```
post_tasks:
  - name: notify Slack that the servers have been updated
    local_action: >
      slack
      domain=acme.slack.com
      token={{ slack_token }}
      msg="web server {{ inventory_hostname }} configured"
```

討論夠了如何使用 role，現在是探討如何編寫的時候了。

使用 database role 來部署資料庫

database role 的工作就是要安裝 Postgres 以及建立相關的資料庫和資料庫使用者。

database role 包含了以下幾個檔案：

- *roles/database/tasks/main.yml*

- *roles/database/defaults/main.yml*

- *roles/database/handlers/main.yml*

- *roles/database/files/pg_hba.conf*

- *roles/database/files/postgresql.conf*

這個 role 包含了 2 個自訂的 Postgres 配置檔案：

postgresql.conf

修改預設的 `listen_addresses` 配置功能，使得 Postgres 可以在任一網路介面中接受連線。預設的 Postgres 只會接受來自於 localhost 的連線，對我們想要讓資料庫使用的是和網頁應用不同的主機來說，這樣的預設值當然是不行的。

pg_hbs.conf

配置 Postgres 以在網路上使用一組使用者和密碼來驗證連線。

 這些檔案沒辦法顯示在這裡，因為它們太大了。在我的 GitHub（*https://github.com/ansiblebook/ansiblebook*）範例程式碼的 ch08 子目錄下就可以找到這些檔案。

範例 7-5 展示了包含部署 Postgres 的任務。

範例 7-5　*roles/database/tasks/main.yml*

```
- name: install apt packages
  apt: pkg={{ item }} update_cache=yes cache_valid_time=3600
  become: True
  with_items:
    - libpq-dev
    - postgresql
    - python-psycopg2

- name: copy configuration file
  copy: >
    src=postgresql.conf dest=/etc/postgresql/9.3/main/postgresql.conf
    owner=postgres group=postgres mode=0644
  become: True
  notify: restart postgres

- name: copy client authentication configuration file
  copy: >
    src=pg_hba.conf dest=/etc/postgresql/9.3/main/pg_hba.conf
    owner=postgres group=postgres mode=0640
  become: True
  notify: restart postgres

- name: create project locale
  locale_gen: name={{ locale }}
  become: True

- name: create a user
  postgresql_user:
    name: "{{ database_user }}"
    password: "{{ db_pass }}"
  become: True
  become_user: postgres

- name: create the database
  postgresql_db:
    name: "{{ database_name }}"
    owner: "{{ database_user }}"
    encoding: UTF8
    lc_ctype: "{{ locale }}"
    lc_collate: "{{ locale }}"
    template: template0
  become: True
  become_user: postgres
```

範例 7-6 是 handler 的檔案內容。

```
- name: restart postgres
  service: name=postgresql state=restarted
  become: True
```

需要指定的唯一預設變數資料庫的埠號，如範例 7-7 所示。

範例 7-7   *roles/database/defaults/main.yml*

```
database_port: 5432
```

請留意在我們的任務列表中參考到許多變數，這些我們還沒有在 role 中定義過：

- database_name

- database_user

- db_pass

- locale

範例 7-2 和範例 7-3 中，在呼叫 role 的時候傳遞了 database_name 和 database_user。假設 db_pass 是定義在 *secrets.yml* 檔案中，它被包在 vars_files 段落裡。而 locale 變數一般來說不同的主機的內容都是相同的，而且可能會被使用在不會 playbook 的多個 role 中，因此在範例程式碼中，我把它定義在 *group_vars/all* 檔案中。

為什麼在 role 中有兩種定義變數的方式

當 Ansible 一開始引入 role 的支援時，只有一個地方可以定義 role 的變數，就是在 *vars/main.yml* 中。變數被定義在這個位置有比那些定義在 play 的 vars 段落還要高的優先性，這表示你沒有辦法覆寫這個變數，除非你很明白地把它當做是參數傳遞給 role。

後來 Ansible 引入了預設 role 變數的符號，它是放在 *defaults/main.yml* 中。此類型的變數是被定義在 role 中，但是它有較低的優先權，以至於可以被在 playbook 中定義的任何相同名稱變數所取代。

如果你認為可能會想要在 role 中改變變數的值，就使用預設變數。如果你不想要該變數被改變，就使用正規的變數

部署 Mezzanine 的 mezzanine 角色

messznine 角色就是為了要安裝 Mezzanine。這個工作包括了安裝 Nginx 作為反向代理，以及 Supervisor 作為程序監督者。

以下是組成這個 role 的所有檔案：

- *roles/mezzanine/defaults/main.yml*

- *roles/mezzanine/handlers/main.yml*

- *roles/mezzanine/tasks/django.yml*

- *roles/mezzanine/tasks/main.yml*

- *roles/mezzanine/tasks/nginx.yml*

- *roles/mezzanine/templates/gunicorn.conf.py.j2*

- *roles/mezzanine/templates/local_settings.py.filters.j2*

- *roles/mezzanine/templates/local_settings.py.j2*

- *roles/mezzanine/templates/nginx.conf.j2*

- *roles/mezzanine/templates/supervisor.conf.j2*

- *roles/mezzanine/vars/main.yml*

範例 7-8 展示了我們為這個 role 所定義的變數。請注意我們已經改變了變數的名稱，所以它們都會以 *mezzanine* 啟始。這是使用這些 role 變數執行工作的一個很好的實務操作，因為 Ansible 並沒有任何在跨角色命名空間的符號。這表示變數如果被定義在其他的角色中，或是 playbook 的其他地方，將可以在任何一個地方被存取使用。如此可能會造成一個不在預期內的行為，如果你在兩個不同的 role 中都定義到相同的變數的話。

範例 7-8   *roles/mezzanine/vars/main.yml*

```
# vars file for mezzanine
mezzanine_user: "{{ ansible_user }}"
mezzanine_venv_home: "{{ ansible_env.HOME }}"
mezzanine_venv_path: "{{ mezzanine_venv_home }}/{{ mezzanine_proj_name }}"
mezzanine_repo_url: git@github.com:lorin/mezzanine-example.git
mezzanine_proj_dirname: project
mezzanine_proj_path: "{{ mezzanine_venv_path }}/{{ mezzanine_proj_dirname }}"
mezzanine_reqs_path: requirements.txt
mezzanine_conf_path: /etc/nginx/conf
mezzanine_python: "{{ mezzanine_venv_path }}/bin/python"
```

```
mezzanine_manage: "{{ mezzanine_python }} {{ mezzanine_proj_path }}/manage.py"
mezzanine_gunicorn_port: 8000
```

範例 7-9 是在 mezzanine 角色中的預設變數。在這個例子中只有一個變數。當我在編寫預設變數時，我不太喜歡使用前置字元，因為我有可能會在其他的地方覆寫它們。

範例 7-9   roles/mezzanine/defaults/main.yml

```
tls_enabled: True
```

因為任務列表非常長，我決定把它分別放在不同的檔案中。範例 7-10 是 mezzanine 角色最上層的檔案。它安裝 apt 套件，然後使用 include 敘述去呼叫其他 2 個在同一目錄下的任務檔案，分別如範例 7-11 以及範例 7-12。

範例 7-10   roles/mezzanine/tasks/main.yml

```
- name: install apt packages
  apt: pkg={{ item }} update_cache=yes cache_valid_time=3600
  become: True
  with_items:
    - git
    - libjpeg-dev
    - libpq-dev
    - memcached
    - nginx
    - python-dev
    - python pip
    - python-psycopg2
    - python-setuptools
    - python-virtualenv
    - supervisor

- include: django.yml

- include: nginx.yml
```

範例 7-11   roles/mezzanine/tasks/django.yml

```
- name: create a logs directory
  file: path="{{ ansible_env.HOME }}/logs" state=directory

- name: check out the repository on the host
  git:
    repo: "{{ mezzanine_repo_url }}"
    dest: "{{ mezzanine_proj_path }}"
    accept_hostkey: yes

- name: install Python requirements globally via pip
```

```
    pip: name={{ item }} state=latest
    with_items:
      - pip
      - virtualenv
      - virtualenvwrapper

  - name: install required python packages
    pip: name={{ item }} virtualenv={{ mezzanine_venv_path }}
    with_items:
      - gunicorn
      - setproctitle
      - psycopg2
      - django-compressor
      - python-memcached

  - name: install requirements.txt
    pip: >
      requirements={{ mezzanine_proj_path }}/{{ mezzanine_reqs_path }}
      virtualenv={{ mezzanine_venv_path }}

  - name: generate the settings file
    template: src=local_settings.py.j2 dest={{ mezzanine_proj_path }}/local_settings.py

  - name: apply migrations to create the database, collect static content
    django_manage:
      command: "{{ item }}"
      app_path: "{{ mezzanine_proj_path }}"
      virtualenv: "{{ mezzanine_venv_path }}"
    with_items:
      - migrate
      - collectstatic

  - name: set the site id
    script: scripts/setsite.py
    environment:
      PATH: "{{ mezzanine_venv_path }}/bin"
      PROJECT_DIR: "{{ mezzanine_proj_path }}"
      PROJECT_APP: "{{ mezzanine_proj_app }}"
      WEBSITE_DOMAIN: "{{ live_hostname }}"

  - name: set the admin password
    script: scripts/setadmin.py
    environment:
      PATH: "{{ mezzanine_venv_path }}/bin"
      PROJECT_DIR: "{{ mezzanine_proj_path }}"
      PROJECT_APP: "{{ mezzanine_proj_app }}"
      ADMIN_PASSWORD: "{{ admin_pass }}"

  - name: set the gunicorn config file
```

```
      template: src=gunicorn.conf.py.j2 dest={{ mezzanine_proj_path }}/gunicorn.conf.py

    - name: set the supervisor config file
      template: src=supervisor.conf.j2 dest=/etc/supervisor/conf.d/mezzanine.conf
      become: True
      notify: restart supervisor

    - name: ensure config path exists
      file: path={{ mezzanine_conf_path }} state=directory
      become: True
      when: tls_enabled

    - name: install poll twitter cron job
      cron: >
        name="poll twitter" minute="*/5" user={{ mezzanine_user }}
        job="{{ mezzanine_manage }} poll_twitter"
```

範例 7-12   *roles/mezzanine/tasks/nginx.yml*

```
    - name: set the nginx config file
      template: src=nginx.conf.j2 dest=/etc/nginx/sites-available/mezzanine.conf
      notify: restart nginx
      become: True

    - name: enable the nginx config file
      file:
        src: /etc/nginx/sites-available/mezzanine.conf
        dest: /etc/nginx/sites-enabled/mezzanine.conf
        state: link
      notify: restart nginx
      become: True

    - name: remove the default nginx config file
      file: path=/etc/nginx/sites-enabled/default state=absent
      notify: restart nginx
      become: True

    - name: create tls certificates
      command: >
        openssl req -new -x509 -nodes -out {{ mezzanine_proj_name }}.crt
        -keyout {{ mezzanine_proj_name }}.key -subj '/CN={{ domains[0] }}' -days 3650
        chdir={{ mezzanine_conf_path }}
        creates={{ mezzanine_conf_path }}/{{ mezzanine_proj_name }}.crt
      become: True
      when: tls_enabled
      notify: restart nginx
```

在 role 中定義 task 以及在正規的 playbook 中定義 task 兩者之間有一個重要的不同，就是何時要使用 copy 或是 template 模組。

當在 role 中定義的任務呼叫 copy 時，Ansible 首先會檢查 *rolename/files/* 目錄以找出要被複製的檔案。相類似的，當在 role 中定義的 task 呼叫 template 時，Ansible 首先會檢查 rolename/template 目錄以找出要被使用的樣板。

這意味在 playbook 中被使用如以下的方式尋找的 task：

```
- name: set the nginx config file
  template: src=templates/nginx.conf.j2 \
  dest=/etc/nginx/sites-available/mezzanine.conf
```

當從角色中被呼叫時現在看起來會像是以下這個樣子（請留意 src 參數的改變）：

```
- name: set the nginx config file
  template: src=nginx.conf.j2 dest=/etc/nginx/sites-available/mezzanine.conf
  notify: restart nginx
```

範例 7-13 是 handler 檔案的內容。

範例 7-13　roles/mezzanince/handlers/main.yml

```
- name: restart supervisor
  supervisorctl: name=gunicorn_mezzanine state=restarted
  become: True

- name: restart nginx
  service: name=nginx state=restarted
  become: True
```

我並不會在此列出樣板檔案，因為雖然有些變數名稱有所改變，但是它基本上和前一章中的內容是一樣的。如有需要請自行查閱本書的範例程式碼（*http://github.com/ansiblebook/ansiblebook*）。

使用 ansible-galaxy 建立角色檔案和目錄

Ansible 所提供的另外一個命令列工具到目前為止我們還沒有介紹過，就是 ansible-galaxy。它的主要目的是用來下載被分享在 Ansible 社群中的 role（之後的章節中會有更詳細的介紹）。但是它也可以用來產生 *scaffolding*（檔案鷹架），也就是一組包含在 role 中的檔案以及目錄：

```
$ ansible-galaxy init -p playbooks/roles web
```

其中的 -p 旗號用來告訴 ansible-galaxy 其中 role 的目錄所在位置。如果沒有指定的話，此角色的檔案就會被建立在目前所在的目錄中。

執行這個命令會建立如下所示的檔案和目錄：

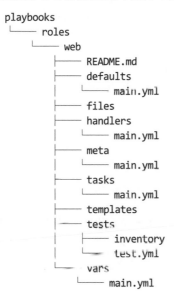

```
playbooks
└── roles
    └── web
        ├── README.md
        ├── defaults
        │   └── main.yml
        ├── files
        ├── handlers
        │   └── main.yml
        ├── meta
        │   └── main.yml
        ├── tasks
        │   └── main.yml
        ├── templates
        ├── tests
        │   ├── inventory
        │   └── test.yml
        └── vars
            └── main.yml
```

相依的 role

試想我們有 2 個 role，分別是 web 和 database，這兩者都需要在主機中安裝 NTP [1] 伺服器。我們可以在 web 和 database 兩個 role 中都指定安裝 NTP 伺服器，但是這樣顯然就做了重複的工作。我們可以建立一個單獨的 ntp role，但是此時我們就必須要記得，在套用 web 和 database 的 role 到主機時，也需要同時套用 ntp 的 role 到主機上。這樣可以避免掉重複的工作，但是有可能會因為忘記指定 ntp 的 role 而衍生出錯誤。我們希望的是，當套用 web 和 database 的 role 時，ntp 這個 role 一定也要被套用到。

Ansible 支援一個特性叫做 *dependent roles*（相依角色）用來應付這樣的情境。當你定義了一個 role，你可以指定它相依於一個或一個以上的其他 role。Ansible 就會確保這些被相依的 role 先被執行。

回到我們的例子，假設要建立一個 ntp 的 role 用來讓主機可以把它的時鐘同步到 NTP 伺服器。Ansible 允許我們去傳遞參數相依的 role，因此我們就可以把 NTP 伺服器當做是參數傳遞給 role。

1　NTP 為 Network Time Protocol 的縮寫，它主要的目的是為了要進行時鐘的同步。

透過建立 *roles/web/meta/main.yml* 檔案，然後把 ntp 當做是 role 列出並跟著一個參數，以指定 web role 相依到 ntp role，如範例 7-14 所示。

範例 *7-14*　*roles/web/meta/main.yml*

```
dependencies:
    - { role: ntp, ntp_server=ntp.ubuntu.com }
```

我們也可以指定多個相依 role。例如，如果有一個 django role 是用來設定 Django 網頁伺服器的，而我們想要指定 nginx 以及 memcached 做為相依的 role，那麼 role 的 metadata 檔案看起來就會像是範例 7-15 所示的內容。

範例 *7-15*　*roles/django/meta/main.yml*

```
dependencies:
    - { role: web }
    - { role: memcached }
```

至於 Ansible 是如何去處理 role 之間的相依性之細節，請參考 Ansible 官方說明文件中的 role dependencies 部份（*http://bit.ly/1F6tH9a*）。

Ansible Galaxy

如果你打算部署的是開源專案，有很大的機會世界上有人已經幫你寫好 Ansible 所需要的 role 了。雖然使用 Ansible 已經讓編寫腳本來部署軟體變得簡單許多，有些系統的部署還只是簡單的把戲。

不論是你想要重用別人已經寫好的 role，或只是想要知道別人是怎麼解決你正打算要做的事，*Ansible Galaxy* 都可以幫助到你。Ansible Galaxy 是 Ansible role 的開源儲存庫，它們是由 Ansible 社群所貢獻的。而這些 role 本身都是儲存在 GitHub 上。

網頁介面

你可以直接前往 Ansible Galaxy 網站（*https://galaxy.ansible.com/*）瀏覽可用的 role，在網站中可以直接使用關鍵字搜尋，或是以類別或貢獻者瀏覽其內容。

命令列介面

ansible-galaxy 命令列工具也可以讓你直接從 Ansible Galaxy 下載你想要使用的 role。

安裝 role

假設想要安裝一個叫做 ntp 的 role，它是由 GitHub 的使用者 *bennojoy* 所編寫的。這個 role 將會配置主機以同步其時鐘到 NTP 伺服器。

可以使用 install 命令來安裝這個 role，如下所示：

```
$ ansible-galaxy install -p ./roles bennojoy.ntp
```

在預設的情況下，ansible-galaxy 程式將會把 role 安裝到系統層級中的位置（請參考第 134 頁的「Ansible 會到哪裡去找 role？」），我們在之前的例子使用 -p 旗標覆寫了。

輸出看起來會像是以下這個樣子：

```
downloading role 'ntp', owned by bennojoy
no version specified, installing master
- downloading role from https://github.com/bennojoy/ntp/archive/master.tar.gz
- extracting bennojoy.ntp to ./roles/bennojoy.ntp
write_galaxy_install_info!
bennojoy.ntp was installed successfully
```

ansible-galaxy 工具將會把 role 檔案安裝到 *roles/bennojoy.ntp* 中。

Ansible 將會安裝一些關於此次安裝的中介資料到 *./roles/bennojoy.ntp/meta/.galaxy install_info* 中。在我的機器中，這個檔案的內容如下所示：

```
{install_date: 'Sat Oct  4 20:12:58 2014', version: master}
```

> *bennojoy.ntp role* 並沒有一個特定的版本號碼，因此 version 後面就以 master 代替。許多 role 會有一個特定的版號，像是 1.2 這樣。

列出安裝過的 role

你可以使用以下的命令列出所有安裝過的 role：

```
$ ansible-galaxy list
```

輸出應該會是像以下這個樣子：

```
bennojoy.ntp, master
```

角色的解除安裝

remove 命令可以用來移除 role：

```
$ ansible-galaxy remove bennojoy.ntp
```

貢獻你自己的 role

詳細的方法請參閱 Ansible Galaxy 網站中（*https://galaxy.ansible.com/intro*）「How To Share Your've Written」的說明。因為 role 是被放在 GitHub 上的，所以需要有它的帳號才能夠貢獻你的成果。

到目前為止，你應該已經瞭解如何使用 role、如何編寫自己的 role，以及如何下載別人寫好的 role 了。role 是組織 playbook 一個很棒的方法，我經常使用此種方法，也非常推薦你使用。

## 第八章

複雜的 Playbook

在前面各章中我們已經為了部署 Mezzanine CMS 完整地練習了一個全功能的 Ansible playbook。那個例子使用了一些常用的 Ansible 特色，然而這些並沒有完全涵蓋所有的部份。在這一章中，我們將會介紹這些額外的特色。

處理不良行為命令：changed_when 及 failed_when

回想在第 6 章的內容，我們避開了呼叫自訂的 createdb manage.py 命令，如範例 8-1 的內容，因為這樣的呼叫不具有 idempotent 的特性。

範例 8-1　呼叫 *django manage.py createdb*

```
- name: initialize the database
  django_manage:
    command: createdb --noinput --nodata
    app_path: "{{ proj_path }}"
    virtualenv: "{{ venv_path }}"
```

我們藉由呼叫多次 django 的 manage.py 命令來繞過這個問題，因為 django manage.py 命令具有 idempotent 特性，而此命令每一次都是執行相同的 createdb。但是如果我們可以呼叫等價命令的模組呢？答案是，使用 changed_when 和 failed_when 子句去改變 Ansible 識別一個任務的狀態是有被改變還是沒有。

首先，我們需要瞭解這個命令在第一次執行時的輸出，以及同一個命令在第二次執行的輸出內容。

回想在第 4 章中為了要捕捉一個失敗的 task 的輸出，你加了一個 register 子句以保存一個可用的輸出，以及一個 failed_when:False 子句，讓該執行在模組傳回錯誤時也不會被停止。接著，加上一個除錯的 task 以印出變數內容，以及最後一個 fail 子句使得 playbook 停止執行，就如同在範例 8-2 中所示的樣子。

範例 8-2　檢視 *task* 的輸出

```
- name: initialize the database
  django_manage:
    command: createdb --noinput --nodata
    app_path: "{{ proj_path }}"
    virtualenv: "{{ venv_path }}"
  failed_when: False
  register: result

- debug: var=result

- fail:
```

當進行了第二次呼叫時，playbook 的輸出如範例 8-3 所示。

範例 8-3　當資料庫已經建立過之後的傳回值

```
TASK: [debug var=result] ******************************************************
ok: [default] => {
    "result": {
        "cmd": "python manage.py createdb --noinput --nodata",
        "failed": false,
        "failed_when_result": false,
        "invocation": {
            "module_args": '',
            "module_name": "django_manage"
        },
        "msg": "\n:stderr: CommandError: Database already created, you probably
want the syncdb or migrate command\n",
        "path":
"/home/vagrant/mezzanine_example/bin:/usr/local/sbin:/usr/local/bin:
/usr/sbin:/usr/bin:/sbin:/bin:/usr/games:/usr/local/games",
        "state": "absent",
        "syspath": [
            ``,
            "/usr/lib/python2.7",
            "/usr/lib/python2.7/plat-x86_64-linux-gnu",
            "/usr/lib/python2.7/lib-tk",
            "/usr/lib/python2.7/lib-old",
            "/usr/lib/python2.7/lib-dynload",
            "/usr/local/lib/python2.7/dist-packages",
            "/usr/lib/python2.7/dist-packages"
```

```
            ]
        }
    }
```

這就是當 task 被執行多次時實際發生的情形。為了檢視第一次執行時發生的情況，請刪除資料庫，然後讓 playbook 重新執行它。最簡單的方式就是執行一個臨時的 Ansible task 刪除資料庫：

```
$ ansible default --become --become-user postgres -m postgresql_db -a \
"name=mezzanine_example state=absent"
```

現在，當再一次執行 playbook 時，就會得到如範例 8-4 的結果。

範例 8-4　第一次呼叫時的傳回值

```
ASK: [debug var=result] *****************************************************
ok: [default] => {
    "result": {
        "app_path": "/home/vagrant/mezzanine_example/project",
        "changed": false,
        "cmd". "python manage.py createdb --noinput --nodata",
        "failed": false,
        "failed_when_result": false,
        "invocation": {
            "module_args": '',
            "module_name": "django_manage"
        },
        "out": "Creating tables ...\nCreating table auth_permission\nCreating
table auth_group_permissions\nCreating table auth_group\nCreating table
auth_user_groups\nCreating table auth_user_user_permissions\nCreating table
auth_user\nCreating table django_content_type\nCreating table
django_redirect\nCreating table django_session\nCreating table
django_site\nCreating table conf_setting\nCreating table
core_sitepermission_sites\nCreating table core_sitepermission\nCreating table
generic_threadedcomment\nCreating table generic_keyword\nCreating table
generic_assignedkeyword\nCreating table generic_rating\nCreating table
blog_blogpost_related_posts\nCreating table blog_blogpost_categories\nCreating
table blog_blogpost\nCreating table blog_blogcategory\nCreating table
forms_form\nCreating table forms_field\nCreating table forms_formentry\nCreating
table forms_fieldentry\nCreating table pages_page\nCreating table
pages_richtextpage\nCreating table pages_link\nCreating table
galleries_gallery\nCreating table galleries_galleryimage\nCreating table
twitter_query\nCreating table twitter_tweet\nCreating table
south_migrationhistory\nCreating table django_admin_log\nCreating table
django_comments\nCreating table django_comment_flags\n\nCreating default site
record: vagrant-ubuntu-trusty-64 ... \n\nInstalled 2 object(s) from 1
fixture(s)\nInstalling custom SQL ...\nInstalling indexes ...\nInstalled 0
object(s) from 0 fixture(s)\n\nFaking initial migrations ...\n\n",
```

```
            "pythonpath": null,
            "settings": null,
            "virtualenv": "/home/vagrant/mezzanine_example"
        }
    }
```

請注意，雖然實際上改變了資料庫的狀態，"changed" 還是被設定為 false。這是因為當 django_manage 模組執行到它不知道的命令時，總是傳回 changed=false。

我們可以加上一個 changed_when 子句，到傳回值中搜尋 "Creating tables"，如範例 8-5 所示。

範例 8-5　第一次嘗試加上 changed_when

```
- name: initialize the database
  django_manage:
    command: createdb --noinput --nodata
    app_path: "{{ proj_path }}"
    virtualenv: "{{ venv_path }}"
  register: result
  changed_when: '"Creating tables" in result.out'
```

此種方式的問題是，如果我們回到範例 8-3，可以看到它沒有 out 變數，取而代之的是 msg 變數。如果執行這個 playbook，會在第二次時得到以下這個錯誤訊息（不是非常有幫助）：

```
TASK: [initialize the database] ********************************************
fatal: [default] => error while evaluating conditional: "Creating tables" in
result.out
```

取而代之的，我們需要去確認 Ansible 只有在變數定義時才會計算 result.out。其中一個方式是去明確地檢查這個變數是否定義過了：

```
changed_when: result.out is defined and "Creating tables" in result.out
```

另外一個方式，如果 result.out 不存在時可以為它提供一個預設值，使用 Jinja2 的預設之過濾器如下：

```
changed_when: '"Creating tables" in result.out|default("")'
```

最後的具有 idempotent 性質的 task 如範例 8-6 所示。

範例 8-6　具 Idempotent 性質的 manage.py

```
- name: initialize the database
  django_manage:
    command: createdb --noinput --nodata
```

```
        app_path: "{{ proj_path }}"
        virtualenv: "{{ venv_path }}"
    register: result
    changed_when: '"Creating tables" in result.out|default("")'
```

過濾器（Filter）

過濾器是 Jinja2 模板引擎的特色。因為 Ansible 使用 Jinja2 來對變數以及模板進行渲染，所以也可以在 playbook 的雙大括號「{{ }}」符號中使用過濾器，當然也可以在模板中使用（*http://bit.ly/1FvOGzI*）。過濾器的用法和 Unix 系統的管線用法一樣，就是用來把變數內容透過管線的方式過濾一下。Jinja2 本身就有一組內建的過濾器（*http://bit.ly/1FvOIrj*）。

此外，Ansible 也有它自己用來增強 Jinja2 的過濾器。在此我們只說明其中的一部份，完整的過濾器相關資訊請參考 Jinja2 和 Ansible 的說明文件。

default 過濾器

default 過濾器很好用。以下是這個過濾器的用法：

```
    "HOST": "{{ database_host | default('localhost') }}",
```

如果變數 database_host 已有定義，則大括號就會計算出該變數的值。如果 database_host 這個變數沒有定義，則大括號中的值就會以 'localhost' 字串做為其值。有一些過濾器需要加上參數，有一些則不需要。

已註冊變數的過濾器

假設我們想要執行一個 task，就算是 task 失敗也要印出其輸出。而且如果 task 失敗了，我們想要讓 Ansible 在輸出之後再對該主機宣告 task 失敗。範例 8-7 展示如何在 failed_when 這個子句的參數中使用 failed 過濾器。

範例 8-7　使用 *failed* 過濾器

```
    - name: Run myprog
      command: /opt/myprog
      register: result
      ignore_errors: True

    - debug: var=result

    - debug: msg="Stop running the playbook if myprog failed"
```

```
        failed_when: result|failed
    # more tasks here
```

表 8-1 列出可以使用在已註冊變數以檢查狀態的過濾器。

表 8-1　任務傳回值的過濾器

名稱	說明
failed	如果註冊的值是失敗的 task，則傳回 True
changed	如果註冊的值是狀態改變的 task，則傳回 True
success	如果註冊的值是成功的 task，則傳回 True
skipped	如果註冊的值是被跳過忽略的 task，則傳回 True

可用在檔案路徑的過濾器

表 8-2 所列的過濾器，當變數中含有指向控制機器的檔案系統路徑時，會很有用。

表 8-2　檔案路徑過濾器

名稱	說明
basename	檔案路徑中的檔名
dirname	檔案路徑中的路徑名
expanduser	把檔案路徑原本被「～」所取代的使用者名稱加回去
realpath	取得連結檔的實際路徑

請檢視以下的 playbook 片段：

```
    vars:
      homepage: /usr/share/nginx/html/index.html
    tasks:
    - name: copy home page
      copy: src=files/index.html dest={{ homepage }}
```

留意到在其中參用到了兩次 *index.html*：其中一次是在 homepage 的定義中，而第二次則是指定在控制機器上的檔案路徑。

basename 過濾器讓我們可以從完整路徑名稱中擷取出 *index.html* 這個檔名，讓我們可以在 playbook 中不需要再重複寫一次[1]：

```
    vars:
      homepage: /usr/share/nginx/html/index.html
    tasks:
```

---

[1]　感謝 John Jarvis 提供這個技巧。

```
- name: copy home page
  copy: src=files/{{ homepage | basename }} dest={{ homepage }}
```

編寫自己的過濾器

回想我們在 Mezzanine 的例子，我們從模板中產生了一個 *local_settings.py* 檔案，而其中一行產生出來內容看起來如範例 8-8 所示。

範例 8-8　local_settings.py 中從模板中產生的其中一行

```
ALLOWED_HOSTS = ["www.example.com", "example.com"]
```

在此有一個叫做 domains 的變數包含了主機名稱的串列。我們原本在模板中使用一個迴圈產生這一行，但是使用過濾器是一個更優雅的選擇。

有一個 Jinja2 內建的過濾器叫做 join，它會把一串字串使用分隔字元（例如逗號）把它們串在一起。不幸的是，它給的並不一定是我們想要的。如果我們在模板中使用如下所示的方法：

```
ALLOWED_HOSTS = [{{ domains|join(", ") }}]
```

得到的結果會如範例 8-9 中所示的，在檔案中的字串沒有被加上雙引號。

範例 8-9　字串沒有被正確地加上雙引號

```
ALLOWED_HOSTS = [www.example.com, example.com]
```

如果有一個可以把字串加上雙引號的過濾器，如同範例 8-10 所示的，那麼這個模板就可以產生如範例 8-8 所示的內容了。

範例 8-10　使用可以在串列中為字串加上雙引號的過濾器

```
ALLOWED_HOSTS = [{{ domains|surround_by_quote|join(", ") }}]
```

不幸的是，我們想要的這個 surround_by_quote 過濾器是不存在的。不過，我們可以編寫一個自己的（事實上，在 Stack Overflow 上，Hanfei Sun 就已經探討過這個主題了（*http://stackoverflow.com/questions/15514365/*））。

Ansible 會在 playbook 的目錄下的 *filter_plugins* 這個子目錄中搜尋自訂的過濾器。

範例 8-11 展示了這個過濾器的實作內容。

範例 8-11　*filter_plugins/surround_by_quotes.py*

```
# From http://stackoverflow.com/a/15515929/742

def surround_by_quote(a_list):
    return ['"%s"' % an_element for an_element in a_list]


class FilterModule(object):
    def filters(self):
        return {'surround_by_quote': surround_by_quote}
```

surround_by_quote 函式定義了 Jinja2 過濾器。FilterModule 類別定義了一個過濾器的方法，它會傳回一個字典，字典裡包含了過濾函式的名稱以及函式本身。FilterModule 類別是 Ansible 特定的程式碼，它可以讓 Jinja2 過濾器可以被 Ansible 利用。

你也可以把過濾器的外掛放在 *~/.ansible/plugins/filter* 目錄中，或是 */usr/share/ansible/plugins/filter* 目錄，也可以透過 ANSIBLE_FILTER_PLUGINS 這個環境變數指定外掛所放的位置。

Lookups

在理想的世界中，所有的配置資訊都是放在 Ansible 變數中，而 Ansible 讓你可以在許多不同的地方（例如在 playbook 中的 vars 段落，載入自 vars_files 中指定的檔案，在第 3 章中討論過的在 *host_vars* 或是 *group_vars* 目錄中的檔案）定義這些變數。

不過，世界總是很混亂的，有時候你的一些系統配置資料有可能會需要被放在某一個其他的地方。也許是一個文字檔或是 .csv 的檔案，而且你並不想要直接把它們複製到 Ansible 檔案中因為你正在維護兩個相同資料的複本，而且你是 DRY[2] 的信徒。或有可能資料根本就不是使用檔案在維護，它可能是被維護在一個 key-value 型式的儲存服務，像是 etcd[3]。Ansible 有一個功能叫做 lookups，它可以讓你從多個不同的來源讀取系統配置資料，然後再於 playbook 和模板中使用這些資料。

Ansible 支援許多從不同的資料來源中擷取資料的 lookup。其中一些如表 8-3 所示。

2　Don't Repeat Yourself，這句流行語出自《*The Pragmatic Programmer: From Journeyman to Master*》這本有趣的書。

3　etcd 是一個分散式的以 key-value 儲存服務，由 CoreOS 專案所維護。

表 8-3：*Lookups*

名稱	說明
file	檔案的內容
password	隨機產生一個密碼
pipe	本地端執行的程式的輸出
env	環境變數
Template	渲染之後的 Jinja2 模板
csvfile	.csv 檔案的內容
dnstxt	NS TXT 記錄
redis_kv	redis key lookup
etcd	etcd key lookup

呼叫 lookup 函式需要 2 個參數。第一個是 lookup 名稱的字串，第二個是包含一個或一個以上要傳遞到 lookup 的參數字串。例如想要呼叫 file 型式的 lookup 如下：

```
lookup('file', '/path/to/file.txt')
```

你可以在 **playbook** 的雙大括號「{{ }}」之中呼叫 lookup，也可以把它們放到模板中。

在這一小節中，我只提供可用 lookup 的簡要概述。Ansible 的說明文件有更多關於可用 lookup 之說明文件（*http://docs.ansible.com/playbooks_lookups.html*），也說明了如何使用它們。

 所有的 Ansible lookup 外掛都是在控制機器上執行，而不是在遠端的機器上。

file

假設在控制機器中有一個文字檔，它包含了公用的 SSH key，而你想要把它複製到遠端的伺服器中。範例 8-12 展示如何使用 file lookup 去讀取檔案的內容，然後把它們當做是參數傳遞到模組。

範例 *8-12* 　使用 *file lookup*

```
- name: Add my public key as an EC2 key
  ec2_key: name=mykey key_material="{{ lookup('file', \
  '/Users/lorin/.ssh/id_rsa.pub') }}"
```

你也可以在模板中呼叫 lookup。如果想要使用相同的技巧去建立一個 *authorized_keys* 檔案，這個檔案包含有 public-key 檔案的內容，則可以建立一個 Jinja2 模板去呼叫 lookup，如範例 8-13 所示，然後在 playbook 中呼叫 **template** 模組，如範例 8-14 所示。

範例 *8-13　authorized_keys.j2*

```
{{ lookup('file', '/Users/lorin/.ssh/id_rsa.pub') }}
```

範例 *8-14　用來產生 authorized_keys 的 task*

```
- name: copy authorized_host file
  template: src=authorized_keys.j2 dest=/home/deploy/.ssh/authorized_keys
```

pipe

pipe lookup 呼叫一個在控制機器中的外部的程式，計算之後產生程式的輸出到標準輸出。

例如，如果 playbook 是使用 **git** 進行版本控制，而我們想要去取得最近 *git commit*[4] 的 SHA-1 值，可以使用 **pipe** lookup：

```
- name: get SHA of most recent commit
  debug: msg="{{ lookup('pipe', 'git rev-parse HEAD') }}"
```

輸出看起來像是以下這個樣子：

```
TASK: [get the sha of the current commit] ***********************************
ok: [myserver] => {
    "msg": "e7748af0f040d58d61de1917980a210df419eae9"
}
```

env

env lookup 會去取得控制機器上的環境變數。例如，可以像以下這樣使用 lookup：

```
- name: get the current shell
  debug: msg="{{ lookup('env', 'SHELL') }}"
```

因為我使用 Zsh 當做是我的 shell，執行之後的輸出看起來如下：

```
TASK: [get the current shell] ***********************************************
ok: [myserver] => {
    "msg": "/bin/zsh"
}
```

4　如果這看起來有點亂，別擔心，這只是執行一個命令的示範。

---

password

password lookup 會產生一個隨機的密碼，而你也可以把這個密碼寫到檔案中做為參數。例如，如果想要建立一個 Postgres 中名為 deploy 的使用者，然後替這個使用者加上一個密碼，並把這個密碼寫到控制機器的 *deploy-password.txt* 檔案中，可以使用以下的做法：

```
- name: create deploy postgres user
  postgresql_user:
    name: deploy
    password: "{{ lookup('password', 'deploy-password.txt') }}"
```

template

template lookup 讓我們可以指定一個 Jinja2 模板檔案，然後傳回模板渲染之後的結果。假設有一個模板看起來如範例 8-15 所示。

範例 8-15　message.j2

```
This host runs {{ ansible_distribution }}
```

如果我們定義一個如下所示的 task：

```
- name: output message from template
  debug: msg="{{ lookup('template', 'message.j2') }}"
```

則將會看到如下所示所示的輸出：

```
TASK: [output message from template] *****************************************
ok: [myserver] => {
    "msg": "This host runs Ubuntu\n"
}
```

csvfile

csvfile lookup 從 *.csv* 檔案中讀取一個項目。假設有一個 *.csv* 檔案看起來如範例 8-16 所示的樣子。

範例 8-16　users.csv

```
username,email
lorin,lorin@ansiblebook.com
john,john@example.com
sue,sue@example.org
```

如果想要拿到 Sue 的電子郵件帳號，使用 csvfile lookup 外掛，可以使用以下的方式呼叫：

```
lookup('csvfile', 'sue file=users.csv delimiter=, col=1')
```

csvfile lookup 是一個需要多個參數的好例子。在此，有 4 個參數被傳遞到外掛中：

- sue

- file=users.csv

- delimiter=,

- col=1

你不能指定一個名字做為到 lookup 外掛的第一個參數，而是你要對額外的參數指定名稱。在這個 csvfile 的例子中，第一個參數就是一個項目，它必須，而且只能出現一次在表格的第 0 個欄位處（其實就是第 1 個欄位，但是從 0 起算啦）。

其他的參數指定 .csv 檔案的名稱、分隔符號以及哪一個欄位必須要被傳回。在我們的例子中，想要在 users.csv 檔案中尋找，並定位被以逗號分隔的欄位，而找出來的列它第一個欄位的值是 sue，然後傳回在第二個欄位（從 0 開始算的，所以是欄位 1）的內容。計算出來得到 sue@example.org。

如果想要找的使用者名稱是被儲存在 username 這個變數中，可以建立一個參數字串，以「＋」符號串接 username 字串以及其他剩下的字串參數：

```
lookup('csvfile', username + ' file=users.csv delimiter=, col=1')
```

dnstxt

 dnstxt 模組需要在控制機器中安裝 *dnspython* 的 Python 套件才能夠使用。

本書的讀者應該都知道 DNS 是做什麼的。如果剛好不知道的話，DNS（Domain Name System）就是一個用來翻譯主機名稱像是 *ansiblebook.com* 到 IP 位址像是 *64.99.80.30* 的服務。

DNS 會把主機名稱 hostname 連結到一個或是更多個記錄。最常被使用到的 DNS 記錄是 A 以及 CNAME。A 記錄用來記載主機名稱和 IP 位址的對應，而 *CNAME* 則是用來記載主機名稱的別名。

DNS 協定支援另一個種類的主機名稱記錄叫做 TXT 記錄。TXT 記錄是一個你可以附加到主機名稱的任意字串。一旦你已經結合了一個 *TXT* 記錄到主機名稱中,任何人都可以使用 DNS 客戶端來取得 TXT 記錄。

例如,我有一個叫做 *ansiblebook.com* 的網域,所以可以建立 TXT 記錄到我的網域中任一個主機名稱[5]。我連結了一筆 TXT 記錄到 *ansiblebook.com* 主機名稱讓它包含這本書的 ISBN 號碼。你可以使用 dig 命令列工具查詢到這筆 TXT 記錄,如範例 8-17 所示。

範例 8-17 使用 dig 工具查詢 TXT 記錄

```
$ dig +short ansiblebook.com TXT
"isbn=978-1491979808"
```

dnstxt lookup 會查詢 DNS 伺服器以找出結合到主機的 TXT 記錄。如果在 playbook 中建立一個如下所示的 task:

```
- name: look up TXT record
  debug: msg="{{ lookup('dnstxt', 'ansiblebook.com') }}"
```

輸出看起來會是像以下這個樣子:

```
TASK: [look up TXT record] ******************************************************
ok: [myserver] => {
    "msg": "isbn=978-1491979808"
}
```

如果有多個 TXT 記錄被連結在同一個主機中,這個模組會把它們串接在一起,而且它每一次讀取時都可能會有不同的順序。例如,在 *ansiblebook.com* 中有另外一筆 TXT 記錄如下:

```
author=lorin
```

則 *dnstxt* lookup 的傳回內容為是以下任一個以隨機的方式傳回:

- isbn=978-1491979808author=lorin
- author=lorinisbn=978-1491979808

redis_kv

redis_kv 模組需要在控制機器中安裝 *redis* 的 Python 套件才能夠執行。

---

5 DNS 服務提供者一般來說都會有網頁的介面讓你可以執行像是建立 TXT 記錄這一類的操作。

Redis 是一個非常受歡迎的 key-value 儲存器，一般都是用在快取上，也會被使用在像是 Sidekiq 這一類工作排程的資料儲存上。你可以使用 redis_kv lookup 透過 key 來查找它的值。key 必須是字串，就等於是這個模組使用 Redis 的 GET 命令呼叫一樣。

例如，假設在控制機器上執行了一個 Redis 伺服器，而我們要設定 weather 這個 key 的值為 sunny，可以使用以下的方式做到：

```
$ redis-cli SET weather sunny
```

如果在 playbook 中定義了一個 task 呼叫了 Redis 的 lookup：

```
- name: look up value in Redis
  debug: msg="{{ lookup('redis_kv', 'redis://localhost:6379,weather') }}"
```

則輸出看起來如下：

```
TASK: [look up value in Redis] **********************************************
ok: [myserver] => {
    "msg": "sunny"
}
```

如果沒有指定網址，預設的情況下此模組會連線到 *redis://localhost:6379*，所以可用以下的方式呼叫模組（請留意在 key 之前的逗號）：

```
lookup('redis_kv', ',weather')
```

etcd

Etcd 是一個分散式的 key-value 資料儲存，常被使用在保存系統配置資料，以及用在實作服務查找上。你可以使用 etcd lookup 去擷取一個 key 的值。

例如，假設在控制機器上執行了一個 etcd 伺服器，要設定 weather 這個 key 的值是 cloudy 可以操作如下：

```
$ curl -L http://127.0.0.1:4001/v2/keys/weather -XPUT -d value=cloudy
```

如果在 playbook 中定義了一個 task 呼叫 etcd 外掛如下：

```
- name: look up value in etcd
  debug: msg="{{ lookup('etcd', 'weather') }}"
```

輸出看起來會像是以下這個樣子：

```
TASK: [look up value in etcd] ***********************************************
ok: [localhost] => {
    "msg": "cloudy"
}
```

預設的情況下，etcd lookup 會去 *http://127.0.0.1:4001* 尋找 etcd 伺服器，但是也可以藉由在 ansible 的 playbook 呼叫之前設定 ANSIBLE_ETCD_URL 這個環境變數來改變。

編寫你自己的 Lookup 外掛

如果你需要的功能在現有的外掛中沒有提供的話，也可以編寫一個自己的。編寫一個自訂的外掛已經超出了本書的範圍，但是如果你真的感興趣的話，我建議你可以去看一下 Ansible 隨附的 lookup 外掛原始碼（*https://github.com/ansible/ansible/tree/devel/lib/ansible/plugins/lookup*）。

一旦你已經編寫了自己的 lookup 外掛，可以把它依序放在以下其中任一個目錄中：

- 在你的 playbook 中的 *lookup_plugins* 目錄
- *~/.ansible/plugins/lookup*
- */usr/share/ansible/plugins/lookup*
- 由 ANSIBLE_LOOKUP_PLUGINS 環境變數所指定的目錄

更多複雜的 Loops

直到目前為止，每當我們編寫一個 task 重複地迭代一個串列中的項目時，我們會使用 with_items 子句以指定一個由各個項目所組成的串列。雖然這是執行迴圈最常見的做法，但 Ansible 也支援其他迭代的機制。表 8-4 提供了可以用來建構迴圈的摘要。

表 8-4：建構迴圈的方式

名稱	輸入	迴圈的策略
with_items	串列	對串列元素重複迴圈
with_lines	要執行的命令	對命令輸出的每一行重複迴圈
with_fileglob	Glob	對於每一個檔名重複迴圈
with_first_found	路徑的串列	現存的輸入之第一個檔案
with_dict	字典	針對字典的元素重複迴圈
with_flattened	串列的串列	針對被平面化的串列重複迴圈
with_indexed_items	串列	單一迭代
with_nested	串列	巢狀迴圈
with_random_choice	串列	單一迭代
with_sequence	序列的整數	依序重複迴圈

名稱	輸入	迴圈的策略
with_subelements	字典串列	巢狀迴圈
with_together	串列的串列	針對被壓縮的串列重複迴圈
with_inventory_hostnames	主機樣式	對符合的主機進行迴圈

這些內容在官方說明文件中涵蓋地相當地完整（*http://bit.ly/1F6kfCP*），所以我只是展現出一些少許的例子讓你對於它們是如何執行的有點感覺。

with_lines

with_lines 迴圈建構讓你可以在控制機器上執行任意的命令，然後對輸出進行迴圈工作，一次一行。

想像你有一個檔案包含有一個串列的名稱，而你想要對每一個名稱都寄送一個 Slack 訊息，這些名稱可能像下面這個樣子：

```
Leslie Lamport
Silvio Micali
Shafi Goldwasser
Judea Pearl
```

範例 8-18 展示如何使用 with_lines 去讀取一個檔案，然後根據其內容以一次執行一行的方式進行迴圈工作。

範例 8-18　使用 with_lines 做為迴圈

```
- name: Send out a slack message
  slack:
    domain: example.slack.com
    token: "{{ slack_token }}"
    msg: "{{ item }} was in the list"
  with_lines:
    - cat files/turing.txt
```

with_fileglob

with_fileglob 建構當我們在迭代處理控制機器上一系列的檔案時，是一個非常有用的功能。

範例 8-19 展現了如何重複地處理在 */var/keys_directory* 資料夾之下以 .pub 結尾的檔案，以及 playbook 裡面的 keys 目錄。它接著使用 file lookup 外掛去取得檔案的內容，然後把它們傳遞到 authorized_key 模組中。

範例 8-19　使用 *with_fileglob* 新增 *keys*

```
- name: add public keys to account
  authorized_key: user=deploy key="{{ lookup('file', item) }}"
  with_fileglob:
    - /var/keys/*.pub
    - keys/*.pub
```

with_dict

with_dict 建構讓你可以針對字典而不是串列進行迭代。當使用這個迴圈建構時，項目 item 請做成程式碼字形 loop 變數是一個有 2 個 key 的字典：

key

在字典裡的一個 key

value

在字典裡面和 *key* 相對應的值

例如在你的主機有一個 eth0 介面，則將會有一個叫做 ansible_eth0 的 Ansible fact，它的 key 名稱為 ipv4，包含了一個看起來像是下面這個樣子的字典：

```
{
  "address": "10.0.2.15",
  "netmask": "255.255.255.0",
  "network": "10.0.2.0"
}
```

我們可以迭代這個字典，然後一次印出一個項目：

```
- name: iterate over ansible_eth0
  debug: msg={{ item.key }}={{ item.value }}
  with_dict: "{{ ansible_eth0.ipv4 }}"
```

輸出如下：

```
TASK: [iterate over ansible_eth0] *********************************************
ok: [myserver] => (item={'key': u'netmask', 'value': u'255.255.255.0'}) => {
    "item": {
        "key": "netmask",
        "value": "255.255.255.0"
    },
    "msg": "netmask=255.255.255.0"
}
ok: [myserver] => (item={'key': u'network', 'value': u'10.0.2.0'}) => {
    "item": {
```

```
            "key": "network",
            "value": "10.0.2.0"
        },
        "msg": "network=10.0.2.0"
    }
    ok: [myserver] => (item={'key': u'address', 'value': u'10.0.2.15'}) => {
        "item": {
            "key": "address",
            "value": "10.0.2.15"
        },
        "msg": "address=10.0.2.15"
    }
```

迴圈建構做為 Lookup 外掛

Ansible 實作了迴圈建構做為 lookup 外掛的方式。只要在 lookup 外掛的前面加上一個
with，以使它變成迴圈的形式。例如，可以重寫範例 8-12，使用 with_file 格式如範例
8-20 所示。

範例 8-20　使用 *file lookup* 做為迴圈

```
- name: Add my public key as an EC2 key
  ec2_key: name=mykey key_material="{{ item }}"
  with_file: /Users/lorin/.ssh/id_rsa.pub
```

通常，使用一個 lookup 外掛做為迴圈建構的時機只有在它傳回一個串列時，這也就是我
可以把外掛區分為表 8-3（傳回字串）和表 8-4 外掛（傳回串列）的原因。

迴圈控制

在版本 2.1 時，Ansible 提供了使用者對於迴圈處理更多的控制能力。

設定變數名稱

loop_var 控制讓我們可以為迴圈變數設定一個和預設名稱，item，不同的名稱，如範例
8-21 所示。

範例 8-21　使用 *user* 做為迴圈變數

```
- user:
    name: "{{ user.name }}"
  with_items:
```

```
        - { name: gil }
        - { name: sarina }
        - { name: leanne }
      loop_control:
        loop_var: user
```

雖然在範例 8-21 中的 loop_var 只提供外表上的改善，但對於進階的迴圈卻可以是很重要的。

在範例 8-22 中，我們想要一次重複處理多個任務。其中一個可行的方法是使用 include 以及 with_items。

然而，*vhosts.yml* 檔案也會被匯入，在一些任務中也是會有 with_items。這樣就有可能會有衝突的情形發生，也就是當預設的 loop_var 項目被同時使用在兩個迴圈的時候。

為了避免名稱上的衝突，我們在外面那個迴圈中為 loop_var 指定了另外一個名稱。

範例 8-22　使用 vhost 做為迴圈的變數

```
  - name: run a set of tasks in one loop
    include: vhosts.yml
    with_items:
      - { domain: www1.example.com }
      - { domain: www2.example.com }
      - { domain: www3.example.com }
    loop_control:
      loop_var: vhost ❶
```

❶　變更外部迴圈的名稱以避名稱上的衝突。

如你在範例 8-23 中所看到的，被引入進來的任務檔案 *vhosts.yml* 中，現在可以使用預設的 loop_var 名稱項目，就像是之前使用的一樣。

範例 8-23　被引入的檔案可以含有迴圈

```
  - name: create nginx directories
    file:
      path: /var/www/html/{{ vhost.domain }}/{{ item }} ❶
    state: directory
    with_items:
      - logs
      - public_http
      - public_https
      - includes
```

```
- name: create nginx vhost config
  template:
    src: "{{ vhost.domain }}.j2"
    dest: /etc/nginx/conf.d/{{ vhost.domain }}.conf
```

❶ 我們保持預設的迴圈變數在內部迴圈中。

為輸出加上標籤

在 Ansible 2.2 版之後加上了標籤的控制,它可以讓我們控制在執行時,迴圈的輸出如何顯示給使用者。

以下是例子含有一個平常的字典串列:

```
- name: create nginx vhost configs
  template:
    src: "{{ item.domain }}.conf.j2"
    dest: "/etc/nginx/conf.d/{{ item.domain }}.conf"
  with_items:
    - { domain: www1.example.com, ssl_enabled: yes }
    - { domain: www2.example.com }
    - { domain: www3.example.com,
        aliases: [ edge2.www.example.com, eu.www.example.com ] }
```

在預設的情況下,Ansible 會在輸出中印出整個字典。對於大的字典,它的輸出如果沒有在 loop_control 子句中指定一個標籤,可能會難以閱讀:

```
TASK [create nginx vhost configs] ***********************************************
ok: [localhost] => (item={u'domain': u'www1.example.com', u'ssl_enabled': True})
ok: [localhost] => (item={u'domain': u'www2.example.com'})
ok: [localhost] => (item={u'domain': u'www3.example.com', u'aliases':
[u'edge2.www.example.com', u'eu.www.example.com']})
```

因為我們只對領域名稱感興趣,可以直接在 loop_control 子句中加上一個標籤,用來說明當我們在對項目進行迭代時需要輸出什麼內容:

```
- name: create nginx vhost configs
  template:
    src: "{{ item.domain }}.conf.j2"
    dest: "/etc/nginx/conf.d/{{ item.domain }}.conf"
  with_items:
    - { domain: www1.example.com, ssl_enabled: yes }
    - { domain: www2.example.com }
    - { domain: www3.example.com,
        aliases: [ edge2.www.example.com, eu.www.example.com ] }
  loop_control:
    label: "for domain {{ item.domain }}" ❶
```

❶ 加上一個自訂的標籤

如此輸出的結果就變得好閱讀多了：

```
TASK [create nginx vhost configs] ********************************************
ok: [localhost] => (item=for domain www1.example.com)
ok: [localhost] => (item=for domain www2.example.com)
ok: [localhost] => (item=for domain www3.example.com)
```

 要牢記在心的是如果執行在詳細模式 -v 時會顯示出完整的字典；不要使用這個方法來隱藏密碼！請在任務中設定 no_log:true 來代替。

Includes

「include」讓你可以引入 task，甚至是整個 playbook，視你在哪裡定義 inlcude 而定。此特色通常會被使用在 roles 中，用來分隔或是均分各組的 task 和 task 參數到每一個在被引入檔案的 task 中。

先來看一個例子。範例 8-24 包含了 1 個 play 的 2 個任務，它分享了一個相同的 tag，一個 when 條件，以及一個 become 參數。

範例 8-24　相同的參數

```
- name: install nginx
  package:
    name: nginx
  tags: nginx ❶
  become: yes ❷
  when: ansible_os_family == 'RedHat' ❸

- name: ensure nginx is running
  service:
    name: nginx
    state: started
    enabled: yes
  tags: nginx ❶
  become: yes ❷
  when: ansible_os_family == 'RedHat' ❸
```

❶ 相同的 tags

❷ 相同的 become

❸ 相同的 condition

當我們把這兩個任務分隔開成為其中一個如範例 8-25 的檔案，然後讓它被範例 8-26 的檔案所引入，就可以簡化這個 play，只要把 task 的參數加到引入的 task 中就可以了。

範例 8-25　把 *task* 分割成不同的檔案

```
- name: install nginx
  package:
    name: nginx

- name: ensure nginx is running
  service:
    name: nginx
    state: started
    enabled: yes
```

範例 8-26　在 *task* 檔案中使用 *include* 套用共通的參數

```
- include: nginx_include.yml
  tags: nginx
  become: yes
  when: ansible_os_family == 'RedHat'
```

動態引入

在 role 中一個常見的樣式是用來針對不同的作業系統定義不同的 task。依據 role 支援的作業系統數量而定，有可能在引入時會有相當數量的初始樣板。

```
- include: Redhat.yml
  when: ansible_os_family == 'Redhat'

- include: Debian.yml
  when: ansible_os_family == 'Debian'
```

從 2.0 版之後，Ansible 可以透過變數取代的方式，動態地引入一個檔案。

```
- include: "{{ ansible_os_family }}.yml"
  static: no
```

然而，使用動態引入會有一個缺點：如果 Ansible 沒有足夠的資訊去渲染這個變數以決定哪一個檔案會被引入，ansible-playbook --list-tasks 可能不會列出來自於一個動態引入的 task。例如，fact 變數（請參考第 4 章）在 --list-tasks 參數被使用時就沒辦法被推算出來。

Role Includes

一個特殊的 include 是 inlcude_role 子句。相較於 role 子句將會使用 role 的所有部份，include_role 可以讓我們選擇性的選用一個 role 的哪一個部份將要被引入以及使用，還有指定在 play 中的位置。

類似於 include 子句，模式可以是靜態或是動態的，而 Ansible 會猜測哪一種方式是最佳的。然而也可以透過指定 static 以強制使用哪一種引入的方式。

```
- name: install nginx
  yum:
    pkg: nginx

- name: install php
  include_role:
    name: php ❶

- name: configure nginx
  template:
    src: nginx.conf.j2
    dest: /etc/nginx/nginx.conf
```

❶ 從 php role 引入以及執行 *main.yml*

> include_role 子句也可以讓 handler 變得可用。

include_role 子句也可以協助避免彼此依賴的 role 部份的困惑。想像在一個 role 的相依性情況，在主 role 之前的那一次執行，一個檔案任務改變了檔案的擁有者。但是在這個時間點被當做是擁有者的系統使用者還不存在。它會在執行主 role 的套件安裝程序之後產生。

```
- name: install nginx
  yum:
    pkg: nginx

- name: install php
  include_role:
    name: php
    tasks_from: install ❶

- name: configure nginx
  template:
    src: nginx.conf.j2
```

```
        dest: /etc/nginx/nginx.conf

    - name: configure php
      include_role:
        name: php
        tasks_from: configure ❷
```

 從 php 角色引入及執行 *install.yml*。

 從 php 角色引入及執行 *configure.yml*

> 在本書撰寫時，include_role 子句仍然被標示為 *preview*，這表示它並不保
> 證向上相容的介面。

Blocks

和 include 很相似，block 子句提供一個把任務進行分群的機制。block 子句允許你一次
對所有的任務設定條件或是參數：

```
- block:
    - name: install nginx
      package:
        name: nginx
    - name: ensure nginx is running
      service:
        name: nginx
        state: started
        enabled: yes
  become: yes
  when: "ansible_os_family == 'RedHat'"
```

> 不像 include 子句，對於 block 子句進行迴圈操作目前還未被支援。

block 子句還有一個更有趣的應用：錯誤處理。

Blocks 的錯誤處理

涉及錯誤的情境通常都很挑戰。不消說，Ansible 總是會發生一些在 host 上不可知的錯誤和失敗。Ansible 預設的錯誤處理行為是，如果一個任務發生錯誤而且還有其他沒有遇到錯誤的 host，它就會把發生錯誤的 host 從 play 中移除。

結合 serial 和 max_fail_percentage 子句，Ansible 給你一些控制一個 play 如何宣佈失敗的情況。

如同在範例 8-27 的 blocks 子句中所示，Ansible 更進一步處理錯誤，而且讓我們在發生錯誤時可以進行復原以及任務的回覆工作。

範例 8-27　*app-upgrade.yml*

```
---
- block: ❶
  - debug: msg="You will see a failed tasks right after this"
  - command: /bin/false
  - debug: "You won't see this message"
  rescue: ❷
  - debug: "You only see this message in case of an failure in the block"
  always: ❸
  - debug: "This will be always executed"
```

❶ 開始 block 子句

❷ 在 block 子句中當發生錯誤時要被執行的 task

❸ 一定會被執行的 task

如果你有一些程式設計的經驗，此種錯誤處理的實作方式可能會讓你聯想到 try-catch-*finally* 的方式，而它們的工作方式基本上也是相同的。

為了展示它的工作方式，我們開始一個日常的工作：升級一個應用程式。這個應用程式被分佈在一些虛擬機（Virtual Machines, VMs）的叢集中，而且被部署在一個 IaaS 的雲上（Apache CloudStack（*http://cloudstack.apache.org*））。更進一步地，這個雲提供了一個功能可以對虛擬機做 snapshot（記憶體映像）。一個簡化過的 playbook 看起來如下所示：

1. 從負載平衡器中取出一個虛擬機。

2. 在升級 app 之前，先建立一個虛擬機的記憶體映像。

3. 升級應用程式。

4. 執行 smoke 測試。

5. 如果出現錯誤，則進行回復的作業。

6. 把虛擬機移回負載平衡器中。

7. 清除以及移除虛擬機的記憶體映像。

現在讓我們把這些任務寫到 playbook 中，也是簡化而且還未執行的版本，如範例 8-28 所示。

範例 8-28　*app-upgrade.yml*

```
---
- hosts: app-servers
  serial: 1
  tasks:
  - name: Take VM out of the load balancer
  - name: Create a VM snapshot before the app upgrade

  - block:
      - name: Upgrade the application
      - name: Run smoke tests

    rescue:
    - name: Revert a VM to the snapshot after a failed upgrade

    always:
    - name: Re-add webserver to the loadbalancer
    - name: Remove a VM snapshot
```

在這個 playbook 中，我們將理所當然地把做為負載平衡器一份子的正在執行中的虛擬機結束執行，就算是升級失敗了也是一樣。

 在 always 子句中的 task 就算是在 rescue 子句中發生錯誤了也會被執行！所以放進 always 子句中的 task 一定要特別留意。

假設我們只想要讓升級成功的虛擬機回到負載平衡器的叢集中，這個 play 看起來會有一點不一樣，如範例 8-29 所示。

範例 8-29　*app-upgrade.yml*

```
---
- hosts: app-servers
  serial: 1
  tasks:
```

```
    - name: Take VM out of the load balancer
    - name: Create a VM snapshot before the app upgrade

    - block:
      - name: Upgrade the application
      - name: Run smoke tests

      rescue:
      - name: Revert a VM to the snapshot after a failed upgrade

    - name: Re-add webserver to the loadbalancer
    - name: Remove a VM snapshot
```

在此例中移除了 always 子句,在 play 的結尾加入了 2 個 task。這個方式確保了這 2 個 task 只有在 rescue 執行時才會被執行。最終的結果是,只有被升級的虛擬機才會回到負載平衡器中。最終的 playbook 看起來像是範例 8-30 的樣子。

範例 8-30　在升級應用程式發生未知錯誤處理的 *playbook*

```
    ---
- hosts: app-servers
  serial: 1
  tasks:
  - name: Take app server out of the load balancer
    local_action:
      module: cs_loadbalancer_rule_member
      name: balance_http
      vm: "{{ inventory_hostname_short }}"
      state: absent
  - name: Create a VM snapshot before an upgrade
    local_action:
      module: cs_vmsnapshot
      name: Snapshot before upgrade
      vm: "{{ inventory_hostname_short }}"
      snapshot_memory: yes

  - block:
    - name: Upgrade the application
      script: upgrade-app.sh
    - name: Run smoke tests
      script: smoke-tests.sh

    rescue:
    - name: Revert the VM to a snapshot after a failed upgrade
      local_action:
        module: cs_vmsnapshot
        name: Snapshot before upgrade
        vm: "{{ inventory_hostname_short }}"
```

```
        state: revert

  - name: Re-add app server to the loadbalancer
    local_action:
      module: cs_loadbalancer_rule_member
      name: balance_http
      vm: "{{ inventory_hostname_short }}"
      state: present
  - name: Remove a VM snapshot after successful upgrade or successful rollback
    local_action:
      module: cs_vmsnapshot
      name: Snapshot before upgrade
      vm: "{{ inventory_hostname_short }}"
      state: absent
```

使用 Vault 對敏感的資料進行加密

Mezzanine playbook 需要存取一些敏感的資訊，像是資料庫和管理者的密碼。在第 6 章
處理的方式是把敏感的資訊放在一個單獨的檔案叫做 *secrets.yml*，然後確保這個檔案不
會被版本管理系統放到儲存庫中。

Ansible 提供另外一種解決的方式：與其讓 *secrets.yml* 排除在版本控制系統的儲存庫之
外，我們可以使用加密的版本。採取此種方式，就算是版本控制系統的儲存庫被連累
了，攻擊者也沒有辦法取得 *secrets.yml* 的內容，除非他也同時擁有你用來加密的密碼。

ansible-vault 的命令列工具就可以讓我們建立且編輯一個加密的檔案，ansible-
playbook 將會自動地辨識而且解密，只要給它密碼就行。

加密一個已存在檔案的方法如下：

```
$ ansible-vault encrypt secrets.yml
```

另外，也可以建立一個新的加密的 *secrets.yml*，如下：

```
$ ansible-vault create secrets.yml
```

此時你會被提示輸入密碼，然後 ansible-vault 就會啟用一個文字編輯器，你就可以產
生這個檔案。執行的編輯器可以在 $EDITOR 環境變數中指定。如果沒有設定的話，則預
設是執行 vim。

範例 8-31 展示了一個使用 ansible-vault 加密檔案內容的例子。

範例 *8-31* 　使用 *ansible-vault* 加密檔案的內容。

```
$ANSIBLE_VAULT;1.1;AES256
34306434353230663665633539363736353836333936383931316434343030316366653331363262
66306333663831353386266333030393634303664613662350a6238376634623930316262333376232
31613735376632333231626661663766626239333738356532393162303863393033303666383530
...
62346633343464313330383832646531623338633343833364653231666263335623639383363643438
64636665366538343038383830316564616136656663326563306639643833316565436
```

你可以在 play 的 vars_files 段落中參用一個使用 ansible-vault 加密的檔案就像是你在
參用一般的檔案一樣的方式：就算是我們加密了 *secrets.yml*，你也不需要修改範例 6-28
的內容。

只需要告訴 ansible-playbook 提示我們輸入被加密的檔案密碼，或是直接輸出錯誤訊
息。使用 --ask-vault-pass 參數如下：

```
$ ansible-playbook mezzanine.yml --ask-vault-pass
```

可以把密碼存放在一個文字檔中，然後告訴 ansible playbook 密碼檔案所在的位置，使
用 --vault password-file 參數：

```
$ ansible-playbook mezzanine --vault-password-file ~/password.txt
```

如果 --vault-password-file 的參數中的檔案的執行位元被設定了，Ansible 將會執行
它，而且使用標準輸出的內容常做是 vault 的密碼。這讓你可以使用腳本程式產生密碼
給 Ansible。

表 8-5 列出了 ansible-vault 可以使用的命令。

表 *8-5*　*ansible-vault* 命令列表

命令	說明
ansible-vault encrypt *file.yml*	加密明文的 *file.yml* 檔
ansible-vault decrypt *file.yml*	解密被加密的 *file.yml* 檔
ansible-vault view *file.yml*	輸出被加密的 *file.yml* 檔案的內容
ansible-vault create *file.yml*	建立一個新的被加密 *file.yml* 檔
ansible-vault edit *file.yml*	編輯一個被加密的 *file.yml* 檔
ansible-vault rekey *file.yml*	對一個被加密的 *file.yml* 檔案變更密碼

## 第九章

自訂 Host、Run 以及 Handler

有時候 Ansible 的預設行為並不能滿足你的使用情境。在這一章中，我們將會說明如何透過控制要執行的是哪一台主機（host），以及 task 執行的方式，還有如何執行 handler 來進行 Ansible 的客製化。

指定主機的樣式

到目前為止，在 play 中的所指定的主機參數不是一台主機就是一個群組，如下：

```
hosts: web
```

除了設定單一主機或是一群主機，也可以指定一個樣式。你已經看過其中一個「所有的」（all）請用程式碼字型樣式，代表要執行 play 的對象是所有已經知道的主機：

```
hosts: all
```

此外，也可以使用「:（冒號）」來聯集 2 個群組，例如以下是指定 dev 和 staging 這兩組機器：

```
hosts: dev:staging
```

要使用交集也可以，只要使用「:&」就可以了。以下的例子的設定是在 staging 環境中的所有 database 伺服器：

```
hosts: staging:&database
```

表 9-1 展示了 Ansible 支援的樣式。請注意，正規表示式（Regular Expression）都是以一個波浪符號（~）做開頭字元的。

表 9-1　支援的樣式

想要執行的操作對象	使用範例
所有的主機	all
所有的主機	*
聯集	dev:staging
交集	staging:&database
互斥	dev:!queue
萬用字元	*.example.com
有序編號的主機	web[5:10]
正規表示式	~web\d+\.example\.(com|org)

Ansible 支援多種樣式的組合——例如：

```
hosts: dev:staging:&database:!queue
```

設定執行主機的範圍

使用「-l 主機」或是「--limit 主機」旗標告訴 Ansible 列出哪些主機才是 playbook 要執行的對象，如範例 9-1 所示：

範例 9-1　限制執行主機的範例

```
$ ansible-playbook -l hosts playbook.yml
$ ansible-playbook --limit hosts playbook.yml
```

你可以使用語法樣式，調整出任意組合的主機列表，例如：

```
$ ansible-playbook -l 'staging:&database' playbook.yml
```

在控制機器上執行 task

有時候你想要在控制主機上而不是在遠端主機上執行一個特定的 task。Ansible 提供了 local_action 子句以支援這樣的做法。

假設我們想要安裝 Mezzanine 的伺服器才剛開機，此時如果太快執行我們的 playbook，它會發生錯誤，因為伺服器還沒有完全啟動完成。在 playbook 的開始處可以先呼叫

wait_for 模組等待，直到 SSH 服務已經準備好可以接受連線之後，再執行 playbook 其他的部份。在這個例子中，我們希望這個模組在筆電上執行，而不是在遠端的主機上。

在 playbook 的第一步就是以如下所示的方式起始：

```
- name: wait for ssh server to be running
  local_action: wait_for port=22 host="{{ inventory_hostname }}"
    search_regex=OpenSSH
```

請留意我們在這個 task 中參考到 inventory_hostname，它會算出遠端主機的名稱而不是本地端主機 localhost。這是因為這些變數的有效範圍還是在遠端的主機，儘管此時的 task 在本地端執行。

 如果你在多主機的環境中執行時使用 local_action，則 task 將會被執行多次，每一個主機一次。你可以使用 run_once 去限制執行次數，此點在第 182 頁中的「一次只在一台主機上執行」小節中有相關的說明。

在主機外的機器上執行 task

有時候你想要執行一個連結到某一個 host 的 task，但是想要在不同的伺服器上執行這個 task。你可以使用 delegate_to 子句讓這個 task 在一台不同的主機上執行。

兩種常見的使用例如下：

- 使用像是 Nagios 此種警報系統去啟用以主機為主的警示
- 在像是 HAProxy 此種負載平衡器加入一個主機

例如你想要為網頁伺服器群組中所有的主機啟用 Nagios 警示功能，假設我們在儲存庫中有一個項目名稱是 *nagios.example.com*，它正在執行 Nagios。範例 9-2 就是一個使用 delegate_to 的例子。

範例 9-2　使用 *delegate_to* 設定 *Nagios*

```
- name: enable alerts for web servers
  hosts: web
  tasks:
    - name: enable alerts
      nagios: action=enable_alerts service=web host={{ inventory_hostname }}
      delegate_to: nagios.example.com
```

在這個例子中，Ansible 會在 *nagios.example.com* 上執行 **nagios** task，但是在 play 中參用到的變數 inventory_hostname 會在網頁伺服器主機上被算出。

更多使用 delegate_to 的詳細例子，請參考在 Ansible 專案中範例 GitHub（*https://github.com/ansible/ansible-examples*）儲存庫上的 *lamp_haproxy/roll⊠ing_update.yml*。

一次只在一台主機上執行

預設的情況下，Ansible 會在所有的主機中平行地執行每一個 task。但有時候你想要的是一次只在一個主機上執行你的 task。典型的例子是當在負載平衡器後端升級一個應用程式的情況。此種情況通常會把應用伺服器從負載平衡器中取出，進行升級，然後再把它放回去。但是你應該不會想要一次把所有的應用伺服器全部都從負載平衡器中取出，這樣會導致服務中斷的情形。

你可以在 play 中使用 serial 子句告訴 Ansible 去限制一個 play 執行主機的數量。範例 9-3 展示了一個從 Amazon EC2 elastic 負載平衡器每一次移出一個主機、升級系統套件、然後把它放回負載平衡器的例子（我們會在第 14 章涵蓋 Amazon EC2 的詳細說明）。

範例 9-3　從負載平衡器移出主機然後升級系統套件

```
- name: upgrade packages on servers behind load balancer
  hosts: myhosts
  serial: 1
  tasks:

    - name: get the ec2 instance id and elastic load balancer id
      ec2_facts:

    - name: take the host out of the elastic load balancer
      local_action: ec2_elb
      args:
        instance_id: "{{ ansible_ec2_instance_id }}"
        state: absent

    - name: upgrade packages
      apt: update_cache=yes upgrade=yes

    - name: put the host back in the elastic load balancer
      local_action: ec2_elb
      args:
        instance_id: "{{ ansible_ec2_instance_id }}"
        state: present
```

```
        ec2_elbs: "{{ item }}"
      with_items: ec2_elbs
```

在此例子中,我們把 1 做為參數傳遞給 serial 子句,告訴 Ansible 一次只能在一台主機上執行。如果傳遞的是 2,Ansible 則是一次在 2 台主機上執行。正常的情況下,當一個 task 失敗了,Ansible 會把那個 task 執行失敗的主機停止,但是會持續地在其他的主機上執行。在負載平衡的情境下,你可能會想要 Ansible 當一個 task 在所有的主機上都失敗了之前讓整個 play 宣告失敗。否則,你可能會一直把主機從負載平衡器移出,然後失敗,直到所有的主機都被移出負載平衡器之後導致所有的服務最終被中止的情況。

你可以使用 max_fail_percentage 子句和 serial 子句去設定在整個 play 失敗之前的最大失敗主機比例。例如,假設指定了最大的失敗比率為 25%,如下所示:

```
- name: upgrade packages on servers behind load balancer
  hosts: myhosts
  serial: 1
  max_fail_percentage: 25
  tasks:
    # tasks go here
```

如果你有 4 台主機在負載平衡器後面,而其中一台主機執行一個 task 發生失敗,則 Ansible 會持續執行這個 play,因為此情形下還沒有超過 25% 的臨界值。然而,如果第 2 個主機也失敗了一個 task,Ansible 將會對整個 play 宣告失敗,因為如此 50% 的主機失敗了這個 task,已經超過了 25% 的臨界值了。如果想要 Ansible 在對任一個 task 失敗之後就立即停止作業,則請把 max_fail_percentage 設定為 0 就可以了。

每次在一批主機上執行

你也可以傳遞給 serial 一個百分比以取代之前所說的固定的數字。Ansible 將會套用這個百分比,依據此 play 中所有的主機數量以計算出數字當做是每一批次的主機數目,如範例 9-4 所示。

範例 9-4 使用百分比做為 serial 的值

```
- name: upgrade 50% of web servers
  hosts: myhosts
  serial: 50%
  tasks:
    # tasks go here
```

情境甚至可以更複雜一些。例如，你可能想要一開始在一台主機中執行 play 以驗證這個 play 的執行是否如預期，然後再依序在大量的主機上執行。可能的使用情境為，在管理一個很大的由獨立主機所組成的叢集時；例如，一個由 30 部主機所組成的 Content Delivery Network（CDN）。

從版本 2.2 開始，Ansible 讓你可以指定一個 serial 的串列以完成這樣的行為。serial 串列的項目可以是數字也可以是百分比，如範例 9-5 所示。

範例 9-5　使用 serial 的串列

```
- name: configure CDN servers
  hosts: cdn
  serial:
    - 1
    - 30%
  tasks:
    # tasks go here
```

Ansible 將會在每一遍執行時依序取出 serial 串列上的項目，依照其內容限制主機執行的數量，直到最後一個項目或是沒有可用的主機為止。這意味著最後一個 serial 項目的內容被保留並且會一直套用到最後在 play 中沒有任何主機為止。

以之前 30 台 CDN 主機的例子中，第一遍 Ansible 會在一台主機上執行 play，接著剩下的每一遍執行最多為主機的 30%，因此每一遍的主機數量為（1, 10, 10, 9）。

只執行一次

有時候你可能會想要一個 task 只被執行一次，就算是有許多的主機。例如，也許你有多個應用程式伺服器在負載平衡器後面，而你想要執行資料庫的遷移作業，但是你只需要在其中一台應用伺服器上進行這次的資料庫遷移。

你可以使用 run_once 子句告訴 Ansible 這個命令只能執行一次：

```
- name: run the database migrations
  command: /opt/run_migrations
  run_once: true
```

如果你的 playbook 有許多台主機，當你在運用 local_action，而且想要讓這個本地端的 task 只被執行一次時，使用 run_once 會特別有用：

```
- name: run the task locally, only once
  local_action: command /opt/my-custom-command
  run_once: true
```

執行策略 strategy

在 play 的層級，strategy 子句讓你可以額外地控制 Ansible 對所有的主機每一個 task 的行為。

我們已經非常熟悉的預設行為是 linear strategy。此行為是 Ansible 對所有的主機執行一項 task，然後等待此 task 在所有的主機上完成（或失敗）之後，才會進行下一項 task。結果是，一個 task 會花很多時間在等待最慢的那台主機完成它的 task。

讓我們建立如範例 9-7 所示的一個 playbook 以展示 strategy 特色。首先，建立了一個非常簡單的主機檔案如範例 9-6 所示，它包含了 3 台主機，每一台主機均有一個變數 sleep_seconds 設定了不同的以秒為單位的數值。

範例 9-6 主機檔案中包含 3 個以秒為單位的不同數值

```
one    sleep_seconds=1
two    sleep_seconds=6
three  sleep_seconds=10
```

Linear

如範例 9-7 所示的 playbook，使用 using_connection:local 進行本地端的執行操作，一個 play 中有 3 個 task。每一個 task 均執行一段時間的 sleep，而 sleep 的時間設定在 sleep_seconds 變數中。

範例 9-7 使用 *linear strategy* 的 *playbook*

```
---
- hosts: all
  connection: local
  tasks:
  - name: first task
    shell: sleep "{{ sleep_seconds }}"

  - name: second task
    shell: sleep "{{ sleep_seconds }}"

  - name: third task
    shell: sleep "{{ sleep_seconds }}"
```

使用 default strategy 執行此 playbook，得到的是一個 linear 的結果，其輸出如範例 9-8 所示。

範例 9-8 *linear* 策略的執行結果

```
$ ansible-playbook strategy.yml -i hosts

PLAY [all] ******************************************************************

TASK [setup] ***************************************************************
ok: [two]
ok: [three]
ok: [one]

TASK [first task] **********************************************************
changed: [one]
changed: [two]
changed: [three]

TASK [second task] *********************************************************
changed: [one]
changed: [two]
changed: [three]

TASK [third task] **********************************************************
changed: [one]
changed: [two]
changed: [three]

PLAY RECAP *****************************************************************
one                        : ok=4    changed=3    unreachable=0    failed=0
three                      : ok=4    changed=3    unreachable=0    failed=0
two                        : ok=4    changed=3    unreachable=0    failed=0
```

在此得到的是有序的輸出，就如同之前所熟悉的情況一樣。請留意，在相同順序下的執行中，主機 one 總是執行得最快（因為它的 sleep 時間設定的最小），而主機 three 則是最慢的（因為它的 sleep 時間設定的最長）。

Free

另外一個策略是 free strategy。相較於 linear，Ansible 不會等待在每一個主機中執行的 task 之結果。取而代之的是，如果一個主機完成了一個 task，Ansible 將會讓那台主機繼續執行下一個 task。

依據不同的硬體資源和網路延遲，任一台主機可能會比其他另一台主機速度還要快。最後結果是，有些主機可能早就已經被設定好了，而別的主機可能只進行到 play 的一半。

如果我們把 playbook 變更為 free strategy，內容如範例 9-9 所示。

範例 9-9 　使用 *free strategy* 的 *playbook*

```
---
- hosts: all
  connection: local
  strategy: free ❶
  tasks:
  - name: first task
    shell: sleep "{{ sleep_seconds }}"

  - name: second task
    shell: sleep "{{ sleep_seconds }}"

  - name: third task
    shell: sleep "{{ sleep_seconds }}"
```

❶ 在此，我們變更了 strategy 的設定為 free。

上述的改變之後，其輸出如範例 9-10 所示，主機 one 在主機 three 完成第一個 task 之前就已經全部都做完了。

範例 9-10 　使用 *free strategy* 之 *playbook* 的執行輸出結果

```
$ ansible-playbook strategy.yml -i hosts

PLAY [all] ********************************************************************

TASK [setup] *****************************************************************
ok: [one]
ok: [two]
ok: [three]

TASK [first task] ************************************************************
changed: [one]

TASK [second task] **********************************************************
changed: [one]

TASK [third task] ***********************************************************
changed: [one]

TASK [first task] ***********************************************************
changed: [two]
changed: [three]

TASK [second task] *********************************************************
changed: [two]

TASK [third task] **********************************************************
```

```
changed: [two]

TASK [second task] *******************************************************
changed: [three]

TASK [third task] ********************************************************
changed: [three]

PLAY RECAP ***************************************************************
one                        : ok=4    changed=3    unreachable=0    failed=0
three                      : ok=4    changed=3    unreachable=0    failed=0
two                        : ok=4    changed=3    unreachable=0    failed=0
```

 這個例子中，兩個不同的策略中這個 play 會執行相同的時間。在某些情況下，使用 free 策略完成一個 play 可能會花比較少的時間。

就像是許多 Ansible 的核心組件一樣，**strategy** 也是被以新的外掛型態來實現的。

進階的 Handlers

有時候你會發現 Ansible 的 handler 之預設行為並不能完全符合你的特殊需求。在這一小節中，將會說明如何讓你可以在一個 handler 觸發之後可以得到更好的控制。

在 Pre 和 Post task 之間的 handler

之前我們在說明 handler 時，你已經知道它們通常在所有的 task 之後被執行一次，而且只有在它們被觸發時才會被執行。但是要留意的是，並不是只有 tasks 而已，還有 **pre_tasks** 以及 post_tasks。

在 playbook 中每一個 tasks 的段落都被獨立地處理：任一個在 pre_tasks、tasks 或是 post_tasks 中觸發的 handler 會在每一個段落的最後被執行。結果是，在一個 play 中一個 handler 可能被執行許多次。

```
---
- hosts: localhost
  pre_tasks:
  - command: echo Pre Tasks
    notify: print message

  tasks:
  - command: echo Tasks
    notify: print message
```

```
    post_tasks:
    - command: echo Post Tasks
      notify: print message

    handlers:
    - name: print message
      command: echo handler executed
```

當執行上面這個 playbook 時，可以得到以下的結果：

```
$ ansible-playbook pre_post_tasks_handlers.yml
PLAY [localhost] ***********************************************************

TASK [setup] **************************************************************
ok: [localhost]

TASK [command] ************************************************************
changed: [localhost]

RUNNING HANDLER [print message] ******************************************
changed: [localhost]

TASK [command] ************************************************************
changed: [localhost]

RUNNING HANDLER [print message] ******************************************
changed: [localhost]

TASK [command] ************************************************************
changed: [localhost]

RUNNING HANDLER [print message] ******************************************
changed: [localhost]

PLAY RECAP ***************************************************************
localhost                  : ok=7    changed=6    unreachable=0    failed=0
```

Flush Handlers

你可能會覺得好奇為什麼我會說「通常」都是在所有的 task 之後才執行。「通常」而言，因為這是預設的情況。然而，透過 meta 模組的協助，Ansible 讓我們可以控制 handler 的執行時機。

在範例 9-12 中，我們看到了 nginx role 的一部份，它在 task 中間的地方使用 meta 以及 flush_handlers。

我們會這樣做是基於以下的兩個理由：

1. 想要清除一些舊的 Nginx vhost 資料，它們只有在沒有任何程序使用它時才能夠被移除（例如：在一個服務被重啟之後）

2. 想要執行一些 *smoke* 測試以驗證某一個 URL 是否傳回 OK 以測試一個網路應用的健康狀態。但是在一個服務完成重啟之前進行驗證並沒有意義。

範例 9-11 展示了 nginx role 的系統配置：主機以及埠號的健康檢測、一系列的 vhost 以及它們的名稱和模板、還有一些已棄用的 vhost，我們想要確定它們是否已經被移除了。

範例 *9-11* *nginxrole* 的組態

```
nginx_healthcheck_host: health.example.com
nginx_healthcheck_port: 8080

vhosts:
  - name: www.example.com
    template: default.conf.j2

absent_vhosts:
  - obsolete.example.com
  - www2.example.com
```

在如範例 9-12 所示的 role task 檔 */nginx/tasks/main.yml* 中，我們放置了 metatask 加上附加的 flush_handlers 參數在正常的 task 之間，但是只在我們想要放置的地方：在 health check task 和 cleanup task 之前。

範例 *9-12* 在服務重啟之後進行清除和驗證健康狀態

```
---
- name: install nginx
  yum:
    pkg: nginx
  notify: restart nginx

- name: configure nginx vhosts
  template:
    src: conf.d/{{ item.template | default(item.name) }}.conf.j2
    dest: /etc/nginx/conf.d/{{ item.name }}.conf
  with_items: "{{ vhosts }}"
  when: item.name not in vhosts_absent
  notify: restart nginx

- name: removed unused nginx vhosts
  file:
```

```
    path: /etc/nginx/conf.d/{{ item }}.conf
    state: absent
  with_items: "{{ vhosts_absent }}"
  notify: restart nginx

- name: validate nginx config ❶
  command: nginx -t
  changed_when: false
  check_mode: false

- name: flush the handlers
  meta: flush_handlers ❷

- name: remove unused vhost directory
  file:
    path: /srv/www/{{ item }} state=absent
  when: item not in vhosts
  with_items: "{{ vhosts_absent }}"

- name: check healthcheck ❸
  local_action:
    module: uri
    url: http://{{ nginx_healthcheck_host }}:{{ nginx_healthcheck_port }}/healthcheck
    return_content: true
  retries: 10
  delay: 5
  register: webpage

  fail:
    msg: "fail if healthcheck is not ok"
  when: not webpage|skipped and webpage|success and "ok" not in webpage.content
```

❶ 在清除 handler 之前驗證組態

❷ 在 task 之間清除 handler

❸ 執行 smoke 測試看看是否一切正常。留意這可能會是動態頁面驗證，應用程式會連線到資料庫。

Handlers 監聽

在 Ansible 2.2 版之前，只有一個方式可以通知 handler：就是使用 handler 名稱呼叫 notify。在大部份的情況下，這是最簡單且可以運行地很好的方式。

在進入更詳細有關於如何透過 handler 監聽特色讓你的 playbook 和 role 更簡單之前，先讓我們很快地看一個 handler 監聽的例子：

```
---
- hosts: mailservers
  tasks:
    - copy:
        src: main.conf
        dest: /etc/postfix/main.cnf
      notify: postfix config changed ❶

  handlers:
    - name: restart postfix
      service: name=postfix state=restarted
      listen: postfix config changed ❶
```

❶ 監聽一個或多個 handler 的事件做為你的通知（notify）。

這個 listen 子句定義了我們將要呼叫的事件，它可以針對一個或多個 handler 來處理。
如此可以把 task 的通知和 handler 的名稱解除連結。要通知多個 handler 到相同的事件，
我們只要讓額外的 handler 監聽到相同的事件，然後它們就會被通知到了。

 所有 handler 的範圍都是在 play 層級中，我們不能跨越 play 通知，不管
是否有設定 handler 的 listen。

handler 的監聽：SSL 的例子

handler 監聽的實際好處是和 role 以及 role 的相依性有關。其中一個最明顯的使用案例
是用在管理不同服務的 SSL 憑證上。

因為我們在不同的專案中之主機上大量地使用 SSL，所以建立一個 SSLrole 是有很有用
的。它是一個單純的 role，其目的只有在複製 SSL 憑證和 key 到遠端的主機中。它做的
task 非常少，就如同範例 9-13 中的 *roles/ssl/tasks/main.yml*，而它被準備好可以執行在以
RedHat 為基礎的 Linux 作業系統中，因為它設定了適當的路徑在變數檔案 *roles/ssl/vars/
RedHat.yml* 中，如範例 9-14 所示。

範例 *9-13　在 SSL role 中的 role task*

```
---
- name: include OS specific variables
  include_vars: "{{ ansible_os_family }}.yml"

- name: copy SSL certs
  copy:
    src: "{{ item }}"
    dest: {{ ssl_certs_path }}/
```

```
      owner: root
      group: root
      mode: 0644
    with_items: "{{ ssl_certs }}"

  - name: copy SSL keys
    copy:
      src: "{{ item }}"
      dest: "{{ ssl_keys_path }}/"
      owner: root
      group: root
      mode: 0644
    with_items: "{{ ssl_keys }}"
    no_log: true
```

範例 *9-14*　用在 *RedHat* 為基礎的作業系統之變數

```
---
ssl_certs_path: /etc/pki/tls/certs
ssl_keys_path: /etc/pki/tls/private
```

在範例 9-15 中預設的 role 定義中，有一個 SSL 憑證和 key 的空串列，所以沒有憑證和 key 會被處理。我們可以選擇覆寫這些預設值讓 role 可以複製這些檔案。

範例 *9-15*　*SSLrole* 的預設值

```
---
ssl_certs: []
ssl_keys: []
```

此時，可以使用 SSL role 在其他的 role 做為相依設定，就像是在範例 9-16 中所做的，為一個 nginx role 修改這個檔案 *roles/nginx/meta/main.yml*。每一個 role 的相依性將會在父 role 之前執行。這表示在我們的例子中，SSL role task 將會在 nginx role task 之前執行。結果是，SSL 憑證和 key 會在準備好之後，可以在 nginx role 中使用（例如，在 *vhost* config）。

範例 *9-16*　*nginx role* 相依於 *SSL*

```
---
dependencies:
  - role: ssl
```

邏輯上，這個相依性是單方向性的：nginx role 相依於 ssl role，如圖 9-1 所示。

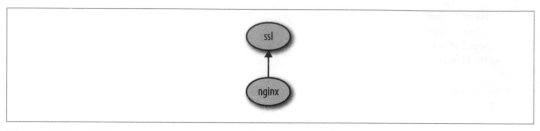

圖 9-1　單向相依性

我們的 nginx role 將會處理所有網頁伺服器 nginx 的所有事情。這個 role 的 task 在 *roles/nginx/tasks/main.yml* 如範例 9-17，它會渲染出 *nginx* config，然後藉由它的名稱通知正確的 handler 以重新啟動 *nginx* 服務。

範例 *9-17*　在 *nginx role* 中的 *task*

```
---
- name: configure nginx
  template:
    src: nginx.conf.j2
    dest: /etc/nginx/nginx.conf
  notify: restart nginx ❶
```

❶　通知 handler 以重新啟動 nginx 服務。

就如你所預期的，在 *roles/nginx/handlers/main.yml* 中的 nginx role 所相對應的 handler 看起來如範例 9-18。

範例 *9-18*　在 *nginx role* 中的 *handler*

```
---
- name: restart nginx ❶
  service:
    name: nginx
    state: restarted
```

❶　restart nginx 重新啟動 Nginx 服務。

這樣就都 ok 了嗎？不完全是。SSL 憑證需要每一段時間就被取代一次。而當它們被取代時，每一個使用 SSL 憑證的服務都必須要重新啟動以使用新的憑證。

因此，應該如何做呢？請留意在 SSL role 中的 restart nginx。

編輯 SSL role 的 *roles/ssl/tasks/main.yml*，新增 notify 子句以重新啟動 Nginx 去執行複製憑證和 key 的 task，如同範例 9-19 所示的樣子。

範例 *9-19* 附加 *notify* 到重新啟動 *Nginx* 的 *task*

```
---
- name: include OS specific variables
  include_vars: "{{ ansible_os_family }}.yml"

- name: copy SSL certs
  copy:
    src: "{{ item }}"
    dest: {{ ssl_certs_path }}/
    owner: root
    group: root
    mode: 0644
  with_items: "{{ ssl_certs }}"
  notify: restart nginx ❶

- name: copy SSL keys
  copy:
    src: "{{ item }}"
    dest: "{{ ssl_keys_path }}/"
    owner: root
    group: root
    mode: 0644
  with_items: "{{ ssl_keys }}"
  no_log: true
  notify: restart nginx ❶
```

❶ 在 nginx role 中通知 handler。

太棒了！但是等一下，我們只是對 SSL role 加入了一個新的相依性：nginx role，就如同圖 9-2 一樣。

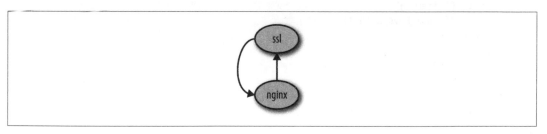

圖 9-2　nginx role 相依在 SSL role，而 SSL role 則相依在 nginx role

這樣的結果會是什麼呢？如果使用 SSL role 在其他的 role 中做了相依，如同我們對 nginx 使用的方式（例如，對於 postfix、devecot 或是 ldap，在這邊僅舉幾個可能的例子），Ansible 將會抱怨關於要通知一個沒被定義的 handler 的問題，因為重新啟動 nginx 將不會在這些 role 中被定義。

在 1.9 版的 Ansible 中抱怨關於通知沒有被定義的 handler。這個行為在 2.2 版中被重新實作，把它當做是一個迴歸錯誤。然而，此行為可以被設定在 *ansible.cfg* 的 error_on_missing_handler 中。預設的 error_on_missing_handler=True。

更進一步地，當我們使用 SSL role 做為相依時，需要加上更多要被每一個額外 role 通知的 handler 名稱。這樣顯然沒有辦法擴大它的規模。

而這就是 handler 監聽加入的時候了。代替一個 handler 的名稱放在 SSL role 中，通知一個事件——例如：ssl_certs_changed，如範例 9-20 所示。

範例 9-20　在 handler 中通知一個要監聽的事件

```
---
- name: include OS specific variables
  include_vars: "{{ ansible_os_family }}.yml"

- name: copy SSL certs
  copy:
    src: "{{ item }}"
    dest: "{{ ssl_certs_path }}/"
    owner: root
    group: root
    mode: 0644
  with_items: "{{ ssl_certs }}"
  notify: ssl_certs_changed ❶

- name: copy SSL keys
  copy:
    src: "{{ item }}"
    dest: "{{ ssl_keys_path }}/"
    owner: root
    group: root
    mode: 0644
  with_items: "{{ ssl_keys }}"
  no_log: true
  notify: ssl_certs_changed ❶
```

❶ 通知事件 ssl_certs_changed。

就像之前提到過的，Ansible 仍然會抱怨關於通知未被定義的 handler，但是讓 Ansible 再次開心的是它直接加入一個沒有任何作用的 handler 到 SSL role，如範例 9-21 所示。

範例 9-21　加一個沒有任何作用的 *handler* 到 *SSL role* 去監聽該事件

```
---
- name: SSL certs changed
  debug:
    msg: SSL changed event triggered
  listen: ssl_certs_changed ❶
```

❶ 監聽事件 `ssl_certs_changed`。

回到 `nginx` role，當憑證已被取代時，在想要去和 `ssl_certd_changed` 事件互動以及重新啟動 Nginx 服務的地方。因為我們已經有一個適當的 handler 做這件工作，只要附加 `listen` 子句到相對應的 handler 就可以了，如範例 9-22。

範例 9-22　在 *nginx role* 中附加 *listen* 子句到已存在的 *handler*

```
---
- name: restart nginx
  service:
    name: nginx
    state: restarted
  listen: ssl_certs_changed ❶
```

❶ 附加 `listen` 子句到已存在的 handler。

當我們回過頭去看相依圖，事情看起來有一些不同，如圖 9-3 所示。我們回復了單向的相依性使其可以被重用 `ssl` role 於其他的 role 中，就如同我們使用 `nginx` role 一樣。

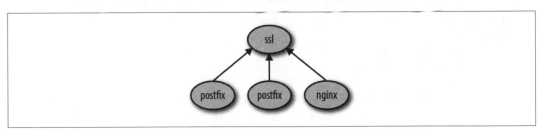

圖 9-3　使用 role role 在其他 role 中

對於 role 的建立者來說，Ansible Galaxy 中使用 role 的最後一個要注意的地方是：在有意義的地方，考量加上 handler 監聽和事件以通知到你的 Ansible role。

手動地搜尋 Facts

如果有可能，當啟動 playbook 時，SSH 伺服器還沒執行，我們需要去關閉明顯的 fact 搜尋動作；否則，Ansible 將會在執行第一個 task 之前嘗試去 SSH 到主機搜集 fact。因為我們還需要存取 fact（回想之前我們在 playbook 中使用了 `ansible_env` fact），我們可以很明白地呼叫 setup 模組去取得 Ansible 以搜集我們的 fact，就如同範例 9-23。

範例 9-23　等待 SSH 伺服器為可用狀態

```
- name: Deploy mezzanine
  hosts: web
  gather_facts: False
  # vars & vars_files section not shown here
  tasks:
    - name: wait for ssh server to be running
      local_action: wait_for port=22 host="{{ inventory_hostname }}"
          search_regex=OpenSSH

    - name: gather facts
      setup:
  # The rest of the tasks go here
```

從主機擷取 IP 位址

在我們的 playbook 中，許多使用的 hostname 是來自於網頁伺服器的 IP 位址：

```
live_hostname: 192.168.33.10.xip.io
domains:
  - 192.168.33.10.xip.io
  - www.192.168.33.10.xip.io
```

假設我們想要使用原有的機制但是不要把 IP 位址寫死在變數中要怎麼做呢？使用此種方式，如果網頁伺服器的 IP 位址改變了，playbook 也不需要跟著修改。

Ansible 對每一台主機擷取 IP 位址並把它們儲存在 fact 中。每一個網路介面也被和一個 Ansible fact 連結在一起。例如，有關網路介面 eth0 的細節被儲存在 `ansible_eht0` fact，其中一個例子我們展示在範例 9-24 中。

範例 *9-24* *ansible_eth0 fact*

```
"ansible_eth0": {
    "active": true,
    "device": "eth0",
    "ipv4": {
        "address": "10.0.2.15",
        "netmask": "255.255.255.0",
        "network": "10.0.2.0"
    },
    "ipv6": [
        {
            "address": "fe80::a00:27ff:fefe:1e4d",
            "prefix": "64",
            "scope": "link"
        }
    ],
    "macaddress": "08:00:27:fe:1e:4d",
    "module": "e1000",
    "mtu": 1500,
    "promisc": false,
    "type": "ether"
}
```

在我們的 Vagrant 虛擬機中有 2 個介面，分別是 eth0 以及 eth1。eth0 介面是私有的介面，它的 IP 位址（*10.0.2.15*）我們接觸不到。而 eth1 介面則是一個我們在 Vagrantfile 中指定的 IP 位址（*192.168.33.10*）。

我們可以定義變數如下：

```
live_hostname: "{{ ansible_eth1.ipv4.address }}.xip.io"
domains:
  - "{{ ansible_eth1.ipv4.address }}.xip.io"
  - "www.{{ ansible_eth1.ipv4.address }}.xip.io"
```

callback 外掛

Ansible 支援回呼外掛（*callback plugin*），用來執行自訂的作業以回應 Ansible 的事件，像是在一個 play 開始執行時，或是一個 task 已經在一台主機上完成了等等。你可以使用 callback 外掛去執行像是寄一封 Slack 訊息或是到日誌伺服器（logging server）去寫入一個項目等等。事實上，當你執行 Ansible playbook 時看到的輸出，就是以 callback 外掛所實作出來的。

Ansible 支援以下 2 類的 callback 外掛：

- *Stdout* 外掛影響的是到終端機的輸出顯示
- 其他的外掛則是做改變顯示輸出之外的事

> 技術上，其實有三種 callback 外掛而不是兩種：
>
> - 標準輸出（Stdout）
> - 通知（Notification）
> - 聚合（Aggregate）
>
> 然而，因為 Ansible 的實作使得在 notification 和 aggregate 外掛之間沒有分別，所以我們把 notification 和 aggregate 外掛放在一起當做是其他的外掛。

Stdout 外掛

stdout 外掛控制輸出到終端機的顯示格式。一次只能有一個標準輸出外掛是啟用的。

你可以透過在 *ansible.cfg* 的 defaults 段落中設定 stdout_callback 參數以指定一個標準輸出的 callback。例如，選擇 actionable 外掛如下：

```
[defaults]
stdout_callback = actionable
```

表 *10-1 Stdout* 外掛

名稱	說明
Actionable	只顯示 changed 或 failed
debug	方便人們閱讀的 stderr 以及 stdout
default	顯示出預設的輸出
dense	在輸出時以覆寫的方式取代捲動
json	JSON 格式的輸出
minimal	使用最精簡的格式顯示 task 的結果
oneline	類似 minimal，但是只顯示成一行
selective	顯示被 tag 的輸出
skippy	對於被忽略的主機抑制其輸出

actionable

當一個 task 在一個主機上執行時，如果 task 改變了主機的狀態或是執行失敗了，actionable 外掛才會顯示輸出，如此輸出的內容就比較不會那麼惱人。

debug

debug 外掛讓從 task 傳回來的 stdout 以及 stderr 比較容易去閱讀，如此在除錯上就會比較容易。default 外掛的輸出其實不容易閱讀：

```
TASK [check out the repository on the host] ************************************
fatal: [web]: FAILED! => {"changed": false, "cmd": "/usr/bin/git clone --origin o
rigin '' /home/vagrant/mezzanine/mezzanine_example", "failed": true, "msg": "Clon
ing into '/home/vagrant/mezzanine/mezzanine_example'...\nPermission denied (publi
ckey).\r\nfatal: Could not read from remote repository.\n\nPlease make sure you h
ave the correct access rights\nand the repository exists.", "rc": 128, "stderr":
"Cloning into '/home/vagrant/mezzanine/mezzanine_example'...\nPermission denied (
publickey).\r\nfatal: Could not read from remote repository.\n\nPlease make sure
you have the correct access rights\nand the repository exists.\n", "stderr_lines"
: ["Cloning into '/home/vagrant/mezzanine/mezzanine_example'...", "Permission den
```

```
ied (publickey).", "fatal: Could not read from remote repository.", "", "Please m
ake sure you have the correct access rights", "and the repository exists."], "std
out": "", "stdout_lines": []}
```

而使用 debug 外掛，它的格式就容易閱讀多了：

```
TASK [check out the repository on the host] ***********************************
fatal: [web]: FAILED! => {
    "changed": false,
    "cmd": "/usr/bin/git clone --origin origin '' /home/vagrant/mezzanine/mezzani
    ne_example",
    "failed": true,
    "rc": 128
}

STDERR:

Cloning into '/home/vagrant/mezzanine/mezzanine_example'...
Permission denied (publickey).
fatal: Could not read from remote repository.

Please make sure you have the correct access rights
and the repository exists.



MSG:

Cloning into '/home/vagrant/mezzanine/mezzanine_example'...
Permission denied (publickey).
fatal: Could not read from remote repository.

Please make sure you have the correct access rights
and the repository exists.
```

dense

dense 外掛（Ansible 2.3 的新功能）總是只顯示兩行輸出。它會以覆寫的方式來取代捲動：

```
PLAY 1: CONFIGURE WEBSERVER WITH NGINX
task 6: testserver
```

json

使用 json 外掛會產生易於被機器所閱讀的 JSON 輸出格式。如果你想要使用程式腳本來處理 Ansible 的輸出，此種格式就非常有用。請留意這是 callback 函式，它只會在整個 playbook 都執行完畢之後才會產生輸出。

JSON 格式的輸出內容太過於詳細了，所以在這裡只顯示部份的內容：

```
{
 "plays": [
  "play": {
    "id": "a45e60df-95f9-5a33-6619-000000000002"
    "name": "Configure webserver with nginx",
  },
  "tasks": [
   {
    "task": {
     "name": "install nginx",
     "id": "a45e60df-95f9-5a33-6619-000000000004"
    }
    "hosts": {
     "testserver": {
      "changed": false,
      "invocation": {
       "module_args": { ... }
      }
     }
    }
   }
  ]
 ]
}
```

minimal

minimal 外掛對於 Ansible 從事件中傳回的結果做非常少量的處理。例如，當 default 外掛格式化一個 task 的輸出如下所示時：

```
TASK [create a logs directory] **********************************************
ok: [web]
```

而 minimal 會輸出像是下面這個樣子：

```
web | SUCCESS => {
    "changed": false,
    "gid": 1000,
    "group": "vagrant",
```

```
    "mode": "0775",
    "owner": "vagrant",
    "path": "/home/vagrant/logs",
    "size": 4096,
    "state": "directory",
    "uid": 1000
}
```

oneline

oneline 外掛很像是 minimal，但是它是以一行的方式來顯示輸出（在這裡顯示出來的樣
子是好幾行的原因是它的文字太長了，所以只好折下來，其實是很長的一行）：

```
web | SUCCESS => {"changed": false, "gid": 1000, "group": "vagrant", "mode":
"0775", "owner": "vagrant", "path": "/home/vagrant/logs", "size": 4096, "state":
"directory", "uid": 1000}
```

selective

selective 外掛只針對具有 print_action 這個標籤的 task 才會進行輸出。它總是被用來
顯示失敗的 task 之輸出。

skippy

skippy 外掛並不會顯示被忽略掉的主機的任何輸出。那些使用 default 外掛時顯示出
skipping:[hostname]，也就是當一個主機被某一個 task 跳過不處理時，使用 skippy 外掛
時就會抑制它的輸出。

其他的外掛

其他的外掛可以執行多樣化的操作，像是記錄執行時間或是寄送一個 Slack 通知等等。
表 10-2 列出了這些其他外掛。

不像是 stdout 外掛，你可以同時啟用多個其他外掛。要啟用其他的外掛，只要在 *ansible.
cfg* 中設定 callback_whitelist，設定時以逗號隔開每一個外掛名稱即可，如下：

```
[defaults]
callback_whitelist = mail, slack
```

許多這些外掛都有配置選項，這些選項是透過環境變數設置的。

表 10-2　其他外掛

名稱	說明
foreman	寄送通知到 Foreman
hipchat	寄送通知到 HipChat
jabber	寄送通知到 Jabber
junit	編寫一個 JUnit-formatted XML 檔案
log_plays	對每一台主機記錄 playbook 的結果
logentries	寄送通知到 Logentries
logstash	寄送通知到 Logstash
mail	當 task 失敗時寄送 email
osx_say	在 macOS 中説出通知內容
profi le_tasks	回報每一個 task 的執行時間
slack	寄送通知到 Slack
timer	回報全部的執行時間

foreman

foreman 外掛用來寄送通知到 Foreman。表 10-3 列出這個外掛所使用到的環境變數。

表 10-3　*foreman plugin 所使用的環境變數*

環境變數	說明	預設值
FOREMAN_URL	Foreman 伺服器的 URL	`http://localhost:3000`
FOREMAN_SSL_CERT	如果 HTTPS 被使用的話，則它用來授權的 X509 憑證位置	`/etc/foreman/client_cert.pem`
FOREMAN_SSL_KEY	相對應的私有 key	`/etc/foreman/client_key.pem1`
FOREMAN_SSL_VERIFY	是否要驗證 Foreman 的憑證。如果設定為 1 則需要驗證 SSL 的憑證，此憑證可以是使用 CA 安裝的，或是設定一個指向 CA bundle 的路徑。如果設定為 0 的話就會取消憑證的檢查。	

hipchat

hipchat 外掛可以寄送通知到 HipChat（*http://hipchat.com*）。表 10-4 列出此外掛用來設定組態的環境變數。

表 10-4　hipchat 外掛的環境變數

環境變數	說明	預設值
HIPCHAT_TOKEN	HipChat API token	(None)
HIPCHAT_ROOM	HipChat 要張貼的聊天室	ansible
HIPCHAT_NAME	HipChat 要張貼的名字	ansible
HIPCHAT_NOTIFY	為重要的訊息加上一個通知的旗號	true

要使用 hipchat 外掛，你需要安裝 Python 的 prettytable 程式庫才行：

```
pip install prettytable
```

jabber

jabber 外掛可以用來寄送通知到 Jabber（*http://jabber.org*）。請留意，對於 jabber 外掛來說，每一個組態選項都沒有預設值。這些選項如表 10-5 所示。

表 10-5　jabber 外掛的環境變數

環境變數	說明
JABBER_SERV	Jabber 伺服器的主機名稱
JABBER_USER J	Jabber 用來驗證的使用者名稱
JABBER_PASS	Jabber 用來驗證的密碼
JABBER_TO	寄送給哪一個 Jabber 使用者

要使用 jabber 外掛，你需要安裝 Python 的 xmpp 程式庫，如下：

```
pip install git+https://github.com/ArchipelProject/xmpppy
```

junit

junit 外掛會使用 Junit 格式，把 playbook 的執行結果寫到 XML 檔案中。可以用來設定組態的環境變數如表 10-6 所示。此外掛用來產生 XML 報告的使用慣例如表 10-7 所示。

表 10-6　*junit* 外掛所使用的環境變數

環境變數	說明	預設值
JUNIT_OUTPUT_DIR	檔案的目標目錄	~/.ansible.log
JUNIT_TASK_CLASS	輸出組態：是否每一個 YMAL 檔案記錄一個類別	false

表 10-7　*junit* 報告型式

Ansibletask 輸出	JUnit 報告慣例
ok	pass
在 task 名稱中因為預期的錯誤而失敗	pass
因為例外的失敗	error
因為其他理由的失敗	failure
跳過	skipped

要使用 junit 外掛，你必須安裝 Python 的 *junit_xml* 程式庫，如下：

```
pip install junit_xml
```

log_plays

log_plays 外掛會把結果記錄到在 */var/log/ansible/hosts* 的 log 檔中，每一個主機會有一個 log 檔案。而其路徑是無法變更的。

除了使用 log_plays 外掛，你也可以在 *ansible.cfg* 中的 log_path 組態選項代替。例如：

```
[defaults]
log_path = /var/log/ansible.log
```

此種嘗試會對所有的主機只產生一個 log 檔案，而不是像 log_plays 外掛一樣，每一個主機都會產生一個 log 檔案。

logentries

logentries 外掛會把結果寄送到 Logentries（*http://logentries.com*）。此外掛的環境變數如表 10-8 所列。

表 10-8　*logentries* 外掛的環境變數

環境變數	說明	預設值
LOGENTRIES_ANSIBLE_TOKEN	Logentries token	(None)
LOGENTRIES_API	Logentries endpoint 的主機名稱	`data.logentries.com`
LOGENTRIES_PORT	Logentries 的埠號	`80`
LOGENTRIES_TLS_PORT	Logentries TLS 埠號	`443`
LOGENTRIES_USE_TLS	Logentries 使用 TLS	`false`
LOGENTRIES_FLATTEN	平面化結果	`false`

要使用 logentries 外掛，你需要安裝 Python 的 *certifi* 以及 *flatdict* 程式庫
如下：

```
pip install certifi flatdict
```

logstash

`logstash` 外掛會把結果寫到 Logstash（https://www.elastic.co/products/logstash）。它可以
用來組態的環境變數如表 10-9 所示。

表 10-9　*logstash* 外掛所使用的環境變數

環境變數	說明	預設值
LOGSTASH_SERVER	Logstash 伺服器的主機名稱	`localhost`
LOGSTASH_PORT	Logstash 伺服器的連接埠	`5000`
LOGSTASH_TYPE	訊息的型態	`ansible`

要使用 logstash 外掛，你需要安裝 Python 的 *python-logstash* 程式庫，如
下：

```
pip install python-logstash
```

mail

`mail` 外掛可以在對某一台主機的 task 失敗時寄送電子郵件。表 10-10 列出這個外掛可以
使用的環境變數。

表 10-10 *Mail 外掛的環境變數*

環境變數	說明	預設值
SMTPHOST	SMTP 伺服器的主機名稱	`localhost`

osx_say

osx_say 外掛使用 macOS 的 say 程式說出通知的內容。此外掛並沒有可以組態的項目。

profile_tasks

profile_tasks 外掛會產生 playbook 在每一個 task 以及全部的執行時間：

```
Saturday 22 April 2017  20:05:51 -0700 (0:00:01.465)       0:01:02.732 ********
================================================================================
install nginx ----------------------------------------------------- 57.82s
Gathering Facts --------------------------------------------------- 1.90s
restart nginx ----------------------------------------------------- 1.47s
copy nginx config file -------------------------------------------- 0.69s
copy index.html --------------------------------------------------- 0.44s
enable configuration ---------------------------------------------- 0.35s
```

這個外掛也會在 task 正在執行時輸出執行時間，顯示的內容如下：

- 此 task 開始的日期和時間

- 前一個 task 的執行時間，用括號表示

- 此 play 的累計執行時間

以下就是一個輸出的例子：

```
TASK [install nginx] ************************************************************
Saturday 22 April 2017  20:09:31 -0700 (0:00:01.983)       0:00:02.030 ******
ok: [testserver]
```

表 10-11 *列出組態用的環境變數*

環境變數	說明	預設值
PROFILE_TASKS_SORT_ORDER	輸出的排序（ascending, none）	`none`
PROFILE_TASKS_TASK_OUTPUT_LIMIT	要顯示的 task 數量或是全部（all）	`20`

slack

slack 外掛可以用來寄送通知到 Slack（*http://slack.com*）。表 10-12 列出可以用來組態的環境變數。

表 10-12　*slack 外掛所使用的環境變數*

環境變數	說明	預設值
SLACK_WEBHOOK_URL	Slack webhook URL	(None)
SLACK_CHANNEL	要張貼的 Slack 頻道	#ansible
SLACK_USERNAME	要用來張貼的使用者名稱	ansible
SLACK_INVOCATION	顯示命令列呼叫的細節	false

 要使用此 slack 外掛，你需要安裝 Python 的 *prettytable* 程式庫。

timer

timer 外掛輸出 playbook 的總共執行時間：例如：

```
Playbook run took 0 days, 0 hours, 2 minutes, 16 seconds
```

你最好使用 profile_tasks 來取代，因為它也可以顯示每一個 task 的執行時間。

讓 Ansible 執行速度更快

一旦開始在週期性的工作中使用 Ansible，你就會想要讓 playbook 執行地更快一些。這一章會教你一些策略，讓 playbook 可以減少一些執行的時間。

SSH Multiplexing 和 ControlPersist

如果你已經跟著本書的進度到這一章的話，就會知道 Ansible 是使用 SSH 當做是在不同的主機間通訊的傳輸機制。特別是 Ansible 在預設的情況下是使用系統預設的 SSH 程式。

因為 SSH 協定是在 TCP 協定之上執行，當你對遠端的機器建立連線時，就會需要一個新的 TCP 連線。此時客戶端和伺服端之間會在實際進行工作之間先溝通這個連線，而這個溝通的作業要花上一些時間。

當 Ansible 執行 playbook 時，為了要執行像是複製檔案以及執行命令這類的工作，它會建立許多 SSH 連線。每次 Ansible 建立一個新的 SSH 連線到主機時，都要付出在通訊之間溝通的代價。

OpenSSH 是在 SSH 中最常見的實作，而且如果你的系統是 Linux 或是 macOS，幾乎是你的本地機器早就已經裝好的客戶端程式。OpenSSH 支援一個最佳化的功能叫做 SSH *multiplexing*，它也被叫做 *ControlPersist*。當你使用 SSH *multiplexing* 執行多個 SSH 階段到同一台主機時就會分享相同的 TCP 連線，因此 TCP 連線的溝通動作就只有在第一次連線時才會需要。

當你啟用 multiplexing 時：

- 第一次嘗試使用 SSH 連線到主機時，OpenSSH 會開啟一個 master 連線。

- 接著 OpenSSH 建立一個 Unix domain socket（也就是所謂的控制 *socket*），這是被連結到遠端主機的 socket。

- 下一次當嘗試要去 SSH 到主機時，OpenSSH 將會使用這個控制 socket 去和主機通訊，而不是建立一個新的 TCP 連線。

master 連線開啟的時間是可以由使用者組態來進行設定，時間到了之後 SSH 客戶端就會終止這個連線。Ansible 使用的預設值是 60 秒。

手動啟用 SSH Multiplexing

Ansible 會自動啟用 SSH multiplexing，但是為了讓讀者對這個功能有所感覺，現在我們來走一遍手動啟動 SSH multiplexing 以及使用它去 SSH 一台遠端的主機。

範例 11-1 展示了一個在 *~/.ssh/config* 檔案中的項目，它用在 *myserver.example.com*，是被用來組態 SSH multiplexing 用的。

範例 *11-1　用來啟用 ssh multiplexing 的 ssh/config*

```
Host myserver.example.com
  ControlMaster auto
  ControlPath /tmp/%r@%h:%p
  ControlPersist 10m
```

ControlMaster 那一行用來啟用 SSH multiplexing，它告訴 SSH，如果此連線還不存在，就去建立一個 master 連線以及 control socket（控制 socket）。

ControlPath　/tmp/%r@%h:%p 這一行告訴 SSH 要到哪裡去放置控制 Unix domain socket 的路徑。其中 %h 是目標的主機名稱，%r 則是登入的使用者帳號，而 %p 是連接埠。如果要以一個 Ubuntu 使用者來 SSH 到主機：

```
$ ssh ubuntu@myserver.example.com
```

則 SSH 將會在第一次連線到伺服器時，在 */emp/ubuntu@myserver.example.com:22* 建立控制 socket。

ControlPersist 10m 這一行告訴 SSH，如果沒有使用此 SSH 連線超過 10 分鐘的話，就關閉這個 master connection。

你可以使用 -O check 旗標檢查 master connection 是否還是處於開啟狀態：

```
$ ssh -O check ubuntu@myserver.example.com
```

如果主控制連線正在運行中，會傳回以下的輸出：

```
Master running (pid=4388)
```

使用 ps 4388 這個命令，可以看到類似像下面這樣的輸出：

```
  PID   TT  STAT      TIME COMMAND
 4388   ??  Ss     0:00.00 ssh: /tmp/ubuntu@myserver.example.com:22 [mux]
```

你也可以使用 -O exit 旗標去結束 master connection，如下：

```
$ ssh -O exit ubuntu@myserver.example.com
```

使用 man page 功能，可以看到在 *ssh_config* 中可以設定的相關細節。

我測試了建立一個 SSH 連線的速度如下：

```
$ time ssh ubuntu@myserver.example.com /bin/true
```

這個時間是它從初始化一個 SSH 連線到伺服器，然後執行 */bin/true* 這支程式，再傳回 0 並離開程式所花費的時間。

第一次執行的時候，關於時間的輸出如下：[1]

```
0.01s user 0.01s system 2% cpu 0.913 total
```

我們所關心的速度在這裡總共花了 **0.913** 秒。這表示它花了 0.913 秒去執行整個命令（全部的時間有時候又稱為 wall-clock 時間，因為它就像是我們使用牆上的時間來量測時間一樣）。

第二次執行時，輸出如下所示：

```
0.00s user 0.00s system 8% cpu 0.063 total
```

合計的時間降到了 0.063 秒，表示在第一次執行 SSH 之後，每一次都可以節省 0.85 秒。回想 Ansible 使用最少 2 個 SSH 階段去執行每一個 task：其中一個是複製模組檔案到主機，而另一個階段則是去執行這個模組檔案[2]。這表示 SSH multiplexing 應該會幫你在執行每一個 playbook 時，為每一個 task 節省了 1 到 2 秒。

1　輸出格式看起來可能會不太一樣，視你的作業系統使用的 shell 種類而定。我是在 macOS 中使用 Zsh。

2　其中一個步驟還可以用管線的方式來最佳化，細節會在本章的後面說明。

在 Ansible 中的 SSH Multiplexing 選項

Ansible 可以使用的 multiplexing 選項如表 11-1 所示。

表 11-1　Ansible 的 SSH multiplexing 選項

選項	值
ControlMaster	auto
ControlPath	$HOME/.ansible/cp/ansible-ssh-%h-%p-%r
ControlPersist	60s

我從來就不需要去改變 Ansible 預設的 ControlMaster 或 ControlPersist 值。然而，ControlPath 這個選項就確實有需要做變更，因為作業系統對於 Unix domain socket 路徑的長度是有限制的，不幸的是，Ansible 並不會告訴你 ControlPath 字串的內容是否過長了，它只是會單純地用沒有 SSH multiplexing 的方式去執行。

你可以在控制機器上使用相同的 ControlPath，手動地嘗試 SSH 來測試：

```
$ CP=~/.ansible/cp/ansible-ssh-%h-%p-%r
$ ssh -o ControlMaster=auto -o ControlPersist=60s \
-o ControlPath=$CP \
ubuntu@ec2-203-0-113-12.compute-1.amazonaws.com \
/bin/true
```

如果 ControlPath 太長了，將會看到如範例 11-2 中所示的錯誤。

範例 11-2　ControlPath 太長的結果

```
ControlPath
"/Users/lorin/.ansible/cp/ansible-ssh-ec2-203-0-113-12.compute-1.amazonaws.
com-22-ubuntu.KIwEKEsRzCKFABch"
too long for Unix domain socket
```

此種情況經常會發生在連線到 Amazon EC2 instance 的時候，因為 EC2 使用了較長的主機名稱。

解決方法是讓 Ansible 使用較短的 ControlPath。官方的文件（*http://bit.ly/2kKpsJI*）建議在你的 *ansible.cfg* 中設定這個選項：

```
[ssh_connection]
control_path = %(directory)s/%%h-%%r
```

Ansible 把 %(directory)s 設定為 $HOME/.ansible/cp，然後那個雙百分符號（%%）是轉譯符號，因為百分符號本身在 .ini 格式的檔案中是特殊字元。

如果你啟用了 SSH multiplexing，還改變了 SSH 連線的組態，例如變更了 ssh_args 這個選項，如果這個控制 socket 還是由前面一個連線所開啟的，則這個選項並不會馬上發生作用。

管線 Pipelining

回想 Ansible 是如何執行一個 task 的：

1. 它依據被呼叫的模組產生一個 Python 的腳本。

2. 接著複製這個 Python 腳本到主機上。

3. 最後執行該程式腳本。

Ansible 支援一個叫做管線 *pipelining* 的最佳化功能，它可以在 SSH 的階段中使用管線的方式執行程式腳本而不是複製它。這會節省時間，因為它告訴 Ansible 使用 1 個 SSH 階段而不是 2 個。

啟用 Pipelining

在預設的情況下 pipelining 是關閉的，因為它需要在你的遠端主機中進行一些組態設定，但是我喜歡把它啟用，因為它可以加快執行的速度。要啟用它，可以像範例 11-3 一樣去修改 *ansible.cfg*。

範例 11-3　在 ansible.cfg 中啟用 pipelining

```
[defaults]
pipelining = True
```

把主機組態設定為可用 Pipelining

為了讓管線可以運作，你需要確定在主機資料夾 */etc/sudoers* 中的 **requiretty** 並不是啟用狀態，否則在執行 playbook 時，將會遇到像是範例 11-4 所示的錯誤。

範例 11-4　當 requiretty 在啟用狀態時會遇到的錯誤

```
failed: [vagrant1] => {"failed": true, "parsed": false}
invalid output was: sudo: sorry, you must have a tty to run sudo
```

如果在主機上的 sudo 是被組態成去從 */etc/sudoers.d* 中讀取檔案，那麼最簡單的解決方式是去加上一個 config 檔案，把 **requiretty** 限制從你的 SSH 使用者中解除。

如果 */etc/sudoers.d* 目錄是存在的，你的主機應支援加入 *sudoers* 的 config 檔案在那個目錄中。使用 ansible 命令列工具可以檢查這個目錄是否存在：

```
$ ansible vagrant -a "file /etc/sudoers.d"
```

如果此目錄是存在的，則輸出看起來會像是如下所示的樣子：

```
vagrant1 | success | rc=0 >>
/etc/sudoers.d: directory

vagrant3 | success | rc=0 >>
/etc/sudoers.d: directory

vagrant2 | success | rc=0 >>
/etc/sudoers.d: directory
```

如果此目錄不存在，則輸出看起來會是像以下這個樣子：

```
vagrant3 | FAILED | rc=1 >>
/etc/sudoers.d: ERROR: cannot open `/etc/sudoers.d' (No such file or
directory)

vagrant2 | FAILED | rc=1 >>
/etc/sudoers.d: ERROR: cannot open `/etc/sudoers.d' (No such file or
directory)

vagrant1 | FAILED | rc=1 >>
/etc/sudoers.d: ERROR: cannot open `/etc/sudoers.d' (No such file or
directory)
```

如果此目錄存在，建立一個如範例 11-5 所示的樣板。

範例 *11-5   templates/disable-requiretty.j2*

```
Defaults:{{ ansible_user }} !requiretty
```

然後執行如範例 11-6 的 playbook，取代 myhosts 成為你的主機。當你做這件事時別忘了要讓管線不能使用，否則 playbook 將會回報錯誤並失敗。

範例 *11-6   disable-requiretty.yml*

```
- name: do not require tty for ssh-ing user
  hosts: myhosts
  sudo: True
  tasks:
    - name: Set a sudoers file to disable tty
      template: >
        src=templates/disable-requiretty.j2
        dest=/etc/sudoers.d/disable-requiretty
```

```
owner=root group=root mode=0440
validate="visudo -cf %s"
```

請留意在上例中使用了 `validate="visudo -cf %s"`。請參考第 384 頁的「Validating Files 驗證檔案」，會說明為什麼在修改 sudoers 檔案時，使用 validation 是個不錯的方法。

Fact 快取

如果你的 play 並沒有參用到任何的 Ansible fact，你可以把搜集 fact 的功能關閉。之前曾經提過，可以在 play 中的 `gather_facts` 子句取消 gathering 的功能；例如：

```
- name: an example play that doesn't need facts
  hosts: myhosts
  gather_facts: False
  tasks:
    # tasks go here:
```

你可以在 *ansible.cfg* 中加入以下的內容，讓取消 gathering 變成預設值：

```
[defaults]
gathering = explicit
```

如果你寫的 play 中有參用到 fact，則可以使用 fact 快取，如此 Ansible 就只會搜集一次 fact，就算重新執行 playbook 或是在相同的主機執行不同的 playbook 也一樣。

如果 fact 快取已經啟用了，Ansible 會在第一次連線到主機時把 facts 儲存在快取中。接下來執行 playbook 時，Ansible 就會去快取中找出 fact 而不會再從遠端的主機中去搜集他們，直到快取過期為止。

範例 11-7 顯示了你必須加到 *ansible.cfg* 中以啟用 fact 快取的那些內容。`fact_caching_timeout` 的值是以秒為單位，而這個例子使用的值是 24 小時（86,400 秒）的 timeout。

 就像是所有的快取解決方案一樣，只要是快取的資料會有變舊的風險。有些 fact，像是 CPU 架構（被儲存在 ansible_architecture fact），不太會經常改變，其他的，像是由機器所回報的 date 和 time（被儲存在 ansible_date_time）就一定是不斷地改變。

如果你決定去取用 fact 快取，要確定在你的 playbook 中使用的 fact 變動的週期為何，然後設定一個適當的 timeout。如果想要在執行 playbook 之前先清除快取，請傳遞 --flash-cache 旗號去 ansible-playbook。

範例 11-7　*ansible.cfg 啟用 fact 快取*

```
[defaults]
gathering = smart
# 24-hour timeout, adjust if needed
fact_caching_timeout = 86400

# You must specify a fact caching implementation
fact_caching = ...
```

如果在 *ansible.cfg* 中把 gathering 之設定值設為 smart，這是告訴 Ansible 使用聰明的方式搜集資訊。這表示 Ansible 將會在某一個 fact 不在快取中或是過期了之後時才會去取得 fact 的內容。

> 如果你想要使用 fact 快取，要確定你的 playbook 並沒有明確地指定 gather_facts: True 或是 gather_facts: False。當 smart gathering 啟用時，Ansible 只有在他們不存在於快取中時才會去進行搜集。

你必須要在 *ansible.cfg* 中明白地指定 fact_caching 的實作方式，否則 Ansible 將沒辦法在兩個 playbook 之前快取 fact。在我撰寫本書時，共有三種快取實作的方式：

- JSON 檔案
- Redis
- Memcached

把 JSON 檔案做為 Fact-Caching 後端

以 JSON 檔案快取做為後端，Ansible 將會把搜集到的 fact 寫到控制機器的檔案中。如果此檔案已存在於系統中，就會使用這些檔案來取代前往主機端去搜集 fact 的動作。

要啟用 JSON 檔案 fact-caching 後端，請加上如範例 11-8 中所示的內容到 *ansible.cfg* 中。

範例 11-8　*在 ansible.cfg 中指定 JSON fact 快取*

```
[defaults]
gathering = smart

# 24-hour timeout, adjust if needed
fact_caching_timeout = 86400
```

```
# JSON file implementation
fact_caching = jsonfile
fact_caching_connection = /tmp/ansible_fact_cache
```

使用 `fact_caching_connection` 組態選項去指定一個 Ansible 要把含有 fact 內容的 JSON 檔案寫在哪裡，如果這個目錄不存在的話，Ansible 就會建立它。

Ansible 使用檔案的修改時間決定 fact-caching 的 timeout 時間是否到了。

把 Redis 做為 Fact-Caching 後端

Redis 是非常受到歡迎的 key-value 資料儲存器，而且經常被使用在快取上。要啟用 Redis 做為 fact 快取的後端，你需要執行以下的幾項操作：

1. 在控制機器中安裝 Redis。

2. 確保 Redis 在控制機器中順利地運行。

3. 安裝 Python 的 Redis 套件。

4. 修改 *ansible.cfg* 以啟用使用 Redis 的 fact 快取。

範例 11-9 展示了如何在 *ansible.cfg* 中設定組態以使用 Redis 當做是 fact 快取的後端。

範例 11-9　在 ansible.cfg 中設定使用 Redis 做為 fact 快取

```
[defaults]
gathering = smart

# 24-hour timeout, adjust if needed
fact_caching_timeout = 86400

fact_caching = redis
```

Ansible 需要在控制機器上安裝 Python Redis 套件，你可以使用 pip 進行安裝：[3]

```
$ pip install redis
```

你還需要安裝 Redis，並確保 Redis 在控制機器上運行。如果你使用的是 macOS，可以使用 Homebrew 安裝 Redis。如果使用的是 Linux，則可以透過 Linux 原生的套件管理程式安裝 Redis。

3　你可能會需要使用 sudo，或是啟用一個虛擬環境 virtualenv，視你是如何把 Ansible 安裝到控制機器而定。

把 Memcached 做為 Fact-Caching 後端

Memcached 是另外一個以 key-value 為基礎的儲存器，也是經常被用來做為快取之用。要啟用 Memcached 做為 fact 快取的後端，需要執行以下的步驟：

1. 在控制機器中安裝 Memcached。

2. 確保 Memcached 服務在控制機器中順利運行。

3. 安裝 Python 的 Memcached 套件。

4. 修改 *ansible.cfg* 以啟用 Memcached 做為 fact 快取的後端

範例 11-10 展示如何組態 *ansible.cfg* 以使用 Memcached 做為快取後端。

範例 *11-10* 設定 *ansible.cfg*，使 *Memcached* 做為 *fact* 快取的後端

```
[defaults]
gathering = smart

# 24-hour timeout, adjust if needed
fact_caching_timeout = 86400

fact_caching = memcached
```

Ansible 需要在控制機器上安裝 Python Memcached 套件，這個套件可以使用 pip 安裝。你可能還需要 sudo 或是啟用一個虛擬環境 virtualenv，視當初你是如何把 Ansible 安裝到控制機器上而定。

```
$ pip install python-memcached
```

你也需要安裝 Memcached，並確保它在控制機器上可以正常運行。如果你使用的是 macOS，可以使用 Homebrew 安裝 Memcached，如果使用的是 Linux，則可以利用該作業系統原生的套件管理程式安裝即可。

更多關於 fact 快取的資訊，請參考官方的說明文件（*http://bit.ly/1F6BHap*）。

平行度

對於每一個 task，Ansible 會並行地連線到主機然後執行那些 task。但是 Ansible 並不必然會對所有的主機以平行的方式進行連線。取而代之的，平行化的程度可以由參數來控制，其預設值是 5。有兩種方式可以改變這個參數。

你可以設定 ANSIBLE_FORKS 環境變數，如範例 11-11 所示。

```
$ export ANSIBLE_FORKS=20
$ ansible-playbook playbook.yml
```

也可以修改 Ansible 的組態檔案（*ansible.cfg*），在 defaults 段落中設定 forks 選項的值來改變，如範例 11-12 所示。

範例 *11-12*　在 *ansible.cfg* 中設定 *forks* 的數目

```
[defaults]
forks = 20
```

使用非同步方式並行執行 task

Ansible 引入對於非同步作業的支援，使用 async 子句來解決 SSH timeout 的問題。如果一個 task 執行的時間超過了 SSH 的 timeout，Ansible 就會失去主機的連線然後回報錯誤。對於長時間運行的 task 標記為 async 子句，可以避免 SSH timeout 所造成的風險。

然而，非同步作業也可以被使用在不同的目的：在第 1 個 task 完成之前啟始第 2 個 task。如果你有兩個互不相關（也就是你不需要等待第 1 個 task 完成之後才能夠執行第 2 個 task）的長時間 task，此種機制就非常有用。

範例 11-3 展示了一串使用 async 子句以 clone 一個大型的 Git 儲存庫的 task。因為 task 被標示為 async，Ansible 將不會等待 Git 的 clone，就開始執行作業系統套件的安裝。

範例 *11-13*　使用 *async* 以重疊 *task* 的進行

```
- name: install git
  apt: name=git update_cache=yes
  become: yes
- name: clone Linus's git repo
  git:
    repo: git://git.kernel.org/pub/scm/linux/kernel/git/torvalds/linux.git
    dest: /home/vagrant/linux
  async: 3600  ❶
  poll: 0  ❷
  register: linux_clone  ❸
- name: install several packages
  apt:
    name: "{{ item }}"
  with_items:
    - apt-transport-https
    - ca-certificates
    - linux-image-extra-virtual
```

```
      - software-properties-common
      - python-pip
    become: yes
- name: wait for linux clone to complete
    async_status: ❹
      jid: "{{ linux_clone.ansible_job_id }}" ❺
    register: result
    until: result.finished ❻
    retries: 3600
```

❶ 指定這是一個 async task，而且應該不會超過 3,600 秒的執行時間，如果超過時間的
話，Ansible 將會終結和此 task 相關的程序。

❷ 指定一個 poll 參數為 0，告訴 Ansible 在它非同步地開展這個 task 之後要立即移到
下一個 task。反之，它會定期地去輪詢 async task 的狀態，以檢查它是否已完成，然
後在兩次的檢查之間睡眠一段在 poll 之後指定值的秒數。

❸ 當我們執行 async 時，必須使用 register 子句去捕捉 async 的結果。此結果物件包含
一個 ansible_job_id 的值，讓我們可以使用這個值去輪詢此 job 的狀態。

❹ 使用 async_status 模組去輪詢早先啟動的 async job 之狀態。

❺ 我們必須指定一個 jid 的值以識別 async job。

❻ async_status 模組只會輪詢一次。我們需要指定一個 until 子句，讓它可以一直輪詢
直到 job 完成，或是直到指定的嘗試次數達到為止。

到目前為止，你應該已經知道如何去組態 SSH multiplexing、pipelining、fact caching 及
async 以讓 playbook 執行地更快一些。下一章，我們將探討如何編寫你自己的 Ansible
模組。

## 第十二章

自訂模組

有時候你想要執行的 task 對於 command 或是 shell 模組來說太過複雜，而且沒有現成的模組可以做到想要的功能與需求。在這種情況，可能就需要自己動手來編寫自訂的模組。

在此之前我已經寫過自訂模組了，也就是在 NAT gateway 的後面，為了因應擷取公開的 IP 位址，然後在 OpenStack 部署時初始化資料庫的情況。我也曾經想過為自我簽發的 TLS 憑證編寫自訂模組，然而我還沒有實際解決這個問題。

另外一個自訂模組常見的例子是透過 REST API 和第三方服務進行互動。GitHub 提供一個叫做 Release 的服務，可以讓你附加二進位資源到儲存庫，這些就是透過 GitHub 的 API 操作的。如果你的部署需要去下載附加到私有儲存庫的資源檔案，它就是可以實作自訂模組中的一個很好的考慮對象。

範例：檢查我們是否可以接觸到遠端的伺服器

假設我們想要檢查是否可以使用一個特定的連接埠連結到一台遠端的主機。如果不行，要讓 Ansible 把它當做是錯誤，並且停止此 play 的執行。

 我們將在本章中發展的自訂模組基本上是一個簡單版的 wait_for 模組。

使用 Script 模組以代替自己編寫

回想在範例 6-17 中我們使用了 script 模組到遠端的主機中去執行自訂的程式腳本。有時候只要直接使用 script 模組就可以編寫出實用的 Ansible 模組了。

我喜歡把此類型的腳本放在 *script* 資料夾，並和 playbook 放在一起。例如，我們可以建立一個腳本檔案叫做 *playbooks/scripts/can_reach.sh*，它接受的參數為主機的名稱、連線的埠號，以及可以接受的等待時間：

```
can_reach.sh www.example.com 80 1
```

我們可以建立一個如範例 12-1 所示的程式腳本。

範例 12-1　can_reach.sh

```
#!/bin/bash
host=$1
port=$2
timeout=$3

nc -z -w $timeout $host $port
```

然後使用以下的方式呼叫：

```
- name: run my custom script
  script: scripts/can_reach.sh www.example.com 80 1
```

要留意此模組會在遠端的主機上執行，就像是 Ansible 模組所做的一樣。因此，任何在你的腳本中需要的程式都需要事先被安裝到遠端的主機中。例如，你可以使用 Ruby 語言編寫腳本，而在遠端主機中就必須已安裝了 Ruby，此腳本的第一行就是用來呼叫 Ruby 語言解譯器的設定，如下所示：

```
#!/usr/bin/ruby
```

把 can_reach 當作是模組

接下來要實作 can_reach 使其成為一個正確的 Ansible 模組，這個模組我們可以使用以下的方式來呼叫：

```
- name: check if host can reach the database server
  can_reach: host=db.example.com port=5432 timeout=1
```

它檢查主機是否可以建立一個 TCP 連線到 *db.example.com* 的 5432 連接埠，timeout 時間是 1 秒，超過的話就當做是失敗。我們將使用這個例子貫穿本章的內容。

要把自訂模組放在哪裡？

Ansible 將會去 *playbook* 中的 *library* 目錄中尋找。在此例，我們把 playbook 放在 *playbooks* 目錄中，所以也要把自訂的模組放在 *playbooks/library/can_reach*。

Ansible 如何呼叫模組？

在實作模組之前，先來看看 Ansible 是如何呼叫它們的。Ansible 將會執行如下的步驟：

1. 產生一個獨立的 Python 腳本以及參數（只有 Python 模組）

2. 複製此模組到主機中

3. 在主機上建立參數檔案（只針對非 Python 的模組）

4. 在主機上呼叫模組，把參數檔案當做是參數傳遞過去

5. 剖析模組的標準輸出

接下來讓我們詳細檢視上述的每一個步驟。

產生一個獨立的 Python 腳本以及參數（只有 Python 模組）

如果模組是以 Python 所編寫的，而且使用了 Ansible 所提供的 helper code（在之後會說明），則 Ansible 將會產生一個含有必要程式碼的 Python 腳本並植入 helper code，以及模組的參數。

複製此模組到主機中

Ansible 將會複製剛剛產生出來的 Python 腳本（對於以 Python 編寫的模組）或是本地的 *playbooks/library/can_reach* 檔案（對於非以 Python 編寫的模組）到遠端主機的暫存路徑。如果你是以 Ubuntu 的使用者存取遠端的主機，Ansible 將會複製這個檔案到如下所示的路徑：

/home/ubuntu/.ansible/tmp/ansible-tmp-1412459504.14-47728545618200/can_reach

在主機上建立參數檔案（只針對非 Python 的模組）

如果模組不是以 Python 寫成的，Ansible 將會在遠端的主機上建立一個檔案，它的名稱看起來會是像以下這個樣子：

/home/ubuntu/.ansible/tmp/ansible-tmp-1412459504.14-47728545618200/arguments

如果使用以下這樣的方式呼叫模組：

```
- name: check if host can reach the database server
  can_reach: host=db.example.com port=5432 timeout=1
```

則參數檔案會包含如下所示的內容：

```
host=db.example.com port=5432 timeout=1
```

我們可以告訴 Ansible 以 JSON 格式產生此模組要使用的參數，只要在 *playbooks/library/can_reach* 中加上以下這行就可以了：

```
# WANT_JSON
```

如果模組設定為使用 JSON 格式的輸入，則參數檔案看起來會像是以下這個樣子：

```
{"host": "www.example.com", "port": "80", "timeout": "1"}
```

呼叫此模組

Ansible 將會呼叫這個模組，然後把參數檔案當做是參數傳遞。如果是以 Python 編寫的模組，Ansible 會使用以下的方式執行（*/path/to/* 需要以你實際的路徑來取代）：

```
/path/to/can_reach
```

如果不是以 Python 編寫的模組，則 Ansible 首先會依照模組的第 1 行來決定其解譯器，並以如下所示的方式執行：

```
/path/to/interpreter /path/to/can_reach /path/to/arguments
```

假設 can_reach 模組是以 Bash 的腳本來編寫，則它的第 1 行如下：

```
#!/bin/bash
```

然後 Ansible 將會做大概是像以下這個樣子的執行操作：

```
/bin/bash /path/to/can_reach /path/to/arguments
```

但這不一定是全然為真。其實 Ansible 執行如下：

```
/bin/sh -c 'LANG=en_US.UTF-8 LC_CTYPE=en_US.UTF-8 /bin/bash /path/to/can_reach \
/path/to/arguments; rm -rf /path/to/ >/dev/null 2>&1'
```

你可以看到 Ansible 實際上傳遞了 -vvv 這個參數到 ansible-playbook 這個命令。

預期的輸出

Ansible 預期此模組會以 JSON 格式輸出。例如：

```
{'changed': false, 'failed': true, 'msg': 'could not reach the host'}
```

 在 1.8 版之前 Ansible 支援一個速記的輸出格式，也就是所謂的 *baby JSON*，它看起來就是 key=value 的樣子。Ansible 在 1.8 版時拋棄了這個格式。就如同你之後會看到的，如果你的模組是以 Python 編寫的，Ansible 提供的 helper 方法會使你很方便地就可以產生 JSON 輸出。

Ansible 預期的輸出變數

模組可以回傳你想要的變數，但是 Ansible 有一個特殊的方式處理某些回傳的變數。

changed

所有的 Ansible 模組應該會傳回一個 changed 變數。此變數是布林型態，它用來指示此模組執行之後是否讓主機的狀態改變了。當 Ansible 執行時，它會在輸出中顯示一個狀態改變是否發生。如果 task 有一個 notify 子句去通知 handler，則此通知只有在 changed 是 true 的時候才會被觸發。

failed

如果模組無法成功執行，此變數就應該會傳回 failed=true。Ansible 將會把這個 task 做為執行失敗處理，除非此 task 設定了 ignore_errors，或是它有 failed_when 子句。

如果模組執行成功的話，則不是傳回 failed=false，不然就是直接忽略這個變數。

msg

使用 msg 變數去增加一個描述性的訊息，以說明此模組失敗的原因。

如果一個 task 失敗了，而且傳回一個 msg 變數，則 Ansible 會輸出此變數，而且和處理其他的變數有一些不一樣。例如，假設模組傳回如下的內容：

```
{"failed": true, "msg": "could not reach www.example.com:81"}
```

則 Ansible 將會在執行這個 task 時輸出如下：

```
failed: [vagrant1] => {"failed": true}
msg: could not reach www.example.com:81
```

在 Python 中實作模組

如果你打算使用 Python 實作模組，Ansible 提供了 `AnsibleModule` Python 類別讓工作簡單一些，步驟如下：

- 剖析輸出

- 以 JSON 格式回傳輸出

- 呼叫外部的程式

事實上，當編寫 Python 模組時，Ansible 會直接注入參數到所產生的 Python 檔案中而不用你去剖析另外一個參數檔案。我們將會在本章後面討論運作的方式。

在此建立 Python 的模組以產生一個 *can_reach* 檔。在這裡先把全部列出來，然後拆開來說明（請參考範例 12-2）。

範例 *12-2 can_reach*

```
#!/usr/bin/python
from ansible.module_utils.basic import AnsibleModule ❶

def can_reach(module, host, port, timeout):
    nc_path = module.get_bin_path('nc', required=True) ❷
    args = [nc_path, "-z", "-w", str(timeout),
            host, str(port)]
    (rc, stdout, stderr) = module.run_command(args) ❸
    return rc == 0

def main():
    module = AnsibleModule( ❹
        argument_spec=dict( ❺
            host=dict(required=True), ❻
            port=dict(required=True, type='int'),
            timeout=dict(required=False, type='int', default=3) ❼
        ),
```

```
            supports_check_mode=True  ❽
    )

    # 在檢查模式下，我們不採取任何行動
    # 由於這個模組永遠不會改變系統狀態
    # 我們只需傳回 changed = False
    if module.check_mode:  ❾
        module.exit_json(changed=False)  ❿

    host = module.params['host']  ⓫
    port = module.params['port']
    timeout = module.params['timeout']

    if can_reach(module, host, port, timeout):
        module.exit_json(changed=False)
    else:
        msg = "Could not reach %s:%s" % (host, port)
        module.fail_json(msg=msg)  ⓬

if __name__ == "__main__":
    main()
```

❶ 匯入 AnsibleModule helper class

❷ 取得外部程式的路徑

❸ 呼叫外部程式

❹ 產生 AnsibleModule helper 類別的實例

❺ 指定允許的參數集合

❻ 一個必要的參數

❼ 具預設值的可選用參數

❽ 指定此模組可支援檢查模式

❾ 測試是否此模組是在檢查模式中執行

❿ 成功執行之後傳回一個回傳值

⓫ 取出參數

⓬ 執行失敗的話傳回一個錯誤訊息

剖析參數

檢視實際範例可能會比較容易理解 AnsibleModule 處理參數剖析的方式。我們的模組是以透過以下的方式呼叫的：

```
- name: check if host can reach the database server
  can_reach: host=db.example.com port=5432 timeout=1
```

假設主機和埠號參數是必須的，而 timeout 是可選用的參數，它的預設值是 3 秒。

藉由傳遞 argument_spec 參數而產生了一個 AnsibleModule 物件的實例，此參數是一個字典，其內容是由參數名稱做為 key 而其值包含所有參數資訊。

```
module = AnsibleModule(
    argument_spec=dict(
        ...
```

在我們的例子中，我們宣告了一個必要的參數 host。當被使用在 task 中時，如果此參數沒有傳遞過去的話，Ansible 會回報錯誤：

```
host=dict(required=True),
```

變數 timeout 是選用的。除非另外指定，不然 Ansible 會假設參數是字串型態。我們的 timeout 變數是整數，所以指定它的型態為 int，因此 Ansible 會自動地幫它轉換成 Python 的數字。如果沒有指定 timeout，則此模組會把它設定為 3：

```
timeout=dict(required=False, type='int', default=3)
```

AnsibleModule 建構子除了 argument_spec 之外還有其他的引數。在之前的例子中加上了這個參數：

```
supports_check_mode = True
```

它指示此模組要支援 check mode。我們將會在本章後面一些的地方說明此點。

存取參數

一旦宣告了 AnsibleModule 物件，即可從 params 字典中存取這些引數的值，如下：

```
module = AnsibleModule(...)

host = module.params["host"]
port = module.params["port"]
timeout = module.params["timeout"]
```

匯入 AnsibleModule Helper Class

從 Ansible 2.1.0 之後，Ansible 藉由傳送一個 ZIP 檔案，其中包含有隨著匯入的 helper 檔案之模組檔案以部署模組到主機。其中一個結果是現在可以明確地匯入類別，如下所示：

```
from ansible.module_utils.basic import AnsibleModule
```

在 Ansible 2.1.0 之前，要在 Ansible 模組中匯入的敘述其實是一個虛擬的匯入敘述。在這些早期的版本中，Ansible 只複製一個 Python 檔案到遠端的主機去執行它。Ansible 透過直接引入被匯入的程式碼到被產生出來的 Python 檔案中以模擬傳統的 Python 匯入檔案的行為（此種方式類似於在 C 或 C++ 語言中使用 #include 敘述）。因為這些並不是傳統 Python 的 import，如果你明確地匯入一個類別，則 Ansible 模組除錯腳本就沒辦法正常地工作。你必須使用萬用字元匯入，然後把 import 放在檔案的最後面，就剛好在主要函數的呼叫之前：

```
...
from ansible.module_utils.basic import *
if __name__ == "__main__":
    main()
```

引數選項

對於傳遞到 Ansible 模組的每一個引數，你可以指定許多的選項，如表 12-1 所列。

表 12-1　引數選項

選項	說明
required	如果設定為 true，則此引數是必要的
default	如果引數不是必要的，此為其預設值
choices	對於此引數所有可能值的列表
aliases	為這個引數設定一個可以使用的別名
type	引數的型態。可以使用的型態為：'str'、'list'、'dict'、'bool'、'int'、'float'

required

required 選項是唯一一個你一定要設定的選項。如果它是 true，Ansible 將會在使用者沒有設定引數時傳回一個錯誤。

在 can_reach 模組例子中，host 和 port 是必要的，而 timeout 則否。

default

對於那些 required=False 的引數，你應該指定一個 default 值給它們。在我們的例子中：

```
timeout=dict(required=False, type='int', default=3)
```

如果使用者使用以下的方式呼叫這個模組：

```
can_reach: host=www.example.com port=443
```

則 module.params["timeout"] 的內容將會是 3。

choices

choices 選項讓你限制此引數可以選擇傳遞的內容只能是在預先設定好的列表中的值。考慮以下例子中的 distro 引數：

```
distro=dict(required=True, choices=['ubuntu', 'centos', 'fedora'])
```

如果使用者想要傳遞的引數並不在列表中，如下例：

```
distro=suse
```

此動作就會引發 Ansible 丟出一個錯誤。

aliases

aliases 選項允許你使用一個參考到相同引數的不同名稱。

例如，考慮在 apt 模組中的 package 引數：

```
module = AnsibleModule(
    argument_spec=dict(
        ...
        package = dict(default=None, aliases=['pkg', 'name'], type='list'),
    )
)
```

因為 pkg 和 name 是 package 引數的別名，則以下的呼叫操作是相同的：

```
- apt: package=vim
- apt: name=vim
- apt: pkg=vim
```

type

type 選項讓你可以指定引數的型態。預設的情況，Ansible 假設所有的引數都是字串。

然而，你可以指定引數的型態，而 Ansible 將會把該引數轉換成你想要的型態。支援的型態如下所列：

- str
- list
- dict
- bool
- int
- float

在我們的例子中，把 port 引數指定為 int：

```
port=dict(required=True, type='int'),
```

當存取 params 字典中的內容時，如下：

```
port = module.params['port']
```

port 變數的值就會是整數。如果在宣告 port 變數時沒有指定型態是 int，則 module.params['port'] 的內容就會是字串而不是整數。

list 是以逗號分隔的。例如，如果你有一個模組名稱叫做 foo，它有一個 list 的參數叫做 colors：

```
colors=dict(required=True, type='list')
```

而你傳遞了一個 list 如下：

```
foo: colors=red,green,blue
```

對於字典來說，你可以使用 key=value 對，以逗號分隔的方式，或是你也可以使用 inline JSON 格式。

例如，如果你有一個模組叫做 bar，它有一個 dict 參數名為 tags：

```
tags=dict(required=False, type='dict', default={})
```

那麼你就可以用以下的方式來傳遞引數：

```
- bar: tags=env=staging,function=web
```

或是也可以使用以下的方式來傳遞引數：

```
- bar: tags={"env": "staging", "function": "web"}
```

官方的 Ansible 說明文件使用的詞是 *complex args*，用以表示以 list 或是字典傳遞到模組的引數。請參考在第 109 頁的「Task 中的複雜參數（Complex Argument）：先離題補充說明一下」，其中有說明如何在 playbook 中傳遞此種型態的引數。

AnsibleModule Initializer 的參數

AnsibleModule initializer 方法函式可以使用許多的引數，如表 12-2 所列。唯一必要的引數是 argument_spec。

表 *12-2：AnsibleModule initializer 的參數*

參數	預設值	說明
argument_spec	(None)	字典型式，其內容為關於引數的相關資訊
bypass_checks	False	如果是 true，就不要檢查任何參數的限制
no_log	False	如果是 true，就不要 log 此模組的行為
check_invalid_arguments	True	如果是 true，則當使用者傳遞一個未知的引數時就會傳回錯誤
mutually_exclusive	(None)	互斥的引數列表
required_together	(None)	一定要一起出現的引數列表
required_one_of	(None)	至少要出現一次的引數列表
add_file_common_args	False	支援 file 模組的引數
supports_check_mode	False	如果是 true，表示 module 支持 check mode

argument_spec

這是一個字典，它的內容是對於此模組所允許的引數所做的描述，和之前章節中所說明的一樣。

no_log

當 Ansible 在一個主機上執行模組時，此模組會 log 輸出到 syslog 中，如果是 Ubuntu 作業系統，其位置為 */var/log/syslog*。

logging 的輸出看起來像是下面這個樣子：

```
Sep 28 02:31:47 vagrant-ubuntu-trusty-64 ansible-ping: Invoked with data=None
Sep 28 02:32:18 vagrant-ubuntu-trusty-64 ansible-apt: Invoked with dpkg_options=
force-confdef,force-confold upgrade=None force=False name=nginx package=['nginx'
] purge=False state=installed update_cache=True default_release=None install_rec
ommends=True deb=None cache_valid_time=None Sep 28 02:33:01 vagrant-ubuntu-trust
```

```
y-64 ansible-file: Invoked with src=None
original_basename=None directory_mode=None force=False remote_src=None selevel=N
one seuser=None recurse=False serole=None content=None delimiter=None state=dire
ctory diff_peek=None mode=None regexp=None owner=None group=None path=/etc/nginx
/ssl backup=None validate=None setype=None
Sep 28 02:33:01 vagrant-ubuntu-trusty-64 ansible-copy: Invoked with src=/home/va
grant/.ansible/tmp/ansible-tmp-1411871581.19-43362494744716/source directory_mod
e=None force=True remote_src=None dest=/etc/nginx/ssl/nginx.key selevel=None seu
ser=None serole=None group=None content=NOT_LOGGING_PARAMETER setype=None origin
al_basename=nginx.key delimiter=None mode=0600 owner=root regexp=None validate=N
one backup=False
Sep 28 02:33:01 vagrant-ubuntu-trusty-64 ansible-copy: Invoked with src=/home/va
grant/.ansible/tmp/ansible-tmp-1411871581.31-95111161791436/source directory_mod
e=None force=True remote_src=None dest=/etc/nginx/ssl/nginx.crt selevel=None seu
ser=None serole=None group=None content=NOT_LOGGING_PARAMETER setype=None origin
al_basename=nginx.crt delimiter=None mode=None owner=None regexp=None validate=N
one backup=False
```

如果模組收到的參數是敏感的資訊，你可以會想要把 logging 的功能關閉。要讓模組不要寫入 syslog，只要傳遞 no_log=True 到 AnsibleModule initializer 就可以了。

check_invalid_arguments

預設的情況為，Ansible 將會驗證所有使用者傳遞到模組的引數是否為合法。你也可以使用 check_invalid_arguments=False 參數到 AnsibleModule initializer 來取消這個檢查的工作。

mutually_exclusive

mutually_exclusive 參數是一個 list，它列出了在這個模組被呼叫的期間不能被同時設定的引數。例如，lineinfile 模組允許你可以為檔案加上一行。你可以使用 insertbefore 引數去指定要加在哪一行的前面，或是使用 insertafter 用來指定要加在哪一行的後面，但是這兩個引數不能同時被設定。

因此，這個模組就需要把這兩個引數設定為互斥，如下：

```
mutually_exclusive=[['insertbefore', 'insertafter']]
```

required_one_of

require_one_of 參數預期一個引數的 list 中最少有一個要被傳遞到模組中。例中，pip 模組被用來安裝 Python 套件，可以拿取套件的名稱或是包含所有要安裝的套件名稱的 requirements 檔。此模組就需要指定如下所示的至少有一個其中引數的內容：

```
required_one_of=[['name', 'requirements']]
```

add_file_common_args

許多的模組會建立或變更檔案。使用者會經常想要設定這些結果檔案的一些屬性，像是 owner、group 或是檔案的 permission。

你可以呼叫 file 模組去設定這些參數，如下：

```
- name: download a file
  get_url: url=http://www.example.com/myfile.dat dest=/tmp/myfile.dat

- name: set the permissions
  file: path=/tmp/myfile.dat owner=ubuntu mode=0600
```

為了簡化這些設定，Ansible 允許你可以指定此模組可以接受和 file 模組相同的引數，如此你就可以藉由傳遞相關的引數為檔案的屬性到該模組所建立或變更的檔案中。例如：

```
- name: download a file
  get_url: url=http://www.example.com/myfile.dat dest=/tmp/myfile.dat \
  owner=ubuntu mode=0600
```

要指定一個模組支援以下的引數：

```
add_file_common_args=True
```

AnsibleModule 模組提供 helper 方法函式用來和這些引數一起工作。

load_file_common_arguments 方法函數拿取參數字典做為一個引數，然後傳回一個參數字典，裡面包含了所有和設定檔案屬性有關的引數。

而 set_fs_attributes_if_different 方法函數則是取得檔案參數字典，以及一個布林值指示一個主機狀態的改變是否還沒發生。此方法函式設定檔案屬性做為副作用，然後如果主機狀態有改變就傳回 true（不是初始化引數就是 true，不然就是因為副作用改變了檔案）。

如果你正在使用通用的檔案引數，不要明顯地指定引數。要在你的程式碼中存取這些屬性，使用 helper 方法函式去取出引數，然後設定屬性如下：

```
module = AnsibleModule(
    argument_spec=dict(
        dest=dict(required=True),
        ...
    ),
    add_file_common_args=True
)
```

```
# "changed" is True if module caused host to change state
changed = do_module_stuff(param)

file_args = module.load_file_common_arguments(module.params)

changed = module.set_fs_attributes_if_different(file_args, changed)
module.exit_json(changed=changed, ...)
```

 Ansible 假設你的模組有一個叫做 path 或是 dcst 的引數，它包含了檔案的路徑。

bypass_checks

在 Ansible 模組執行之前，它首先會檢查所有的引數限制是否滿足，如果不是的話就會回傳一個錯誤。這些檢查包含如下所示的項目：

- 沒有互斥的引數存在

- 必要引數是否存在的

- 使用 choices 的引數符合在列表中的值

- 指定型態的引數符合其型態的設定

- 被標記為 required_together 的引數都有在一起出現

- 在 required_one_of 中的引數至少有一個出現

你可以取消這些檢查，只要設定 bypass_checks=True 就可以了。

回傳 Success 或是 Failure

使用 exit_json 方法函式以傳回 success。你應該總是傳回 changed 這個引數，而且最好也是傳回一個有意義訊息的 msg：

```
module = AnsibleModule(...)
...
module.exit_json(changed=False, msg="meaningful message goes here")
```

使用 fail_json 方法函數以回報 failure。你應該總是傳回一個 msg 參數以告訴使用者失敗的原因：

```
module = AnsibleModule(...)
...
module.fail_json(msg="Out of disk space")
```

呼叫外部的命令

AnsibleModule 類別提供了一個 run_command 這個方便的方法函式以呼叫外部的程式，它被包裝在 Python 的 subprocess 模組中。它接受的引數列在表 12-3 中。

表 12-3 *run_command 的引數*

引數	型態	預設值	說明
args (default)	字串或是字串列表	無	要被執行的命令（請參考接下來的章節內容）
check_rc	布林值	False	如果是 True，則在命令傳回非零值時會呼叫 fail_json。
close_fds	布林值	True	傳遞 close_fds 引數到 subprocess.Popen
executable	字串（程式的路徑）	無	傳遞可執行的引數到 subprocess.Popen
data	字串	無	如果是子行程則傳送到 stdin
binary_data	布林值	False	如果是 false，而且資料是存在的，Ansible 會在傳送資料之後送一個換行符號到 stdin。
path_prefix	字串（路徑的列表）	無	以冒號分隔的路徑列表，並把它們加到 PATH 環境變數的前面
cwd	字串（目錄的路徑）	無	如果有指定的話，Ansible 會在執行之前先變更到這個路徑
use_unsafe_shell	布林值	False	請參考接下來的章節中的說明

如果 args 被當做是 list 傳遞，如範例 12-3 所示的樣子，則 Ansible 將會以 shell=False 的方式呼叫 subprocess.Popen。

範例 12-3 *把 args 當做是 list 傳遞*

```
module = AnsibleModule(...)
...
module.run_command(['/usr/local/bin/myprog', '-i', 'myarg'])
```

如果 args 是以字串的方式傳遞，如範例 12-4 所示，則此行為會和 use_unsafe_shell 的值有關。如果 use_unsafe_shell=False，Ansible 將會把 args 分割成一個 list，然後以 shell=False 的方式呼叫 subprocess.Popen。如果 use_unsafe_shell 是 True 的話，則 Ansible 將會把 args 當做是字串傳遞給 subprocess.Popen，並以 shell=True 的方式呼叫[1]。

範例 12-4 *把 args 當做是字串傳遞*

```
module = AnsibleModule(...)
...
module.run_command('/usr/local/bin/myprog -i myarg')
```

---

1 對於 Python 的標準程式庫 subprocess.Popen 的更多詳細的資訊，請參考它的線上說明文件（*http://bit. ly/1F72tiU*）。

Check Mode (Dry Run)

Ansible 支援一種叫做 *check mode* 的方式，如果傳遞了 -C 或是 --check 旗標到 ansible-playbook 時就會被啟用。此種方式很像是其他工具所使用的 *dry run* 模式。

當 Ansible 在 check mode 之下執行 playbook，對於主機它將不會進行任何的變更。取而代之的，它只是回報每一個 task 是否將會對主機進行變更，如果成功執行就不會有任何的變更，如果是失敗的話則會回報執行失敗。

 模組必須很明確地組態說它是否支援 check mode。如果你在編寫自己的模組，我建議你支援 check mode，讓你的模組成為一個良好 Ansible 的一份子。

要告訴 Ansible 你的模組支援 check mode，請在 AnsibleModule initializer 方法函式中設定 supports_check_mode 為 true，如範例 12-5 所示。

範例 12-5　告訴 Ansible 此模組支援 check mode

```
module = AnsibleModule(
    argument_spec=dict(...),
    supports_check_mode=True)
```

你的模組應該要檢查 AnsibleModule 物件中的 check_mode 屬性值的內容，以確定 check mode[2] 是否被啟用，如範例 12-6 所示。呼叫 exit_json 或是 fail_json 方法函式才是正常的。

範例 12-6　檢查 check mode 是否啟用

```
module = AnsibleModule(...)
...
if module.check_mode:
    # check if this module would make any changes
    would_change = would_executing_this_module_change_something()
    module.exit_json(changed=would_change)
```

身為模組的作者，在模組執行在 check mode 時是否要變更狀態還是由你來決定。

2　唷！這真是很多的 check。

替你的模組加上說明文件

你應該要為你的模組依循 Ansible 專案的標準加上說明文件，讓你的模組之 HTML 說明文件可以被使用 ansible-doc 程式正確地產生，並可以為你的模組顯示說明文件。Ansible 使用特殊的 YAML 為基礎的語法製作模組的說明。

在接近模組上面的地方，定義一個叫作 DOCUMENTATION 的字串變數以包含說明文件的內容，還有一個字串變數叫做 EXAMPLES，可以編寫使用範例。

範例 12-7 展現一個在 can_reach 模組中使用說明文件段落的範例。

範例 *12-7* 模組說明文件的範例

```
DOCUMENTATION = '''
---
module: can_reach
short_description: Checks server reachability
description:
 - Checks if a remote server can be reached
version_added: "1.8"
options:
  host:
    description:
      - A DNS hostname or IP address
    required: true
  port:
    description:
    - The TCP port number
    required: true
  timeout:
    description:
    - The amount of time trying to connect before giving up, in seconds
    required: false
    default: 3
  flavor:
    description:
    - This is a made-up option to show how to specify choices.
    required: false
    choices: ["chocolate", "vanilla", "strawberry"]
    aliases: ["flavor"]
    default: chocolate
requirements: [netcat]
author: Lorin Hochstein
notes:
```

```
      - This is just an example to demonstrate how to write a module.
      - You probably want to use the native M(wait_for) module instead.
  '''

  EXAMPLES = '''
  # Check that ssh is running, with the default timeout
  - can_reach: host=myhost.example.com port=22

  # Check if postgres is running, with a timeout
  - can_reach: host=db.example.com port-5432 timeout=1
  '''
```

Ansible 在說明文件中支援有限的標記。表 12-4 列出這些 Ansible 說明文件工具所支持的標記的語法，以及你在使用這些標記時的需求。

表 12-4　說明文件的標記

型態	語法範例	使用時機
URL	U(http://www.example.com)	URLs
Module	M(apt)	模組名稱
Italics	I(port)	參數名稱
Constant-width	C(/bin/bash)	檔案和選項名稱

現有的 Ansible 模組是說明文件製作最佳的範例來源。

為你的模組進行偵錯

放在 GitHub 的 Ansible 儲存庫有許多腳本可以讓你在本地端機器中直接呼叫的你的模組，而不需要透過 ansible 或是 ansible-playbook 命令去執行。

clone Ansible repo 的方法：

```
$ git clone https://github.com/ansible/ansible.git --recursive
```

接著設定你的環境變數，讓你可以呼叫此模組：

```
$ source ansible/hacking/env-setup
```

呼叫模組如下：

```
$ ansible/hacking/test-module -m /path/to/can_reach -a "host=example.com port=81"
```

你可能會遇到一個匯入的錯誤，如下：

```
ImportError: No module named yaml
ImportError: No module named jinja2.exceptions
```

如果是這樣的話，你需要安裝這些遺失的相依套件檔案：

```
pip install pyYAML jinja2
```

因為 example.com 並沒有監聽 81 埠號的服務，模組可能會出現以下的訊息之後失敗，如下所示：

```
* including generated source, if any, saving to:
/Users/lorin/.ansible_module_generated
* ansiballz module detected; extracted module source to:
/Users/lorin/debug_dir
********************************
RAW OUTPUT

{"msg": "Could not reach example.com:81", "failed": true, "invocation":
{"module_args": {"host": "example.com", "port": 81, "timeout": 3}}}


********************************
PARSED OUTPUT
{
    "failed": true,
    "invocation": {
        "module_args": {
            "host": "example.com",
            "port": 81,
            "timeout": 3
        }
    },
    "msg": "Could not reach example.com:81"
}
```

就如同上述輸出中所建議的，當你執行這個 test-module，Ansible 將會產生 Python 腳本，然後複製它到 ~./ansible_module_generated。這是一個獨立執行的 Python 腳本，你可以依照你想要的方式直接執行。

從 Ansible 2.1.0 開始，這個 Python 腳本包含了來自於你的模組之實際程式碼的 base64-encoded ZIP 檔案，以及可以解壓縮和執行它的原始碼。

此檔案並不需要任何的引數，而是，在 ANSIBALLZ_PARAMS 變數中，Ansible 直接插入引數到檔案中如下：

```
ANSIBALLZ_PARAMS = '{"ANSIBLE_MODULE_ARGS": {"host": "example.com", \
    "_ansible_selinux_special_fs": ["fuse", "nfs", "vboxsf", "ramfs"], \
    "port": "81"}}'
```

在 Bash 中實作模組

如果你打算編寫 Ansible 模組，我建議你使用 Python 來編寫，因為，就像是你在之前的章節中看到的，Ansible 提供 helper 類別協助你使用 Python 編寫模組。然而，你也可以使用其他的語言編寫模組。也許你需要使用其他的語言是因為你的模組是建立在第三方程式庫上，而該程式庫並不是以 Python 實作的。或是也許這個模組很簡單，所以直接在 Bash 上編寫就可以了。又或是你只是想要使用 Ruby 語言來編寫你的腳本。

在這一節中，我們將會探討如何使用 Bash 來實作一個模組。這個方法看起來其實很像是之前在範例 12-1 中所實作的內容。而主要的不同是在於剖析輸入的引數，以及產生 Ansible 所預期的輸出的部份。

我打算使用 JSON 格式做為輸入，而且使用一個叫做 jq（*http://stedolan.github.io/jq/*）的工具來在命令列中剖析 JSON。這表示你將會需要在呼叫此模組之前，在主機中安裝 jq。範例 12-8 展示我們的模組之完整的 Bash 實作內容。

範例 12-8　使用 Bash 編寫 can_reach 模組

```
#!/bin/bash
# WANT_JSON

# Read the variables from the file
host=`jq -r .host < $1`
port=`jq -r .port < $1`
timeout=`jq -r .timeout < $1`

# Default timeout=3
if [[ $timeout = null ]]; then
    timeout=3
fi

# Check if we can reach the host
nc -z -w $timeout $host $port

# Output based on success or failure
if [ $? -eq 0 ]; then
```

```
        echo '{"changed": false}'
    else
        echo "{\"failed\": true, \"msg\": \"could not reach $host:$port\"}"
    fi
```

在說明中加上了 WANT_JSON 以告訴 Ansible 我們打算使用 JSON 語法做為輸入。

在 Bash 模組中使用 shorthand input

使用 shorthand input 來實作 Bash 模組是有可能的。我並不建議使用這個方法，
因為最簡單的嘗試包括使用 source 內建的，它會有潛在的安全性風險。然而，
如果你真的決定要如此，請先參考一下由 Jan-Piet Mens 的「Shell scripts as
Ansible modules」（*http://bit.ly/1F789tb*）這篇文章。

為 Bash 設定一個替代的位置

請注意我們的模組假設 Bash 是放在 */bin/bash* 中。然而，並不是所有的系統都是把 Bash
的可執行檔放在這個地方。你可以告訴 Ansible 去尋找放在其他地方的 Bash 解譯器，只
要設定主機上的 ansible_bash_interperter 這個變數為其他安裝的位置就可以了。

例如，假設我們使用 FreeBSD，其主機名稱為 *fileserver.example.com*，它的 Bash 是安裝
在 */usr/local/bin/bash* 中。你可以建立一個主機變數放在 *host_vars/fileserver.example.com*
檔案中，其內容如下：

```
ansible_bash_interpreter: /usr/local/bin/bash
```

然後，當 Ansible 在 FreeBSH 主機上呼叫這個模組時，它將會使用 */usr/local/bin/bash/* 以
代替 */bin/bash*。

Ansible 決定要使用哪一個程式語言解譯器是去尋找井號驚嘆號「#!」，然後找出第一個
元素的檔案名稱。在這個例子中，Ansible 會去找出這一行：

```
#!/bin/bash
```

然後 Ansible 會取出 */bin/bash* 的檔案名稱，也就是 *bash*。如果使用者有指定的話，就會
使用 ansible_bash_interpreter。

因為 Ansible 尋找解譯器的方式，如果你的「#!」呼叫的是 */usr/bin/env*，例如：

    #!/usr/bin/env bash

Ansible 將會誤把 env 當做是解譯器，因為它會呼叫 */usr/bin/env* 的檔案名稱以找出解譯器。

解決的方式是：不要在「#!」中呼叫 env。取而代之的是明確地指定你要使用的解譯的位置，並且在需要時覆寫 ansible_bash_interpreter（或其他相同的變數）。

範例模組

要學習如何編寫 Ansible 模組最好的方法就是去閱讀和 Ansible 一起發行的模組原始碼，你可以在 GitHub（*https://github.com/ansible/ansible/tree/devel/lib/ansible/modules*）上找到它們。

在這一章中，我們學習到了如何使用 Python 編寫模組，也使用其他的程式語言。以及，如何在不使用 script 模組的情況下自己編寫出實用的模組。如果你真的編寫了自己的模組，我鼓勵你在主要的 Ansible 專案中提出讓它可以被包含進去。

## 第十三章

Vagrant

Vagrant 是用來測試 Ansible playbook 非常棒的環境，這也是為什麼我在本書中都一直在
使用它，而且我經常拿 Vagrant 用來測試自己的 Ansible playbooks。Vagrant 的用途並不
僅僅只是用來測試組態管理腳本，它一開始是被設計用來建立可複製的開發環境。如果
你曾經加入過一個新軟體開發團隊，而且花了許多天去找出什麼軟體你需要去安裝在筆
記型電腦，讓你可以執行內部產品的開發版本，在那幾天中所面對的痛苦就是 Vagrant
想要幫你減輕的。Ansible playbooks 是去指定如何組態一個 Vagrant 機器非常好的方
式，可以讓新加入到你的團隊的夥伴在第一天就即刻上手。

Vagrant 有一些內建支援 Ansible 的優點到目前為止我們還沒有使用到。本章主要涵蓋
Vagrant 支援 Ansible 用來組態 Vagrant 機器的內容。

> Vagrant 的完整操作已經超出了本書的範圍。更多關於 Vagrant 的資訊，
> 請參考由 Vagrant 開發者 Mitchell Hashimoto 所著的《*Vagrant: Up and
> Running*》。

便利的 Vagrant 組態選項

Vagrant 為虛擬機提供了許多組態的選項，但是其中的 2 個我發現當運用 Vagrant 來做測
試時特別有用：設定一個指定的 IP 位址，以及啟用 agent forwarding。

Port Forwarding 和私有 IP 位址

當你使用 vagrant init 命令建立一個新的 Vagrantfile 時，預設的網路組態允許你只能使
用 SSH 連接埠接觸到 Vagrant box，而此 SSH 埠是從 localhost 轉送過去的。對於你啟
動的第一台 Vagrant 機器而言，此連接埠為 2222，之後每一台啟用的機器都會轉送到另

外一個連接埠。結果是，使用預設組態的 Vagrant 機器要連接它唯一的方式是使用埠號 2222 SSH 到 localhost，而 Vagrant 會把它轉送到 Vagrant 機器的 22 連接埠。

此預設的組態在測試網頁為主的應用程式時並不是非常有用，因為網頁應用程式所監聽的連接埠我們無法存取。

關於此點有 2 個方法。其中一個是告訴 Vagrant 去設置另外一個轉送埠。例如，如果你的網頁應用程式在你的 Vagrant 機器所監聽的是 80 埠，你可以組態 Vagrant 在你的本地端機器轉送埠 8000 到 Vagrant 機器上的 80 埠。範例 13-1 展現了如何編輯 Vagrantfile 以設定連接埠的轉送。

範例 13-1　把本地端的 8000 埠轉送到 Vagrant 機器上的埠 80

```
# Vagrantfile
VAGRANTFILE_API_VERSION = "2"

Vagrant.configure(VAGRANTFILE_API_VERSION) do |config|
  # Other config options not shown

  config.vm.network :forwarded_port, host: 8000, guest: 80
end
```

連接埠轉送的方式可以運作，但是我發現更有用的方式是設定 Vagrant 機器它自己的 IP 位址。此種方式，要和它互動就會更像是和一台真實的伺服器互動一樣。我可以直接使用機器 IP 位址的 80 連接埠而不是在本地端使用 localhost 的 8000 連接埠。

一個更簡單的方式是去設定機器的私有 IP。範例 13-2 展示如何透過編輯 Vagrantfile 以設定機器的私有 IP 為 192.168.33.10。

範例 13-2　為 Vagrant 機器設定私有 IP

```
# Vagrantfile
VAGRANTFILE_API_VERSION = "2"

Vagrant.configure(VAGRANTFILE_API_VERSION) do |config|
  # Other config options not shown

  config.vm.network "private_network", ip: "192.168.33.10"

end
```

如果在 Vagrant 機器上的埠 80 執行網頁伺服器，則可以使用 *http://192.168.33.10* 存取它。

此種組態使用的是 Vagrant 的*私有網路*。此機器只可以被執行 Vagrant 的機器存取。你無法從另外一台實體的機器連線到這個 IP，就算是連在此 Vagrant 機器正在執行中的同一段網路上也不行。然而，不同的 Vagrant 機器是可以彼此連線的。

詳細的資料請檢視 Vagrant 說明文件有關於不同網路組態選項的部份。

啟用 Agent Forwarding

如果你正在使用 SSH check out 一個遠端的 Git 儲存庫，而你需要使用 agent fowarding，那麼你必須要組態你的 Vagrant 機器讓 Vagrant 可以在它使用 SSH 連接到 agent 時啟用 agent forwarding。範例 13-3 展示了啟用它的方式。更多關於 agent forwarding 的資訊，請參考附錄 A。

範例 *13-3* 啟用 *agent forwarding*

```
# Vagrantfile
VAGRANTFILE_API_VERSION = "2"

Vagrant.configure(VAGRANTFILE_API_VERSION) do |config|
  # Other config options not shown

  config.ssh.forward_agent = true

end
```

Ansible 的 Provisioner

Vagrant 有一個 *provisioner* 的概念。provisioner 是一個外部的工具讓 Vagrant 可以在虛擬機啟動之後對它進行組態的操作。除了 Ansible 之外，Vagrant 還可以供應 shell 腳本、Chef、Puppet、CFEngine、甚至是 Docker 等不同的管理工具。

範例 13-4 展示如何設定 Vagrantfile 讓 Vagrant 可以使用 Ansible 當做是 provisioner，特別是使用 *playbook.yml* 這個 playbook。

範例 *13-4* *Vagrantfile*

```
VAGRANTFILE_API_VERSION = "2"

Vagrant.configure(VAGRANTFILE_API_VERSION) do |config|
  config.vm.box = "ubuntu/trusty64"
```

```
    config.vm.provision "ansible" do |ansible|
      ansible.playbook = "playbook.yml"
    end
  end
```

Provisioner 執行的時機

當你第一次執行 vagrant up 時，Vagrant 將會執行 provisioner，而且會記錄這個 provisioner 已經執行過了。如果你停止虛擬機器之後再啟動它，Vagrant 記得它之前有執行過 provisioner，所以不會再重新執行第 2 遍。

你可以強制 Vagrant 再一次對一台運行中的虛擬機執行 provisioner 如下：

```
$ vagrant provision
```

你可以重新啟動虛擬機，然後在重新開機之後執行 provisioner：

```
$ vagrant reload --provision
```

相同的，你可以啟動一台已經被停止的虛擬機，然後讓 Vagrant 執行 provisioner：

```
$ vagrant up --provision
```

Vagrant 所產生的 Inventory

當 Vagrant 執行時，它會產生一個 Ansible inventory 檔案名叫 *.vagrant/provisioners/ansible/inventory/vagrant_ansible_inventory*。範例 13-5 是在我們的例子中這個檔案看起來的樣子。

範例 *13-5   vagrant_ansible_inventory*

```
# Generated by Vagrant

default ansible_host=127.0.0.1 ansible_port=2202
```

請留意它使用的是 default 當做是 inventory 主機名稱。當為 Vagrant provisioner 編寫 playbooks 時，請指定 hosts:default 或 hosts:all。

更有趣的地方是在這個例子中你的環境是多個機器的 Vagrant 環境，在 Vagrantfile 中指定了多個虛擬機。例如，請參考範例 13-6。

範例 *13-6　Vagrantfile*（多機器）

```
VAGRANTFILE_API_VERSION = "2"

Vagrant.configure(VAGRANTFILE_API_VERSION) do |config|
  config.vm.define "vagrant1" do |vagrant1|
    vagrant1.vm.box = "ubuntu/trusty64"
    vagrant1.vm.provision "ansible" do |ansible|
      ansible.playbook = "playbook.yml"
    end
  end
  config.vm.define "vagrant2" do |vagrant2|
    vagrant2.vm.box = "ubuntu/trusty64"
    vagrant2.vm.provision "ansible" do |ansible|
      ansible.playbook = "playbook.yml"
    end
  end
  config.vm.define "vagrant3" do |vagrant3|
    vagrant3.vm.box = "ubuntu/trusty64"
    vagrant3.vm.provision "ansible" do |ansible|
      ansible.playbook = "playbook.yml"
    end
  end
end
```

產生的 inventory 檔案看起來會像是範例 13-7。請留意 Ansible 的別名（vagrant1、vagrant2、vagrant3）需和在 Vagrantfile 中指定的名稱一致。

範例 *13-7　vagrant_ansible_inventory*（多機器）

```
# Generated by Vagrant

vagrant1 ansible_host=127.0.0.1 ansible_port=2222
vagrant2 ansible_host=127.0.0.1 ansible_port=2200
vagrant3 ansible_host=127.0.0.1 ansible_port=2201
```

平行進行的 Provision

在範例 13-6 中，Vagrant 展示了對每一個虛擬機執行一次 ansible-playbook，然後使用 --limit 旗標，讓 provisioner 只會在一台虛擬機中執行一次。

不過，使用此種方式就無沒利用到 Ansible 在不同主機間並行執行的優點。我們可以透過修改 Vagrant 的組態來解決這個問題。在 Vagrantfile 中設定讓 provisioner 只有在最後一個虛擬機被啟動時才執行，而且告訴 Vagrant 不要傳遞 --limit 旗標給 Ansible。請參考範例 13-8 所修改的 playbook。

範例 13-8　*Vagrantfile*（可以平行執行 *provisioner* 之多機器設定）

```ruby
VAGRANTFILE_API_VERSION = "2"

Vagrant.configure(VAGRANTFILE_API_VERSION) do |config|
  # Use the same key for each machine
  config.ssh.insert_key = false

  config.vm.define "vagrant1" do |vagrant1|
    vagrant1.vm.box = "ubuntu/trusty64"
  end
  config.vm.define "vagrant2" do |vagrant2|
    vagrant2.vm.box = "ubuntu/trusty64"
  end
  config.vm.define "vagrant3" do |vagrant3|
    vagrant3.vm.box = "ubuntu/trusty64"
    vagrant3.vm.provision "ansible" do |ansible|
      ansible.limit = 'all'
      ansible.playbook = "playbook.yml"
    end
  end
end
```

現在，當你首次執行 vagrant up 時，只有在所有三台虛擬機都被啟動之後才會執行 Ansible provisioner。

從 Vagrant 的觀點看，只有最後一台虛擬機 vagrant3 具有 provisioner，因此使用 vagrant provision vagrant1 或是 vagrant provision vagrant2 將不會有任何影響。

如同我們在第 50 頁的「第一步：多個 Vagrant 機器」所說明的，Vagrant 1.7 之後的預設值是對每一台主機使用不同的 SSH key。如果我們想要平行地 provisioner，需要去組態 Vagrant 機器，讓它們使用相同的 SSH key，這就是為什麼在範例 13-8 中要包含以下的這一行：

```ruby
config.ssh.insert_key = false
```

指定群組

把 Vagrant 的虛擬機設定為群組可能非常有用，特別是如果你在重用 playbook 時有參考到已存在群組的時候。範例 13-9 展示了如何把 vagrant1 指定到 web 群組，vagrant2 指定到 task 群組，以及把 vagrant3 指定到 redis 群組。

範例 *13-9*　*Vagrantfile*（使用群組的多機器環境）

```
VAGRANTFILE_API_VERSION = "2"

Vagrant.configure(VAGRANTFILE_API_VERSION) do |config|
  # Use the same key for each machine
  config.ssh.insert_key = false

  config.vm.define "vagrant1" do |vagrant1|
    vagrant1.vm.box = "ubuntu/trusty64"
  end
  config.vm.define "vagrant2" do |vagrant2|
    vagrant2.vm.box = "ubuntu/trusty64"
  end
  config.vm.define "vagrant3" do |vagrant3|
    vagrant3.vm.box = "ubuntu/trusty64"
    vagrant3.vm.provision "ansible" do |ansible|
      ansible.limit = 'all'
      ansible.playbook = "playbook.yml"
      ansible.groups = {
        "web"  => ["vagrant1"],
        "task" => ["vagrant2"],
        "redis" => ["vagrant3"]
      }
    end
  end
end
```

範例 13-10 展示了使用 Vagrant 所產生的 inventory 檔案

範例 *13-10*　*vagrant_ansible_inventory*（使用群組的多機器環境）

```
# Generated by Vagrant

vagrant1 ansible_host=127.0.0.1 ansible_port=2222
vagrant2 ansible_host=127.0.0.1 ansible_port=2200
vagrant3 ansible_host=127.0.0.1 ansible_port=2201

[web]
vagrant1

[task]
vagrant2

[redis]
vagrant3
```

Ansible Local Provisioner

從 1.8 版之後，Vagrant 也可以指定組態以從 guest 而不是 host 來執行 Ansible。此模式在當你不想要安裝 Ansible 在主機上時很有用。如果 Ansible 並沒有安裝在 guest，Vagrant 會嘗試去使用 pip 安裝，而這個行為是可以使用組態改變的。

Vagrant 會在 guest 的 vagrant 目錄尋找 playbook。這個 Vagrant 預設的行為是去把這個在主機上包含 Vagrantfile 的目錄掛載到 */vagrant*，因此 Vagrant 就可以有效率地在同一個地方尋找就好像你在使用原生的 Ansible provisioner 一樣。

要使用 Ansible local provisioner，請把 `ansible_local` 指定做為 provisioner，就如同範例 3-11 一樣。

範例 13-11 Vagrantfile（Ansible local provisioner）

```
Vagrant.configure("2") do |config|
  config.vm.box = "ubuntu/trusty64"
  config.vm.provision "ansible_local" do |ansible|
      ansible.playbook = "playbook.yml"
  end
end
```

本章是關於如何去取得 Vagrant 和 Ansible 最大的合作方式之快速瀏覽。Vagrant 的 Ansible provisioner 支持許多其他的 Ansible 選項在這一章中沒有提到。更詳細的資料，請參考 Vagrant 說明文件中關於 Ansible provisioner 的部份（*http://bit.ly/1F7ekxp*）。

## 第十四章

Amazon EC2

Ansible 有許多的特色可以讓我們在使用 Infrastructure-as-a-Service（IaaS）雲端服務時更容易些。此章主要的焦點在於 Amazon Elastic Compute Cloud（EC2），因為它是我所知道最受歡迎的 IaaS 雲端服務之一。然而，Ansible 所支持的許多的概念也可以轉移到其他的雲端服務中。

Ansible 使用下列兩種方式支援 EC2：

- 動態的 inventory 外掛，用來自動地把你的 Ansible inventory 變成可以在 EC2 中使用
- 在 EC2 上執行作業的模組，例如建立新的伺服器。

EC2 的動態 inventory 外掛以及 EC2 的模組在此章都會涵蓋到。

在我撰寫本書時，Ansible 有接近 100 個模組和 EC2 以及由 Amazon Web Service（AWS）所支援的特色有關。本書的空間僅能夠讓我們在此涵蓋其中的一部份，所以我們只能專注在基礎的部份。

什麼是 IaaS 雲？

你可能在一些技術文章中聽過非常多提到雲（cloud）的地方，甚至感受到雲已經變成太多人都在提的流行語了[1]。因此我將會精確地說明在此所謂的 Infrastructure-as-a-service（IaaS）雲。

---

[1] National Institute of Standards and Technology （NIST）對於雲端計算（Cloud Computing）有一個非常好的定義在 The NIST Definition of Cloud Computing。

首先，先來看一下典型的使用者（User）和 IaaS 雲之間的互動：

User

> 我想要 5 個新的伺服器，每一個都要有 2 個 CPU，4GB 的記憶體以及 100GB 的空間，並執行 Ubuntu 16.04。

Service

> 要求被接受，你的要求編號是：432789。

User

> 要求編號 432789 目前的狀態為何？

Service

> 你 的 伺 服 器 已 經 備 妥， 在 IP 位 址： *203.0.113.5*、*203.0.113.13*、 *203.0.113.49*、 *203.0.113.124*、 *203.0.113.209*。

User

> 我已經完成和要求 432789 所連結的伺服器之作業。

Service

> 要求被接受。這些伺服器即將被終結。

一個 IaaS 雲是一個服務，它讓使用者有能力可以產生（建立）新的伺服器。所有的 IaaS 雲都是自助式服務的，也就是說使用者可以直接透過軟體服務而不是透過 IT 部門人員開服務票的方式和該伺服器互動。大部份的 IaaS 雲提供 3 個型態的互動方式讓使用者可以操作系統：

- Web 介面
- 命令列介面
- REST API

在 EC2 的例子中，Web 介面被稱為 AWS Management Console（*https://console. aws.amazon.com*），而 命 令 列 的 介 面 被 稱 為 AWS Command-Line Interface （*http://aws.amazon.com/cli/*），REST API 則 在 Amazon 中 有 相 關 的 說 明 文 件 （*http://amzn.to/1F7g6yA*）。

IaaS 雲典型上是使用虛擬機去實作出伺服器，雖然你也可以在 IaaS 雲中使用實體機器（也就是使用者直接在實體機器上執行，而不是在虛擬機中）或是透過容器建立出 IaaS 雲。例如，SoftLayer 和 Rackspace 就有提供實體機服務，而 Amazon EC2 和 Google Compute Engine 以及 Azure 雲服務則提供的是容器。

大部份的 IaaS 雲讓你除了啟動和刪除伺服器之外還可以做更多的操作。特別是，通常他們都讓你可以新增儲存單位，使你可以把額外的磁碟掛載到你的伺服器或是從你的伺服器中卸載下來。此類型的儲存單位一般都被稱作 *block storage*。他們也提供網路特色，讓你可以定義網路的拓撲以說明你的伺服器們是以何種方式進行連接的，而且你也可以定義防火牆以限制來自網路存取伺服器的規則。

Amazon EC2 是受歡迎的 IaaS 雲端服務提供者，但是仍然有其他的雲端服務可以使用。除了 EC2，Ansible 預載也支持其他的雲端業者，包括 Microsoft Azure、Digital Ocean、Google Compute Engine、Soft☒Layer 及 Rackspace，還有自己使用 oVirt、OpenStack、CloudStack 及 VMWare vSphere 所建立的雲端服務。

名詞定義

EC2 展現了許多的概念。我將會在這些概念出現於章節中時再加以解釋，不過還是有 3 個概念要先在這邊做個說明。

Instance

在 EC2 的說明文件中使用了一個名詞「instance」用來表示虛擬機，而且我也會在本章中使用這個名詞，請留意在心中，EC2 的 instance 就是我們在 Ansible 中所說的主機（host）。

EC2 的說明文件中（*http://amzn.to/1Fw5S8l*）交替地使用建立（*creating*）*instance*、啟用（*launching*）*instance* 及執行（*executing*）*instance* 來表示一個把新的 *instance* 帶動起來的程序。然而，開始（*starting*）一個 *instance* 的意義有一些不一樣。開始一個 instance 是針對之前已經存在但是處於停止狀態（stopped state）的 instance。

Amazon Machine Image

一個 *Amazon Machine Image* (AMI) 就是虛擬機的映象檔，它包含了一個預裝作業系統的檔案系統。當你在 EC2 上建立一個 instance 時，你可以選擇一個包含了你想要在此 instance 上執行作業系統的 AMI。

每一個 AMI 都有結合一個它自己的識別字串，此字串被稱為是 *AMI ID*，它是以 **ami-** 開頭，接者是 8 個 16 進位的字元；例如 **ami-12345abc**。

Tags

EC2 讓你可以註記一些自訂的 metadata 資訊到 instance[2]，這些資訊被稱為 *tag*。tag 只是一個以 key-value 型式的字串。例如，我們可以註記如下所示的 tag 到 instance：

```
Name=Staging database
env=staging
type=database
```

如果你曾經在 AWS Management Console 中設定了 EC2 instance 的名稱，你已經在不知不覺中使用 tag 了。EC2 把 instance 的名稱使用 tag 來實作；其中的 key 就是 Name，而其 value 就是你使用在這個 instance 中的名稱字串。除此之外，對於 Name 這個 tag 並沒有特別的地方，而你也可以透過 Management Console 去顯示出除了 Name 這個 tag 以外的其他內容。

tag 不需要是唯一的，所以你可以有 100 個 instance 然後都使用相同的 tag。因為 Ansible 的 EC2 模組經常使用 tag 去識別資源以及實作 idempotence，在這一章中將會被提及許多次。

> 為所有的 EC2 資源加上有意義的 tag 是很好的練習，因為它們也是在說明文件中所使用的方式。

指定安全性認證

當你對 Amazon EC2 提出一個要求時，你需要指定安全性認證。如果你使用的是 Amazon web console，你已經在登入時使用了用戶名稱和密碼。然而，Ansible 和

---

2 除了 instance，你也可以把 tag 加到一些實體（entity）中，例如 AMI、volume 及安全群組（security group）

Amazon EC2 溝通的所有內容都是透過 EC2 API。API 並不會使用用戶名稱和密碼來進行安全性驗證。取而代之的是，它使用 2 個字串來進行驗證：*access key ID* 及 *secret acccess key*。

這些字串一般來說會如下所示：

- EC2 access key ID 範例：`AKIAIOSFODNN7EXAMPLE`

- EC2 secret access key 範例：`wJalrXUtnFEMI/K7MDENG/bPxRfiCYEXAMPLEKEY`

你可以從 *Identity and Access Management*（IAM）服務取得安全驗證資料。使用這個服務，你可以建立不同的 IAM 使用者和不同的權限。一旦你建立好了一個 IAM 的使用者，你就可以為這個 IAM 使用者產生 access key ID 以及 secret access key。

當你在呼叫 EC2 相關的模組時，你可以傳遞這些字串當做是模組的引數。對於動態的 inventory 外掛而言，你可以在 ec2.ini 檔中指定安全驗證資料（將會在下一節中討論）。然而，不論是 EC2 模組或是動態的 inventory 外掛都允許你使用環境變數的方式來指定安全性驗證資料。如果你的控制機器本身也是 Amazon EC2 instance，你也可以使用叫做 IAM role 來設定，此點會在附錄 B 中說明。

環境變數

雖然 Ansible 允許你很明確地傳遞安全驗證資料做為引數到模組中，它也支援把 EC2 的安全驗證資料設定在環境變數中。範例 14-1 展示了設定環境變數的方式。

範例 14-1　設定 EC2 環境變數

```
# Don't forget to replace these values with your actual credentials!
export AWS_ACCESS_KEY_ID=AKIAIOSFODNN7EXAMPLE
export AWS_SECRET_ACCESS_KEY=wJalrXUtnFEMI/K7MDENG/bPxRfiCYEXAMPLEKEY
```

 因為你可以使用環境變數設定預設的 AWS 區域，我建議你在呼叫模組時，總是要很明白地把 EC2 區域做為引數傳遞給模組。在本章中所有的例子裡都是把區域做為引數傳遞。

我建議使用環境變數設定 `AWS_ACCESS_KEY_ID` 和 `AWS_SECRET_ACCESS_KEY`，因為這允許你使用 EC2 相關的模組和 inventory 外掛而不需要把你的安全驗證資料放在任何 Ansible 相關的檔案中。我把這些資料放在以「句點」開頭的檔案中，它們是在執行階段開始時所執行的。我使用 Zsh，因此在我的例子中它是被放在 ~/.zshrc 中。如果你執行的是

Bash，你可能會想要放在 ~./profile 中。[3] 如果你使用的不是 Bash 或是 Zsh，你也應該會有足夠的知識知道如何透過句點開頭的檔案修改這些環境變數。

一旦在你的環境變數中設定了這些安全驗證資料，你可以在你的控制機器上呼叫 Ansible EC2 模組，在動態的 inventory 中也是一樣的方式。

系統組態檔

不使用環境變數的另一個方法是把你的 EC2 安全性驗證資料放在一個組態檔案中。就如同在下一節中會討論的，Ansible 使用 Python Boto 程式庫，所以它支援 Boto 的維護安全性驗證的慣例。我不會在這裡討論格式的部份，更多的資訊，請參考 Boto config 的說明文件（*http://bit.ly/1Fw66MM*）。

必要條件：Boto Python 程式庫

所有 Ansible EC2 功能都需要先以系統套件的方式安裝 Python Boto 程式庫到控制機器中。請執行以下的命令：[4]

```
$ pip install boto
```

如果你在 EC2 上已經有 instance 了，則可以透過 Python 命令列的方式，驗證 Boto 是否已正確安裝，以及 instance 之安全性驗證資料是否也已正確設定，如範例 14-2 所示。

範例 14-2　測試 Boto 和安全性驗證資料

```
$ python
Python 2.7.12 (default, Nov  6 2016, 20:41:56)
[GCC 4.2.1 Compatible Apple LLVM 8.0.0 (clang-800.0.42.1)] on darwin
Type "help", "copyright", "credits" or "license" for more information.
>>> import boto.ec2
>>> conn = boto.ec2.connect_to_region("us-east-1")
>>> statuses = conn.get_all_instance_status()
>>> statuses
[]
```

3　或也許它是 ~/.bashrc? 我一直沒有很清楚 Bash 多種不同的句點開頭檔案的差別是什麼。

4　你可能需要使用 sudo 或是使用 virtualenv 啟用一個虛擬環境來安裝此套件，這要看你之前是如何安裝 Ansible 而定。

動態的 Inventory

如果你的伺服器正在 EC2 上執行，你不會想要在 Ansible inventory 檔案中保持這些伺服器的另外一份副本，因為這個檔案會在你增加新的伺服器或移除伺服器時變舊。比較簡單的方式是使用 Ansible 所支援的，直接自 EC2 提取主機資訊的功能去追蹤你的 EC2 伺服器。雖然 Ansible 預載中就有對 EC2 的動態 inventory 腳本的支援，但是我建議你從 Ansible GitHub 儲存庫中下載最新的版本。[5] 你需要下載的檔案如下：

ec2.py

    實際的 inventory 腳本（*http://bit.ly/2lAsfV8*）

ec2.ini

    inventory 腳本的組態檔（*http://bit.ly/2l168KP*）

在前面，我們有一個 *playbooks/hosts* 檔案，它就是 inventory 檔。現在，我們打算使用 *playbooks/inventory* 這個目錄。我們將把 *ec2.py* 和 *ec2.ini* 放到這個目錄中，而且把 *ec2.py* 設定成可執行檔。範例 14-3 展示其中一個操作的方式。

範例 14-3　安裝 EC2 動態 inventory 腳本

```
$ cd playbooks/inventory
$ wget https://raw.githubusercontent.com/ansible/ansible/devel/contrib/inventory\
/ec2.py
$ wget https://raw.githubusercontent.com/ansible/ansible/devel/contrib/inventory\
/ec2.ini
$ chmod +x ec2.py
```

如果你使用 Pyton 3.*x* 做為預設 Python 的 Linux 作業系統發行版本（如 Arch Linux）執行 Ansible 時，*ec2.py* 可能需要修改之後才能夠正確執行，因為它是 Python 2.*x* 的腳本。請確定你的系統安裝的是 Python 2.*x*，然後把 *ec2.py* 的第一行從以下的樣子：

    ```
#!/usr/bin/env python
```

改為如下的樣子：

    ```
#!/usr/bin/env python2
```

5　而且，說實話，我也不知道套件管理程式把這個檔案安裝到哪裡去。

如果你已經依照前面章節的內容設定了環境變數，應該可以執行以下的命令來確定一下
這個腳本：

```
$ ./ec2.py --list
```

此腳本應該會輸出關於你的許多不同的 EC2 instance 之資訊。此結構看起來應該像是下
面這個樣子：

```
{
  "_meta": {
    "hostvars": {
      "ec2-203-0-113-75.compute-1.amazonaws.com": {
        "ec2_id": "i-1234567890abcdef0",
        "ec2_instance_type": "c3.large",
        ...
      }
    }
  },
  "ec2": [
    "ec2-203-0-113-75.compute-1.amazonaws.com",
    ...
  ],
  "us-east-1": [
    "ec2-203-0-113-75.compute-1.amazonaws.com",
    ...
  ],
  "us-east-1a": [
    "ec2-203-0-113-75.compute-1.amazonaws.com",
    ...
  ],
  "i-12345678": [
    "ec2-203-0-113-75.compute-1.amazonaws.com",
  ],
  "key_mysshkeyname": [
    "ec2-203-0-113-75.compute-1.amazonaws.com",
    ...
  ],
  "security_group_ssh": [
    "ec2-203-0-113-75.compute-1.amazonaws.com",
    ...
  ],
  "tag_Name_my_cool_server": [
    "ec2-203-0-113-75.compute-1.amazonaws.com",
    ...
  ],
  "type_c3_large": [
    "ec2-203-0-113-75.compute-1.amazonaws.com",
```

```
        ...
    ]
}
```

 如果你沒有在 AWS 帳戶中明白地啟用 RDS 和 ElastiCache，則 *ec2.py* 會失敗並顯示錯誤訊息。要啟用 RDS 以及 ElastiCache，你需要在 AWS console 中 登 入 你 的 Relational Database Service（RDS） 以 及 ElastiCache 服務，然後等待 Amazon 為你啟用這些服務。

如果你沒有使用這些服務，請編輯你的 *ec2.ini* 以防止 inventory 腳本嘗試去連線它們：

```
[ec2]
...
rds = False

elasticache = False
```

這幾行的內容原本就有，但是預設的情況是被註解掉的，因此只要把它們的註解符號移除即可。

Inventory Caching

當 Ansible 執行 EC2 動態 inventory 腳本時，此腳本必須對其中一個或多個 EC2 端點提出要求以擷取出這些資訊。因為這需要花費一些時間，所以此腳本會在第一次執行之後快取下這些資訊，快取的資訊會寫在以下的檔案中：

- *$HOME/.ansible/tmp/ansible-ec2.cache*

- *$HOME/.ansible/tmp/ansible-ec2.index*

接下來的呼叫，動態 inventory 腳本將會使用此快取的資訊直到快取逾時為止。

你可以透過編輯 *ec2.ini* 中的 *cache_max_age* 組態選項改變快取的行為。預設值是 300 秒（5 分鐘）。如果不想要使用快取，只要把它設定為 0 就好了：

```
[ec2]
...
cache_max_age = 0
```

你也可以強制 inventory 腳本去更新快取資料，只要使用 --refresh-cache 旗標即可：

```
$ ./ec2.py --refresh-cache
```

如果你建立或刪除了 instance，EC2 動態的 inventory 腳本並不會反應出這些改變除非快取逾期，或是你手動地更新快取。

其他的組態選項

ec2.ini 檔案包括組態選項可以控制動態 inventory 腳本的行為。因為檔案本身已有良好的說明註解，因為我不會在這裡詳細地說明這些選項。

自動產生的群組

EC2 動態 inventory 腳本將會建立如表 14-1 所示的群組。

表 *14-1　產生的 EC2 群組*

型態	範例	Ansible 群組名稱
Instance	i-1234567890abcdef0	i-1234567890abcdef0
AMI	ami-79df8219	ami_79df8219
Instance type	c1.medium	type_c1_medium
Security group	ssh	security_group_ssh
Key pair	foo	key_foo
Region	us-east-1	us-east-1
Tag	env=staging	tag_env_staging
Availability zone	us-east-1b	us-east-1b
VPC	vpc-14dd1b70	vpc_id_vpc-14dd1b70
All ec2 instances	N/A	ec2

群組名稱中可以使用的合法字元包括：字母及數字元、減號及底線。動態 inventory 腳本會把其他的字元轉換成底線。

例如，假設你有一個具有 tag 的 instance：

    Name=My cool server!

Ansible 將會產生一個群組名為 tag_Name_my_cool_server_。

使用 tag 定義動態群組

因為動態 inventory 腳本會根據 instance 的型態、安全性群組、key pair 及 tag 自動地建立群組，而 EC2 tag 則是建立 Ansible 群組最方便的方式，因為你可以自由地定義它們。例如，可以把所有網頁伺服器 tag 起來如下：

```
type=web
```

Ansible 會自動地建立一個叫做 tag_type_web 的群組，其中包含所有的名稱是 type 而且其值是 web 的 tag 之下所有的伺服器。

EC2 允許你套用多個 tag 到同一個 instance。例如，如果你有獨立的 staging 和 production 環境，則可以 tag 你的 production 網頁伺服器如下：

```
env=production
type=web
```

接著就可以用 tag_env_production 來參用 production 機器，假設你的網頁伺服器是 tag_type web，如果想要參用 production 網頁伺服器，可以使用 Ansible 的 intersection 語法如下：

```
hosts: tag_env_production:&tag_type_web
```

套用 tag 到已存在的資源

理想上會在一建立 EC2 instance 時就會加上 tag。然而，如果你是使用 Ansible 管理已存在的 EC2 instance，應該會有一些正在執行的 instance 需要加上 tag。Ansible 有一個 ec2_tag 模組讓你可以為那些 instance 加上 tag。

例如，如果想要 tag 一個 instance，其內容為 env=production 以及 type=web，可以在一個簡單的 playbook 中執行，如範例 14-4 所示。

範例 *14-4 為 instance 加上 EC2 的 tag*

```
- name: Add tags to existing instances
  hosts: localhost
  vars:
    web_production:
      - i-1234567890abcdef0
      - i-1234567890abcdef1
    web_staging:
      - i-abcdef01234567890
      - i-333333333333333333
```

```
    tasks:
      - name: Tag production webservers
        ec2_tag: resource={{ item }} region=us-west-1
        args:
          tags: { type: web, env: production }
        with_items: "{{ web_production }}"

      - name: Tag staging webservers
        ec2_tag: resource={{ item }} region=us-west-1
        args:
          tags: { type: web, env: staging }
        with_items: "{{ web_staging }}"
```

在這個例子中，指定 tag 時使用的是 YAML 字典的行內語法（{ type: web, env: production}），這是為了要讓 playbook 更加地精簡，但是使用正規的 YAML 語法會更好：

```
    tags:
      type: web
      env: production
```

更好的群組名稱

我個人不喜歡一個群組被命名為 tag_type_web。我比較喜歡直接呼叫它為 web。為了變成這樣，需要加上一個新的檔案到 *playbooks/inventory* 目錄中，它的內容為群組的相關資訊。這只是傳統的 inventory 檔案，我們把它叫做 *playbooks/inventory/hosts*（請參考範例 14-5）。

範例 *14-5 playbooks/inventory/hosts*

```
    [web:children]
    tag_type_web

    [tag_type_web]
```

一旦如此做，就可以在你的 Ansible 的 play 中把 web 當做是參考的群組名稱。

 如果你沒有在靜態 inventory 檔案中定義一個空的 tag_type_web 群組，而此群組在動態 inventory 腳本也不存在的話，Ansible 將會出現如下所示的錯誤：

```
        ERROR! Attempted to read "/Users/lorin/dev/ansiblebook
        /ch12/playbooks/inventory/hosts" as YAML:
        'AnsibleUnicode' object has no attribute 'keys'
        Attempted to read "/Users/lorin/dev/ansiblebook
```

```
/ch12/playbooks/inventory/hosts" as ini file:
/Users/lorin/dev/ansiblebook/ch12
/playbooks/inventory/hosts:4:
Section [web:children] includes undefined group:
tag_type_web
```

EC2 虛擬私有雲和 EC2 Classic

當 Amazon 首次在 2006 年開展了 EC2 時，所有的 instance 均連線到相同的 flatnetwork 上。[6] 每一個 EC2 instance 都有一個私有 IP 和公有 IP。

在 2009 年，Amazon 引入了新的特色叫做 *Virtual Private Cloud*（VPC）。VPC 允許使用者去控制它們的 instance 連網的方式，以及每一個 instance 是否可以被公共的網路連線或是處於被隔離的狀態。Amazon 使用「*EC2-VPC*」這個名詞用來表示在 VPC 中所啟用的 instance，而 *EC2-Classic* 則表示為那些沒有在 VPC 中啟用的 instance。

Amazon 非常鼓勵使用者使用 EC2-VPC。例如，有些 instance 型態，像是 *t2.micro* 只有在 EC2-VPC 上可以使用。依照 AWS 帳戶建立的時間以及你前一次啟動 instance 的 EC2 地區而定，你有可能根本無法連線到 EC2-Classic。表 14-2 說明哪些帳戶是可以連線到 EC2-Classic。[7]

表 14-2 我可以連線到 EC2 Classic 嗎？

我的帳戶建立的時間	是否可以存取 EC2-Classic
在 2013 年 3 月 18 日之前	可以，但是只有在你之前使用過的區域
在 2013 年 3 月 18 日到 2013 年 12 月 4 日之間	也許可以，但是只有在你之前使用過的區域
在 2013 年 12 月 4 日之後	不行

是否支援 EC2-Classic 以及對於是否只能存取 EC2-VPC 的主要差異在於，當你要建立一個新的 EC2 instance 而且不要明白地結合一個 VPC ID 到 instance 時。如果你的帳號具有建立 EC2-Classic 的能力，則新的 instance 並不會被連結到 VPC。如果你的帳戶不具有建立 EC2-Classic 的能力，新的 instance 就會被連結到預設的 VPC。

有一個理由讓你必須要關心它們之間的不同：在 EC2-Classic 中，所有的 instance 被允許建立一個外流的網路連線到網際網路上任一台主機。在 EC2-VPC 中，instance 的對外

6　Amazon 的內部網路被分成一些子網路，但是使用者並沒有任何能力可以控制 instance 會被分在哪一個子網路

7　前往 Amazon 對於 VPC 詳細的說明（*http://amzn.to/1Fw6v1D*），其中就會有哪些區域可以存取 EC2-Classic 的資訊（*http://amzn.to/1Fw6w5M*）。

網路連線在預設的情況中是不被允許的。如果你的 VPC instance 需要對外的網路連線，則必須連結到一個可以對外連線的安全群組中。

基於本章的目標，我們將只使用 EC2-VPC，因此我將會連結 instance 到一個已啟用對外連線的安全群組。

在 ansible.cfg 中改變組態使其可以使用 ec2

當我在使用 Ansible 去組態 EC2 的 instance 時，會在 *ansible.cfg* 中加上以下這幾行：

```
[defaults]
remote_user = ubuntu
host_key_checking = False
```

我總是使用 Ubuntu 映象，在該映象中假設使用 SSH 做為 ubuntu 使用者。我也會關閉 host-key checking 的功能，因為事先無法知道新的 instance 是使用哪些 host key。[8]

啟用新的 instance

ec2 模組允許你在 EC2 上啟用新的 instance。它是最複雜的 Ansible 模組之一，因為它支援非常多的引數。

範例 14-6 是一個用來啟用 Ubuntu 16.04 EC2 instance 的簡單 playbook。

範例 14-6　一個用來建立 EC2 instance 的簡單 playbook

```
- name: Create an ubuntu instance on Amazon EC2
  hosts: localhost
  tasks:
  - name: start the instance
    ec2:
      image: ami-79df8219
      region: us-west-1
      instance_type: m3.medium
      key_name: mykey
      group: [web, ssh, outbound]
      instance_tags: { Name: ansiblebook, type: web, env: production }
```

現在讓我們來說明一下這些參數所代表的意義。

---

[8] 可以透過查詢 EC2 的 instance console 輸出以擷取出 host key，但是我必須承認我做這件事一點都不覺得困擾，因為我還沒有去編寫一個正確的腳本以從 console 輸出剖析 host key。

參數 image 參考到的是 AMI ID，這個參數一定要設定。就像是在本章前面所說明的，image 基本上是一個包含預先安裝作業系統的檔案系統。此範例所使用的，ami-79df8219，參考到的 image 是預先安裝了 64 位元的 Ubuntu 16.04。

參數 region 指定了此 instance 被啟動時的地理區域。[9]

參數 instance_type 說明了你的 EC2 instance 所擁有的 CPU 核心數目以及全部可以使用的記憶體和磁碟空間。EC2 並不會讓你任意組合 CPU 核心、記憶體及磁碟空間的數目。取而代之的，Amazon 定義了一組 instance 的型態。[10] 範例 14-6 使用 *m3.medium* instance 種類。這是一個 64 位元的 instance，具有 1 個核心、3.75GB 的 RAM 及 4GB 的 SSD 磁碟空間。

 不是所有的 image 都相容於所有的 instance 種類。我沒有實際測試是否 ami-8caa1ce4 可以和 *m3.medium* 一起運作。請讀者自行留意！

參數 key_name 參考了一個 SSH key pair。Amazon 使用 SSH key pair 去提供使用者可以存取它們的伺服器。在開始第一個伺服器之前，你需要建立一個新的 SSH key pair，或是上傳之前已經建立過的 key pair 的 public key。不論是建立一個新的 key pair 或是上傳一個現有的，你必須給 SSH key pair 一個名字。

參數 group 參考到一個和 instance 連結的安全性群組之列表。這些群組決定被允許的流入和流出網路連結的種類。

參數 instance_tags 使用 EC2 tag 的方式結合 metadata 和 instance，它是一個 key-value 配對的型式。在之前的例子中設定了以下的 tag：

```
Name=ansiblebook
type=web
env=production
```

 在命令列呼叫 ec2 模組是終止一個 instance 很簡單的方式，假設你知道 instance 的 ID，則可以執行如下所示的命令：

```
$ ansible localhost -m ec2 -a \
  'instance_id=i-01176c6682556a360 \
  state=absent'
```

9　請參考 Amazon 的網站（*http://amzn.to/1Fw6OcE*）以找出支援地理區域的列表。

10　也有一個簡便的（非官方的）網站提供一個表格，該表格上面有所有 EC2 instance 型態的列表。

EC2 Key Pairs

在範例 14-6 中，假設 Amazon 已經知道關於一個叫做 mykey 的 SSH key pair。讓我們來看看如何使用 Ansible 去建立一個新的 key pair。

建立一個新的 Key

當你建立一個新的 key pair，Amazon 產生一個 private key 以及相對應的 public key；然後它會寄送 private key 給你。Amazon 會保留一份 private key，因此你需要確保在產生它之後，也要把它保存起來。

範例 14-7 展示如何使用 Ansible 建立一個新的 key。

範例 14-7　建立一個新的 SSH key pair

```
- name: create a new keypair
  hosts: localhost
  tasks:
  - name: create mykey
    ec2_key: name=mykey region=us-west-1
    register: keypair

  - name: write the key to a file
    copy:
      dest: files/mykey.pem
      content: "{{ keypair.key.private_key }}"
      mode: 0600
    when: keypair.changed
```

在範例 14-7 中，我們呼叫 ec2_key 建立一個新的 key pair。然後，使用 copy 模組以及 content 參數把 SSH 的 private key 保存到檔案中。

如果此模組建立的是一個新的 key pair，則會註冊一個變數叫做 keypair，它所包含的值看起來像是以下這個樣子：

```
"keypair": {
  "changed": true,
  "key": {
    "fingerprint": "c5:33:74:84:63:2b:01:29:6f:14:a6:1c:7b:27:65:69:61:f0:e8:b9",
    "name": "mykey",
    "private_key": "-----BEGIN RSA PRIVATE KEY-----\nMIIEowIBAAKCAQEAjAJpvhY3QGKh
...
0PkCRPl8ZHKtShKESIsG3WC\n-----END RSA PRIVATE KEY-----"
  }
}
```

如果 key pair 已經存在了，則變數 keypair 會被註冊，而其所含的值看起來如下：

```
"keypair": {
  "changed": false,
  "key": {
    "fingerprint": "c5:33:74:84:63:2b:01:29:6f:14:a6:1c:7b:27:65:69:61:f0:e8:b9",
    "name": "mykey"
  }
}
```

因為如果 key 已經存在的話，private_key 值將不會出現，所以需要加上一個 when 子句去執行 copy 模組的呼叫，以確保只有在有 private-key 檔案可以寫入時才會寫入到 private key 檔案中。

當 ec2_key 被呼叫時（也就是一個 new key 被建立時），如果狀態有所改變，要加入了以下這行：

```
when: keypair.changed
```

以把檔案寫到磁碟上。另外一個方法是可以透過檢查 private_key 的值是否存在來做到，如下所示：

```
- name: write the key to a file
  copy:
    dest: files/mykey.pem
    content: "{{ keypair.key.private_key }}"
    mode: 0600
  when: keypair.key.private_key is defined
```

在此使用 Jinja2 定義（defined）test[11] 去檢查 private_key 是否存在。

上傳一個已存在的 Key

如果你已經有一個 SSH public key，可以把它上傳到 Amazon，並連結成一個 key pair：

```
- name: create a keypair based on my ssh key
  hosts: localhost
  tasks:
  - name: upload public key
    ec2_key: name=mykey key_material="{{ item }}"
    with_file: ~/.ssh/id_rsa.pub
```

11　更多關於 Jinja2 test 的資訊，請參考 Jinja2 說明文件中的 built-in tests 的部份（*http://bit.ly/1Fw77nO*）。

Security Groups

在範例 14-6 中假設已經有 web、ssh 及 outbound 等安全群組的存在。我們可以使用 ec2_group 模組以確保這些安全群組已經在我們使用它們之前就建立好了。

安全模組很像是防火牆的規則：你指定了關於誰被允許連線到機器，以及如何連線到機器的規則。

在範例 14-8 中指定了 web 群組是允許網際網路上所有的人可以連線到埠 80 和 443。對於 ssh 群組，允許任何在網際網路上的人可以連線到埠 22。對於 outbound 群組，允許 outbound 連線到網際網路的任何一個地方，因為我們需要 outbound 連線以便可以從網際網路上下載套件。

範例 14-8　Security groups

```
- name: web security group
  ec2_group:
    name: web
    description: allow http and https access
    region: "{{ region }}"
    rules:
      - proto: tcp
        from_port: 80
        to_port: 80
        cidr_ip: 0.0.0.0/0
      - proto: tcp
        from_port: 443
        to_port: 443
        cidr_ip: 0.0.0.0/0

- name: ssh security group
  ec2_group:
    name: ssh
    description: allow ssh access
    region: "{{ region }}"
    rules:
      - proto: tcp
        from_port: 22
        to_port: 22
        cidr_ip: 0.0.0.0/0

- name: outbound group
  ec2_group:
    name: outbound
    description: allow outbound connections to the internet
    region: "{{ region }}"
```

```
rules_egress:
  - proto: all
    cidr_ip: 0.0.0.0/0
```

 如果你使用的是 EC2-Classic，就不需要去指定 outbound 群組，因為 EC2-Classic 並不會限制 instance 對外部的連線。

如果你之前沒有使用過安全群組，這些使用在規則字典中的參數就需要做一些解釋。表 14-3 提供一個關於安全群組連線規則可以使用的參數之快速摘要。

表 14-3：安全群組規則參數

參數	說明
proto	IP 協定 (tcp, udp, icmp) 或使用 all 表示允許所有的協定和連接埠
cidr_ip	允許連線的 IP 位址的子網段，使用 CIDR 記號格式
from_port	允許的連接埠範圍的第一個埠
to_port	允許的連接埠範圍的最後一個埠

允許的 IP 位址

安全群組允許你去限制哪一些 IP 位址是被允許連線到 instance 的。可以透過 classless interdomain routing（CIDR）記號設定一個被允許的子網段。其中使用 CIDR 指定子網段的的例子是 *203.0.113.0/24*[12]，這表示被允許的 IP 位址的前面 24 位位元必須和 *203.0.113.0* 的前 24 個位元相符才行。人們有時候只會說「/24」以代表以結尾的 CIDR 它的範圍大小。

是一個還不錯的值，因為它代表前面 3 個 8 位元數的位址，也就是 *203.0.113*[13]。這表示只要前面 3 個數字是 *203.0.113* 就是位於子網段之內，也代表其範圍為 *203.0.113.0* 到 *203.0.113.255*。

如果指定了 *0.0.0.0/0*，則表示所有的 IP 位址都是被允許的。

---

12 這個例子會發生在一個名為 TEST-NET-3 的特殊 IP 位址範圍，它被保留用來做為範例之用。它是 example.com 的 IP 子網段。

13 子網段常見的有 /8、/16 及 /24，都是非常好的使用例，因為在數學上它們比像是 /17 或 /23 容易理解多了。

安全群組的連接埠

關於 EC2 安全群組我發現有一件容易混淆的地方就是來自於 from port 以及 to port 的記號。EC2 允許你指定一個可以連線之連接埠範圍。例如，你可以指示你允許 TCP 連線從埠 5900 到 5999，指定的方式如下：

```
- proto: tcp
  from_port: 5900
  to_port: 5999
  cidr_ip: 0.0.0.0/0
```

然而，我經常發現 from/to 記號是容易混淆的，因為我幾乎不會指定一個範圍的連接埠。[14] 取而代之的，我通常想要啟用不連續的連接埠，像是 80 和 443。因此，幾乎在每一個例子中，from_port 和 to_port 參數就會是相同的。

ec2_group 模組還有其他的參數，包括使用安全群組 ID 指定 inbound 規則，以及指定 outbound 連線規則。請參考該模組的說明文件以查詢到更詳細的資訊。

取得最新的 AMI

在範例 14-6 中，以如下的方式明確地指定 AMI：

```
image: ami-79df8219
```

然而，如果想要啟用最新版本的 Ubuntu 16.04 image，我並不會想要像這樣把 AMI 寫死在檔案中。因為 Canonical[15] 經常會對 Ubuntu 推出小幅度的更新，而且每次在小更新之後，它會產生一個新的 AMI。也就是 ami-79df8219 可能代表的是昨天最新版本的 Ubuntu 16.04，但並不表示它也將會是明天最新的版本的 Ubuntu 16.04。

Ansible 預載一個叫做 ec2_ami_find 的模組可以取得一個基於搜尋規範的 AMI 列表，此搜尋規範可以是 image 的名稱或是 tag。範例 14-9 展示如何使用此模組去啟用一個最新版本的 64 位元 Ubuntu Xenial Xerus 16.04，並在使用 SSD 的 EBS-backed instance 上執行。

範例 14-9　*擷取最新版本的 Ubuntu AMI*

```
- name: Create an ubuntu instance on Amazon EC2
  hosts: localhost
  tasks:
```

---

14 敏銳的觀察者可能會注意到，連接埠 5900-5999 通常被使用在 VNC 遠端桌面連線的協定，設定這個範例的連接埠是合理的。

15 Canonical 是負責 Ubuntu 專案的公司。

```
      - name: Get the ubuntu xenial ebs ssd AMI
        ec2_ami_find:
          name: "ubuntu/images/ebs-ssd/ubuntu-xenial-16.04-amd64-server-*"
          region: "{{ region }}"
          sort: name
          sort_order: descending
          sort_end: 1
         no_result_action: fail
        register: ubuntu_image

      - name: start the instance
        ec2:
          region: "{{ region }}"
          image: "{{ ubuntu_image.results[0].ami_id }}"
          instance_type: m3.medium
          key_name: mykey
          group: [web, ssh, outbound]
          instance_tags: { type: web, env: production }
```

在此需要知道 Ubuntu 使用在它們的 image 上之命名慣例。在 Ubuntu 的例了中，image 名稱都是以日期戳記做為結尾，例如：*ubuntu/images/ebs-ssd/ubuntu-xenial-16.04-amd64-server-20170202.*

對於 ec2_ami_find 模組的名稱選項可以使用「*」做為一整組的選擇，所以你要取得最新版本的 image 就是去把它們排序一下，以名稱遞減的方式，然後限制搜尋的結果為只有一筆。

在預設的情況下，ec2_ami_find 模組將會傳回 success，就算是沒有 AMI 符合這次的搜尋也一樣。然而這當然不是你所想要的，所以我建議你加上 no_result_action:fail 選項以強制此模組，讓它在找不到任何結果時要傳回 fail。

> 每一個發行版本都有它自己的 AMI 命名策略，因此如果你想要從和 Ubuntu 不同的發行版本部署一個 AMI，你將會需要做些研究以找出正確的搜尋字串為何。

為一個群組加上新的 instance

有時候想要編寫一個 playbook 可以在啟用一個 instance 之後即對 instance 執行 playbook。

不幸的是，在你執行 playbook 之前，此主機還未存在。把動態 inventory 腳本的快取功能關閉在此並沒有幫助，因為 Ansible 只有在 playbook 開始執行時才會呼叫動態 inventory 腳本，而這也是在主機存在之前做的事。

你可以加入一個 task，使用 add_host 模組去加入這個 instance 到群組中，如範例 14-10 所示的樣子。

範例 14-10　加一個 instance 到群組中

```
- name: Create an ubuntu instance on Amazon EC2
  hosts: localhost
  tasks:
  - name: start the instance
    ec2:
      image: ami-8caa1ce4
      instance_type: m3.medium
      key_name: mykey
      group: [web, ssh, outbound]
      instance_tags: { type: web, env: production }
    register: ec2

  - name: add the instance to web and production groups
    add_host: hostname={{ item.public_dns_name }} groups=web,production
    with_items: "{{ ec2.instances }}"

- name: do something to production webservers
  hosts: web:&production
  tasks:
  - ...
```

---

ec2 模組的回傳型態

ec2 模組傳回一個字典，此字典會有 3 個欄位，如表 14-4 中所示。

表 14-4　ec2 模組的回傳型態

參數	說明
instance_ids	instance ID 的列表
instances	instance dicts 的列表
tagged_instances	instance dicts 的列表

如果使用者傳遞了一個 exact_count 參數到 ec2 模組，此模組可能沒有建立新的 instance，如同在第 281 頁「使用 Idempotent 的方式建立 instance」的說明。在此例中，instance_ids 和 instances 這兩個欄位只有在模組建立一個新的 instance 時才會設定值。然而，tagged_intance 欄位將會包含所有符合 tag 的 instance 之 instance dicts，不論它是新建立的或是早已經存在的。

一個 instance dict 包含的欄位如表 14-5 所示。

表 14-5 *instance dicts* 的內容

參數	說明
id	Instance ID
ami_launch_index	在預留範圍（介於 0 和 *N-1* 之間，假設有 *N* 個被啟用）中的 instance 索引
private_ip	內部 IP 位址 (not routable outside EC2)
private_dns_name	內部 DNS 名稱 (not routable outside EC2)
public_ip	Public IP 位址
public_dns_name	Public DNS 名稱
state_code	狀態變更的原因代碼
architecture	CPU 架構
image_id	AMI
key_name	Key pair 名稱
placement	此 instance 被啟用時的位置
kernel	AKI (Amazon kernel image)
ramdisk	ARI (Amazon ramdisk image)
launch_time	啟用時的 Time instance
instance_type	Instance 型態
root_device_type	root device 的型態 (ephemeral, EBS)
root_device_name	root device 的名稱
state	instance 的狀態
hypervisor	Hypervisor 型態

更多詳細關於這些欄位的意義，請參考 Boto 說明文件中有關於 boto.ec2.instance.Instance 類別（*http://bit.ly/1Fw7HSO*），或是關於在 Amazon 命令列工具的 run-instances 命令的輸出說明（*http://amzn.to/1Fw7Jd9*）。

等待伺服器的可用狀態

儘管像是 EC2 此種 IaaS 雲服務已經是非常成熟的技術了，它們還是需要一些時間去建立一個新的 instance。你不能夠在一個 EC2 instance 被要求建立之後立即對它執行 playbook。相反地，需要去等待 EC2 instance 準備好才行。

ec2 模組支援一個 wait 參數。如果它被設定為 yes，則 ec2 task 將會等待 instance 的狀態變更為 running 時才會返回：

```
 - name: start the instance
   ec2:
     image: ami-8caa1ce4
     instance_type: m3.medium
     key_name: mykey
     group: [web, ssh, outbound]
     instance_tags: { type: web, env: production }
     wait: yes
   register: ec2
```

不幸的是，等待一個 instance 是否為 running 狀態並不足以確保可以在主機上執行 playbook。你仍然需要去等待直到這個 instance 已經前進到啟動程序，而其 SSH 伺服器已經開始可以接受外來的連線為止。

wait_for 模組就是被設計用在此種情境的。在這裡示範的是可以如何使用 ec2 和 wait_for 模組去啟用一個 instance，然後一直等待直到此 instance 已經準備好可以接受 SSH 連線的情況：

```
 - name: start the instance
   ec2:
     image: ami-8caa1ce4
     instance_type: m3.medium
     key_name: mykey
     group: [web, ssh, outbound]
     instance_tags: { type: web, env: production }
     wait: yes
   register: ec2

 - name: wait for ssh server to be running
   wait_for: host={{ item.public_dns_name }} port=22 search_regex=OpenSSH
   with_items: "{{ ec2.instances }}"
```

執行了 wait_for，它會在連線到主機之後使用 search_regex 引數去尋找 OpenSSH 字串。此 regex 使用的主要原理主要是，當正常功能的 SSH 伺服器在第一次連線時會返回一個字串，此字串看起來會像是範例 14-11 所示的樣子：

範例 14-11　一個執行在 *Ubuntu* 中的 *SSH* 伺服器之初始回應訊息

```
SSH-2.0-OpenSSH_5.9p1 Debian-5ubuntu1.4
```

我們可以呼叫 `wait_for` 模組只去檢查 22 連接埠是否正在監接連進去的連線。然而，有時候一個 SSH 伺服器如果在它的啟動程序執行到一個程度時就會開始對於 22 連接埠進行監聽，但是那時候全部的功能卻還沒有完全備妥。而等待此初始回應訊息可以讓 `wait_for` 模組完全確保 SSH 伺服器是已經完全在備妥的狀態之下。

使用 Idempotent 的方式建立 instance

一般來說 playbook 呼叫 ec2 模組並不是 idempotent。如果執行範例 14-6 許多次，EC2 將會建立多個 instance。

你可以使用 `count_tag` 以及 `exact_count` 參數以寫出一個具有 idempotent 特性的 ec2 模組 playbook。假設我們想要寫一個可以啟動 3 個 instance 的 playbook，而且要讓 playbook 具有 idempotent 特性，因此如果 3 個模組已經處於執行狀態了，則 playbook 就不需要做任何事。範例 14-12 展示此 playbook 的內容。

範例 14-12　具有 *Idempotent* 特性的建立 *instance* 方法

```
- name: start the instance
  ec2:
    image: ami-8caa1ce4
    instance_type: m3.medium
    key_name: mykey
    group: [web, ssh, outbound]
    instance_tags: { type: web, env: production }
    exact_count: 3
    count_tag: { type: web }
```

參數 `exact_count:3` 告訴 Ansible 去確定其 tag 符合在 `count_tag` 中設定的 instance 只能有 3 個處於執行中。在此例，我在 `count_tag` 中只設定 1 個 tag，但是它是支援多個 tag 的。

當第一次執行這個 playbook 時，Ansible 將會檢查其中 tag 是 `type=web` 的 instance 有多少個正在執行中。假設沒有任何這樣的 instance，Ansible 就會建立 3 個新的 instance，然後把它們的 tag 都設定為 `type=web` 以及 `env=production`。

在下一次執行 playbook 時，Ansible 一樣去檢查 tag 是 `type=web` 的 instance 有多少處於執行狀態，如果它發現有 3 個正在執行的話，就不會再產生任何的新 instance。

全部整合在一起

範例 14-13 展示的 playbook 建立 3 個 EC2 instance，並設定它們為 web 伺服器。此 playbook 是 idempotent，所以你可以安全地執行許多次，而它只有在 instance 不存在時才會去建立它們。

在此要注意的是我們使用 tagged_instance 返回 ec2 模組的值，而不是使用 instance 傳回的值，使用此種方式的原因在第 278 頁「ec2 模組的回傳型態」中有說明。這個例子使用 Ubuntu Xenial AMI，它的預載並不是使用 Python 2，因此，我們使用 pre_tasks 子句安裝了 Python 2.7。

範例 14-13　ec2-example.yml: 完整的 EC2 playbook

```
---
- name: launch webservers
  hosts: localhost
  vars:
    region: us-west-1
    instance_type: t2.micro
    count: 1
  tasks:
  - name: ec2 keypair
    ec2_key: "name=mykey key_material={{ item }} region={{ region }}"
    with_file: ~/.ssh/id_rsa.pub
  - name: web security group
    ec2_group:
      name: web
      description: allow http and https access
      region: "{{ region }}"
      rules:
        - proto: tcp
          from_port: 80
          to_port: 80
          cidr_ip: 0.0.0.0/0
        - proto: tcp
          from_port: 443
          to_port: 443
          cidr_ip: 0.0.0.0/0
  - name: ssh security group
    ec2_group:
      name: ssh
      description: allow ssh access
      region: "{{ region }}"
      rules:
```

```yaml
            - proto: tcp
              from_port: 22
              to_port: 22
              cidr_ip: 0.0.0.0/0
    - name: outbound security group
      ec2_group:
        name: outbound
        description: allow outbound connections to the internet
        region: "{{ region }}"
        rules_egress:
          - proto: all
            cidr_ip: 0.0.0.0/0
    - name: Get the ubuntu xenial ebs ssd AMI
      ec2_ami_find:
        name: "ubuntu/images/hvm-ssd/ubuntu-xenial-16.04-amd64-server-*"
        region: "{{ region }}"
        sort: name
        sort_order: descending
        sort_end: 1
        no_result_action: fail
      register: ubuntu_image
    - set_fact: "ami={{ ubuntu_image.results[0].ami_id }}"
    - name: start the instances
      ec2:
        region: "{{ region }}"
        image: "{{ ami }}"
        instance_type: "{{ instance_type }}"
        key_name: mykey
        group: [web, ssh, outbound]
        instance_tags: { Name: ansiblebook, type: web, env: production }
        exact_count: "{{ count }}"
        count_tag: { type: web }
        wait: yes
      register: ec2
    - name: add the instance to web and production groups
      add_host: hostname={{ item.public_dns_name }} groups=web,production
      with_items: "{{ ec2.tagged_instances }}"
      when: item.public_dns_name is defined
    - name: wait for ssh server to be running
      wait_for: host={{ item.public_dns_name }} port=22 search_regex=OpenSSH
      with_items: "{{ ec2.tagged_instances }}"
      when: item.public_dns_name is defined

- name: configure webservers
  hosts: web:&production
  become: True
  gather_facts: False
```

```
pre_tasks:
  - name: install python
    raw: apt-get install -y python-minimal
roles:
  - web
```

指定一個 Virtual Private Cloud

到目前為止，我們已經啟用了 instance 到預設的 Virtual Private Cloud（VPC）中。
Ansible 也允許我們去建立一個新的 VPC，然後讓 instance 在其中啟用。

什麼是 VPC?

你可以把 VPC 想成是隔離的網路。當建立一個 VPC 時，指定了一個 IP 位址範圍。它必須是私有網路範圍（*10.0.0.0/8，172.16.0.0/12*，或是 *192.168.0.0/16*）其中之一的子網段。

你把 VPC 編進子網域中，它的 IP 範圍就是你的整個 VPC IP 範圍的子網段。在範例 14-14 中，VPC 的 IP 範圍是 *10.0.0.0/16*，而我們連結了 2 個子網段：分別是 *10.0.0.0/24* 以及 *10.0.10/24*。

當你啟用一個 instance，指定它到在 VPC 中的一個子網段。你可以組態此子網段，使得你的 instance 可以取得 public 或是 private IP 位址。EC2 也允許定義一個路由表（routing table）用在子網段和網際網路之間的路由網路流量。

網路的組態是一個複雜的主題而且已經超出了本書的範圍。更多相關的資訊，請參考 Amazon 的 EC2 說明文件關於 VPC 的部份（*http://amzn.to/1Fw89Af*）。

範例 14-4 展示如何建立一個具有內部閘道器、2 個子網段及一個路由表的 VPC，該路由表使用內部閘道器路由到外部網路連線

範例 14-14　create-vpc.yml：建立一個 VPC

```
- name: create a vpc
  ec2_vpc_net:
    region: "{{ region }}"
    name: "Book example"
    cidr_block: 10.0.0.0/16
    tags:
      env: production
  register: result
```

```
      - set_fact: "vpc_id={{ result.vpc.id }}"
      - name: add gateway
        ec2_vpc_igw:
          region: "{{ region }}"
          vpc_id: "{{ vpc_id }}"
      - name:  create web subnet
        ec2_vpc_subnet:
          region: "{{ region }}"
          vpc_id: "{{ vpc_id }}"
          cidr: 10.0.0.0/24
          tags:
            env: production
            tier: web
      - name: create db subnet
        ec2_vpc_subnet:
          region: "{{ region }}"
          vpc_id: "{{ vpc_id }}"
          cidr: 10.0.1.0/24
          tags:
            env: production
            tier: db
      - name: set routes
        ec2_vpc_route_table:
          region: "{{ region }}"
          vpc_id: "{{ vpc_id }}"
          tags:
            purpose: permit-outbound
          subnets:
            - 10.0.0.0/24
            - 10.0.1.0/24
          routes:
            - dest: 0.0.0.0/0
              gateway_id: igw
```

這些指令的每一個都是 idempotent，但是 idempotent-checking 機制和每一個模組有一點
點不一樣，如表 14-6 所示。

表 14-6　對一些 VPC 模組的 Idempotence-checking 邏輯

模組	Idempotence check
ec2_vpc_net	名稱和 CIDR 選項
ec2_vpc_igw	存在一個內部的閘道器
ec2_vpc_subnet	vpc_id 和 CIDR 選項
ec2_vpc_route_table	vpc_id 和 tags [a]

[a] 如果 lookup 選項被設定為 id，則 route_table_id 選項將會取代 tag 被使用在 idempotence check

如果多個實體符合 idempotent check，Ansible 在執行此模組時就會 fail。

 如果你不指定 tag 到 ect2_vpc_route_table，每一次當你執行此模組時，
將會建立一個新的路由表

固然，從網路的觀點，範例 14-4 是一個簡單例子，因為只定義了 2 個子網段讓它們都可以連線到網路網路上。一個更複雜真實的例子是有一個子網段它可以路由到網際網路，而另外一個子網段則不能夠路由到網際網路，而我們就必須要有一些路由用來做兩個子網段之間的網路交通。

範例 14-15 展示一個完整的範例用來建立一個 VPC 以及啟用一個 instance 到其中。

範例 14-15　ec2-vpc-example.yml：指定一個 VPC 的完整 EC2 playbook

```
---
- name: launch webservers into a specific vpc
  hosts: localhost
  vars:
    region: us-west-1
    instance_type: t2.micro
    count: 1
    cidrs:
      web: 10.0.0.0/24
      db: 10.0.1.0/24
  tasks:
  - name: create a vpc
    ec2_vpc_net:
      region: "{{ region }}"
      name: book
      cidr_block: 10.0.0.0/16
      tags: {env: production }
    register: result
  - set_fact: "vpc_id={{ result.vpc.id }}"
  - name: add gateway
    ec2_vpc_igw:
      region: "{{ region }}"
      vpc_id: "{{ vpc_id }}"
  - name: create web subnet
    ec2_vpc_subnet:
      region: "{{ region }}"
      vpc_id: "{{ vpc_id }}"
      cidr: "{{ cidrs.web }}"
      tags: { env: production, tier: web}
    register: web_subnet
  - set_fact: "web_subnet_id={{ web_subnet.subnet.id }}"
  - name: create db subnet
```

```
    ec2_vpc_subnet:
      region: "{{ region }}"
      vpc_id: "{{ vpc_id }}"
      cidr: "{{ cidrs.db }}"
      tags: { env: production, tier: db}
- name: add routing table
  ec2_vpc_route_table:
    region: "{{ region }}"
    vpc_id: "{{ vpc_id }}"
    tags:
      purpose: permit-outbound
    subnets:
      - "{{ cidrs.web }}"
      - "{{ cidrs.db }}"
    routes:
      - dest: 0.0.0.0/0
        gateway_id: igw
- name: set ec2 keypair
  ec2_key: "name=mykey key_material={{ item }}"
  with_file: ~/.ssh/id_rsa.pub
- name: web security group
  ec2_group:
    name: web
    region: "{{ region }}"
    description: allow http and https access
    vpc_id: "{{ vpc_id }}"
    rules:
      - proto: tcp
        from_port: 80
        to_port: 80
        cidr_ip: 0.0.0.0/0
      - proto: tcp
        from_port: 443
        to_port: 443
        cidr_ip: 0.0.0.0/0
- name: ssh security group
  ec2_group:
    name: ssh
    region: "{{ region }}"
    description: allow ssh access
    vpc_id: "{{ vpc_id }}"
    rules:
      - proto: tcp
        from_port: 22
        to_port: 22
        cidr_ip: 0.0.0.0/0
- name: outbound security group
  ec2_group:
    name: outbound
```

```
        description: allow outbound connections to the internet
        region: "{{ region }}"
        vpc_id: "{{ vpc_id }}"
        rules_egress:
          - proto: all
            cidr_ip: 0.0.0.0/0
    - name: Get the ubuntu xenial ebs ssd AMI
      ec2_ami_find:
        name: "ubuntu/images/hvm-ssd/ubuntu-xenial-16.04-amd64-server-*"
        region: "{{ region }}"
        sort: name
        sort_order: descending
        sort_end: 1
        no_result_action: fail
      register: ubuntu_image
    - set_fact: "ami={{ ubuntu_image.results[0].ami_id }}"
    - name: start the instances
      ec2:
        image: "{{ ami }}"
        region: "{{ region }}"
        instance_type: "{{ instance_type }}"
        assign_public_ip: True
        key_name: mykey
        group: [web, ssh, outbound]
        instance_tags: { Name: book, type: web, env: production }
        exact_count: "{{ count }}"
        count_tag: { type: web }
        vpc_subnet_id: "{{ web_subnet_id }}"
        wait: yes
      register: ec2
    - name: add the instance to web and production groups
      add_host: hostname={{ item.public_dns_name }} groups=web,production
      with_items: "{{ ec2.tagged_instances }}"
      when: item.public_dns_name is defined
    - name: wait for ssh server to be running
      wait_for: host={{ item.public_dns_name }} port=22 search_regex=OpenSSH
      with_items: "{{ ec2.tagged_instances }}"
      when: item.public_dns_name is defined

- name: configure webservers
  hosts: web:&production
  become: True
  gather_facts: False
  pre_tasks:
    - name: install python
      raw: apt-get install -y python-minimal
  roles:
    - web
```

動態的 Inventory 和 VPC

當使用 VPC 時，通常會放置一些 instance 在私有子網段，此子網段是不能從 internet 連線的。當你這樣做時，你的 instance 是無法連結 public IP 位址的。

在這個例子中，你可能想要在你的 VPC 內部中執行 Ansible。Ansible 動態 inventory 腳本足夠聰明到在 VPC instance 沒有 public IP 位址時將會傳回內部的 IP 位址。

請參考附錄 B 中有詳細的說明如何使用 IAM 角色在 VPC 內部中執行 Ansible 而不需要去複製 EC2 之於此 instance 的安全驗證資料。

建構 AMIs

有兩種你用來建立可以使用在 Ansible 上的自訂 Amazon Machine Images（AMI）。你可以使用 ec2_ami 模組，或是你也可以使用一個叫做 Packer 的第二方工具，它也支援 Ansible。

使用 ec2_ami 模組

ec2_ami 模組將會拿取一個執行中的 instance，然後 snapshot 它到一個 AMI。在範例 14-16 中說明此模組如何使用。

範例 *14-16　使用 ec2_ami module 建立一個 AMI*

```
- name: create an AMI
  hosts: localhost
  vars:
    instance_id: i-e5bfc266641f1b918
  tasks:
    - name: create the AMI
      ec2_ami:
        name: web-nginx
        description: Ubuntu 16.04 with nginx installed
        instance_id: "{{ instance_id }}"
        wait: yes
      register: ami

    - name: output AMI details
      debug: var=ami
```

使用 Packer

ec2_ami 模組運作地不錯,但是你需要編寫額外的程式碼以建立和終結 instance。有一個開源工具叫做 Packer,可以幫你自動建立及終結 instance。Packer(*https://www.packer.io*)也是由 Vagrant 的創造者所編寫的。

Packer 可以為不同的組態管理工具建立不同型態的 image。在這一節中,我們將聚焦在使用 Packer 建立使用在 Ansible 的 AMI,但是 Packer 也可以建立使用在其他 IaaS 雲服務的 image,如 Google Compute Engine、DigitalOcean 或是 OpenStack。它也支援其他的組態管理工具,例如 Chef、Puppet 及 Salt。

為了使用 Packer,你要使用 JSON 格式建立一個組態檔案(稱為 *template*),然後使用 packer 命令列工具參考此組態檔案以建立 image。

Packer 提供兩個機制(稱為 *provisioner*)在使用 Ansible 去建立一個 AMI:較新的 Ansible Remote provisioner(稱為 ansible)以及較舊的 Ansible Local provisioner(稱為 ansible-local)。為了瞭解它們的差異,首先你需要去瞭解 Packer 是如何工作的。

當你使用 Packer 去建立一個 AMI 時,Packer 執行以下的步驟:

1. 以你的 template 中指定的 AMI 為基礎,啟用一個新的 EC2 instance

2. 建立一個暫時性的 key pair 以及安全群組

3. 使用 SSH 去登入新的 instance,然後執行指定在 template 中的 provisioner

4. 停止這個 instance

5. 建立一個新的 AMI

6. 刪除這個 instnace、安全群組及 key pair

7. 輸出 AMI ID 到終端機

Ansible Remote Provisioner

當使用 Ansible Remote Provisioner,Packer 將會在你的本地端機器中執行 Ansible。當使用 Ansible Local provisioner,Packer 將會複製你的 playbook 檔案到 instance,然後從該 instance 執行 Ansible。我比較喜歡 Ansible Remote provisioner,因為 template 比較簡單,就如同你所看到的。

我們將從 Ansible Remote provisioner 開始。範例 14-17 展示了將會使用的 *web-ami.yml* playbook,它用來組態我們將會用來建立 image 的 instance。它是一個簡單的

playbook，套用 web role 到一個名為 default 的機器。Packer 建立 default，並設定 default 這個別名。如果你喜歡，你可以改變這個別名，只要在 Packer 的 template 中的 Ansible 段落裡設定 host_alias 參數就可以了。

範例 *14-17* *web-ami.yml*

```
- name: configure a webserver as an ami
  hosts: default
  become: True
  roles:
    - web
```

範例 14-18 展示了一個 Packer 的 template 範例，它使用了 Ansible Remote provisioner 去建立使用於 playbook 中的 AMI。

範例 *14-18* 使用 *Remote Ansible provisioner* 的 *web.json*

```
{
  "builders": [
    {
      "type": "amazon-ebs",
      "region": "us-west-1",
      "source_ami": "ami-79df8219",
      "instance_type": "t2.micro",
      "ssh_username": "ubuntu",
      "ami_name": "web-nginx-{{timestamp}}",
      "tags": {
        "Name": "web-nginx"
      }
    }
  ],
  "provisioners": [
    {
      "type": "shell",
      "inline": [
        "sleep 30",
        "sudo apt-get update",
        "sudo apt-get install -y python-minimal"
      ]
    },
    {
      "type": "ansible",
      "playbook_file": "web-ami.yml"
    }
  ]
}
```

使用以下的 packer build 命令以建立 AMI：

```
$ packer build web.json
```

輸出會像是以下這個樣子：

```
==> amazon-ebs: Prevalidating AMI Name...
    amazon-ebs: Found Image ID: ami-79df8219
==> amazon-ebs: Creating temporary keypair:
packer_58a0d118-b798-62ca-50d3-18d0e270e423
==> amazon-ebs: Creating temporary security group for this instance...
==> amazon-ebs: Authorizing access to port 22 the temporary security group...
==> amazon-ebs: Launching a source AWS instance...
    amazon-ebs: Instance ID: i-0f4b09dc0cd806248
==> amazon-ebs: Waiting for instance (i-0f4b09dc0cd806248) to become ready...
==> amazon-ebs: Adding tags to source instance
==> amazon-ebs: Waiting for SSH to become available...
==> amazon-ebs: Connected to SSH!
==> amazon-ebs: Provisioning with shell script: /var/folders/g_/523vq6g1037d1
0231mmbx1780000gp/T/packer-shell574734910

...

==> amazon-ebs: Stopping the source instance...
==> amazon-ebs: Waiting for the instance to stop...
==> amazon-ebs: Creating the AMI: web-nginx-1486934296
    amazon-ebs: AMI: ami-42ffa322
==> amazon-ebs: Waiting for AMI to become ready...
==> amazon-ebs: Adding tags to AMI (ami-42ffa322)...
==> amazon-ebs: Tagging snapshot: snap-01b570285183a1d35
==> amazon-ebs: Creating AMI tags
==> amazon-ebs: Creating snapshot tags
==> amazon-ebs: Terminating the source AWS instance...
==> amazon-ebs: Cleaning up any extra volumes...
==> amazon-ebs: No volumes to clean up, skipping
==> amazon-ebs: Deleting temporary security group...
==> amazon-ebs: Deleting temporary keypair...

Build 'amazon-ebs' finished.

==> Builds finished. The artifacts of successful builds are:
--> amazon-ebs: AMIs were created:

us-west-1: ami-42ffa322
```

範例 14-18 有 2 個段落：builders 和 provisioners。builders 段落指示要被建立的 image 型態。在此例中要建立的是 Elastic Block Store-backed（EBS）AMI，所以使用 amazon-ebs builder。

因為 Packer 需要去開始一個新的 instance 以建立一個 AMI，你需要在 Packer 的組態中提供給它所有要建立一個新的 instance 所需要的資訊：EC2 區域、AMI 及 instance 型態。Packer 並不需要組態一個安全群組，因為，就像是之前提到過，它會建立一個暫時性的安全群組，然後在工作完成之後將其刪除。像是 Ansible，Packer 也需要能夠對已經建立的 instance 具備 SSH 連線的能力。因此，你需要在 Packer 組態檔中指定 SSH 的 username。

你也需要告訴 Packer instance 名稱是什麼，以及你想要套用到 instance 的任何 tag。因為 AMI 的名字要是唯一的，我們使用 {{timestamp}} 函數去插入一個 Unix 的 timestamp。Unix timestamp 把自 Jan.1 1970 UTC 距今所經過的日期和時間以秒為單位進行編碼（*http://bit.ly/1Fw9hEc*）。Packer 的說明文件中有更多關於 Packer 所支援的函數之資訊。

因為 Packer 需要和 EC2 互動以建立 AMI，它需要存取你的 EC2 安全驗證資訊。如同 Ansible，Packer 可以從環境變數中讀取 EC2 安全驗證資訊，因此你不需要明顯地把它們放在組態檔中，雖然如果你想要的話也可以這麼做。

provisioners 段落設定在 instance 被製作成 image 之前，要被用來組態該 instance 的工具。Packer 支援一個 shell provisioner 讓你可以在 instance 上執行任意的命令。範例 14-18 使用這個 privisioner 安裝 Python 2。為了避免在作業系統完全啟動之前嘗試去安裝套件所造成的競爭狀態，在我們的例子中，此 shell provisioner 被組態為在 Ansible 安裝之前的先等待 30 秒的時間。

Ansible Local Provisioner

使用 Ansible Local Provisioner 和使用遠端的版本相似，但是有一些不一樣地方要注意一下。

在預設的情況下，Ansible local provisioner 只會複製 playbook 本身到遠端的主機：任何在 playbook 所需要的檔案並不會自動地被複製。要提出存取許多檔案的需求，Packer 允許你指定一個目錄被全部複製到一個在 instance 的 staging 目錄，也就是使用 book_dir 選項。以下是在 Packer template 中指定目錄的範例段落：

```
{
  "type": "ansible-local",
  "playbook_file": "web-ami-local.yml",
  "playbook_dir": "../playbooks"
}
```

如果所有要被複製的檔案是 role 的一部份，則可以明確地指定一個 role 目錄的列表，使用的是 role_paths 選項：

```
{
    "type": "ansible-local",
    "playbook_file": "web-ami-local.yml",
    "role_paths": [
        "../playbooks/roles/web"
    ]
}
```

另外一個重要的差異是你需要在 playbook 的 hosts 子句中使用 localhost 以取代 default。

Packer 有許多功能在此並沒有提到，包含前述的兩種型態的 Ansible provisioner 中許多不同的選項。請查看說明文件（*https://www.packer.io/docs/*）以找到更多的細節。

其他的模組

Ansible 還支援更多 EC2 上的功能，以及更多的 AWS 服務。例如，你可以使用 Ansible 透過 cloudformation 模組去啟用 CloudFormation 堆疊，使用 s3 模組把檔案放到 S3 中，使用 route53 模組去修改 DNS 記錄，使用 ec2_asg 模組去建立 autoscaling 群組，使用 ec2_lc 模組去建立 autoscaling 組態，以及更多更多的功能。

在 EC2 中使用 Ansible 是一個非常大的主題足以讓我們編寫一整本書。事實上，Yan Kurniawan 寫了一本在 Ansible 和 AWS 的專書。在你消化了本章之後，你應該有足夠的知識讓你可以沒有任何困難地選用所需要的模組。

## 第十五章

Docker

Docker 專案已經在 IT 世界中掀起了風暴。很難想像還會有其他什麼技術可以如此快速地被社群擁抱。本章涵蓋如何使用 Ansible 去建立 Docker image 以及部署 Docker 容器。

什麼是容器？

容器（*container*）是虛擬化的一種型式。當你使用虛擬化方式在客戶端作業系統（guset operating system）去執行一個程序時，此客戶端作業系統是看不到執行在實際硬體資源上的宿主作業系統（host operating system）。尤其是，在客戶端作業系統中執行的程序並沒有辦法直接存取硬體上的資源，而客戶端作業系統則是提供一個正執行在 root 權限中的幻象。

容器有時候會被拿來和使用硬體虛擬技術的作業系統虛擬化做區別比較。硬體的虛擬化技術，一個叫做 hypervisor 的程式虛擬出整個硬體機器，包括一個虛擬化的 CPU、記憶體及像是磁碟機以及網路介面卡等裝置。因為整個機器都是虛擬的，硬體虛擬化技術就很有彈性。特別是，你可以在實體主機上的客戶層執行一個完全不同的作業系統（例如在一個 RedHat Enterprise Linux 作業系統中執行 Windows Server 2012 作業系統），而且你可以暫停和繼續虛擬機器，就好像是在操作一台真實的機器一樣。但是此種彈性則要付出一些虛擬化硬體的額外負擔。

在作業系統層級的虛擬化（容器）方面，客戶層的程序是被在硬體上的作業系統所隔離的。此客戶程序和宿主作業系統使用相同的核心。宿主作業系統負責確保此客戶程序是完全從宿主作業系統中隔離。當執行一個 Linux-based 容器程式如 Docker，客戶程序也必須是 Linux 程式。然而，此種負擔就比硬體虛擬化技術低多了，因為你只有執行一個作業系統而已。尤其是，在容器中啟動程序的時間比在虛擬機中快多了。

Docker 還不只是容器。你可以把 Docker 想成是一個平台，它是建立容器的地方。應用這樣的想法，容器之於 Docker 就像是虛擬機之於 IaaS 雲服務一樣。兩個組成 Docker 的主要部份是它的 image 格式以及 Docker API。

你可以把 Docker image 想成類似於虛擬機的 image。一個 Docker image 包含一個預先安裝好的作業系統之檔案系統，再加上一些 metadata。和虛擬機 image 其中一個最重要的差異是 Docker 的 image 是一層一層疊加上去的。你所建立的新 Docker image 是以原有已存在的 Docker image 為基礎，然後再透過新增、修改或是刪除一些檔案進行客製化。新的 Docker image 中（*http://bit.ly/2ktXbqS*）會呈現一個參考到原始的 Docker image 所在的地方，以及在新的 Docker image 以及原有的 Docker image 之間檔案系統的差異處。舉個例子來說，官方的 Nginx docker image 是建立在最頂層的 Debian Jessie image 之上。使用逐層疊加的方式意謂 Docker image 比傳統的虛擬機之 image 小多了，因此要在網際網路中轉移 Docker image 會比傳統的虛擬機 image 快非常多。而 Docker 專案也負責維護這些公開可用的 image 之註冊與使用（*https://registry.hub.docker.com*）。

Docker 也支援遠端的 API，它開啟了第三方工具和它交談的能力。尤其是，Ansible 的 docker 模組也使用 Docker 的遠端 API。

把 Ansible 和 Docker 配對的例子

Docker 容器讓我們把應用程式封裝在一個 image 中，使其可以容易地部署到不同的地方，這也是為什麼 Docker 專案被當做是運送容器的原因。Docker 的遠端 API 簡化了在 Docker 之上運行的軟體系統自動化。

Ansible 在兩個地方簡化了和 Docker 一起的作業。其一是 Docker 容器的編配。當你部署一個 Docker 化的軟體應用時，一般來說你會建立多個 Docker 容器以包含不同的服務。這些服務需要彼此通訊，因此需要去讓這些容器正確地連線以確保他們會被依照正確的順序啟用。一開始，Docker 專案並沒有提供編配的工具，因此第三方工具就可以在此介入以填補這個缺口。Ansible 本來就是被設計用來做編配的工作，因此使用 Ansible 來部署以 Docker 為基礎的應用就非常合適。

另外一個地方是 Docker image 的建立。建立你自己的 Docker image 之正統的方式是編寫一個特殊的文字檔案叫做 *Dockerfiles*，它是以 shell 腳本所編寫的。對於簡單的 image，Dockerfiles 還算好編製。然而，當你開始要建立更複雜的 image 時，你將很快會開始想念 Ansible 所提供的威力。幸運的是，你也可以使用 Ansible 來建立 playbook。

 有一個新的專案叫做 *Ansible Container* 是使用 Ansible playbook 去建立 Docker 容器 image 的官方嘗試。在我編寫本書的此時，最新版本是 Ansible Container 0.2。在 2017 年 1 月 29 日，這個專案的維護者在 Ansible Container 的郵件討論串中宣告下一版本的專案，也就是 *Ansible Container Mk. II*，會有實質上的差異。

因為 Ansible Container 還在不停地改變，所以我選擇不在此討論它。然而，我還是建議你，在它已經穩定時去看一下它的專案。

Docker 應用的生命週期

在此說明一個典型的 Docker 應用程式的生命週期看起來會是什麼樣子：

1. 在你的本地端機器中建立 Docker image。

2. 把 Docker image 從你的本地端推送入 registry。

3. 在你的遠端主機中，從 registry 中把你的 Docker image 提取出來。

4. 在遠端主機中啟動 Docker 容器，在啟動的過程中傳遞所有組態資訊到容器。

一般來說會在本地端機器上建立 Docker image，或是在一個支援建立 Docker image 的持續整合系統（如 Jenkins 或是 CircleCI）上建立 Docker image。一旦建立好了你的 image，需要把它儲存在某一個地方以方便在你的遠端主機中下載它。

Docker image 一般來說是放在一個叫做 *registry* 的儲存庫中。Docker 專案執行了一個叫做 Docker Hub 的 registry，它可以管理公用的和私有的 Docker image，然後使用 *Docker* 命令列工具內建的支援把 image 上傳到 registry 以及把 image 提取出來使用。

一旦你的 Docker image 放在 registry 了，你可以連接到遠端的主機，把容器 image 提取出來，然後執行這個容器。請留意，如果你嘗試去執行一個不存在於主機上的容器，Docker 也會自動地幫你到 registry 中下載，所以你並不需要明確地去使用一個命令進行 image 下載的工作。

當你使用 Ansible 去建立 Docker image 然後在遠端的主機上啟動這個容器時，這個應用程式的生命週期看起來會像是以下這個樣子：

1. 編寫一個用來建立 Docker image 的 Ansible playbook。

2. 在你的本地端機器中執行這個 playbook 以建立一個 Docker image。

3. 把 Docker image 從本地端的機器推送到 registry。

4. 編寫一個用來在遠端主機中提取 Docker image 並啟動的 Ansible playbook。

5. 執行 Ansible playbook 去啟動這個容器

範例應用程式：Ghost

在這一章中，我們打算從 Mezzanine 轉換到 Ghost 做為範例應用程式。Ghost 是一個開源專案部落格平台，很像是 WordPress。Ghost 有一個官方的 Docker 容器可以拿來使用。

以下是我們在這一章中要討論的部份：

- 在你的本地端機器中執行 Ghost 容器。

- 在已配置好了 SSL 環境的 Nginx 容器之前端執行 Ghost 容器。

- 把客製化的 Nginx image 上傳到 registry 中。

- 把 Ghost 以及 Nginx 容器部署到遠端的機器中。

連線到 Docker Daemon

所有的 Ansible Docker 模組之間的通訊都是依靠 Docker daemon。如果你執行的是 Linux，或是你在 macOS 下執行 Docker for Mac，所有的這些模組應該都可以順利執行而不需要傳遞任何額外的參數。

如果你在 macOS 中使用 Boot2Docker、Docker Machine，或是其他不是和 Docker daemon 使用同樣執行模組的方式，你可能需要傳遞額外的資訊到 Docker 模組，使它們可以接觸到 Docker daemon。表 15-1 列出這些可以使用的選項，它們可以被使用模組參數或是環境變數的方式傳遞。請參考 docker_container 模組的說明文件，可以看到更多這些選項的相關資訊。

表 15-1　Docker 連線的選項

模組參數	環境變數	預設值
docker_host	DOCKER_HOST	unix://var/run/docker.sock
tls_hostname	DOCKER_TLS_HOSTNAME	localhost
api_version	DOCKER_API_VERSION	auto
cert_path	DOCKER_CERT_PATH	(None)
ssl_version	DOCKER_SSL_VERSION	(None)
tls	DOCKER_TLS	no
tls_verify	DOCKER_TLS_VERIFY	no
timeout	DOCKER_TIMEOUT	60 (seconds)

在本地端機器上執行容器

docker_container 模組用來啟用以及停止 Docker 容器，它實作了一些 docker 命令列工具的功能，像是 run、kill 及 rm 命令。

假設你在本地端已經安裝了 Docker，以下的呼叫將會從 Docker registry 下載 ghost image，並在本地端執行它。它將把容器中的 2368 連接埠映射到你的機器上的 8000 埠，因此你可以使用 *http://localhost:8000* 存取到 Ghost。

```
$ ansible localhost -m docker_container -a "name=test-ghost image=ghost \
  ports=8000:2368"
```

當你第一次執行時，為了要下載 image，Docker 會花上一些時間。如果執行成功的話，使用 docker ps 命令會顯示出正在執行中的容器：

```
$ docker ps
CONTAINER ID    IMAGE          COMMAND                  CREATED
48e69da90023    ghost          "/entrypoint.sh np..."   37 seconds ago
                STATUS         PORTS                    NAMES
                Up 36 seconds  0.0.0.0:8000->2368/tcp   test-ghost
```

要停止及移除容器，請使用以下的命令：

```
$ ansible localhost -m docker_container -a "name=test-ghost state=absent"
```

docker_container 模組支援許多的功能設定：如果你會使用 docker 命令列工具傳遞參數，你將會發現此模組有許多相同的功能。

從 Dockerfile 建立一個 image

儲存庫上的 Ghost image 已經很棒了，但是如果你想要確保可以安全地和它連線，我們將會需要為這個網頁伺服器組態 TLS。

Nginx 專案在儲存庫中放了一個 Nginx image，但是你需要組態它，讓 Ghost 可以運行在其前端，而且具備有 TLS，就像是我們之前在第 6 章中對 Mezzanice 所做的一樣。範例 15-1 展示了具備此功能的 Dockerfile。

範例 15-1　*Dockerfile*

```
FROM nginx
RUN rm /etc/nginx/conf.d/default.conf
COPY ghost.conf /etc/nginx/conf.d/ghost.conf
```

範例 15-2 展示了用來讓 Ghost 做為前端的 Nginx 組態。和之前為 Mezzanine 所設定的部份最主要的差異為，在這個例子中，Nginx 和 Ghost 之間的通訊是使用 TCP socket（2368 埠），而在 Mezzanine 的例子中，它們的通訊是使用 Unix 的 domain socket。

另外一個不同是包含 TLS 檔案的路徑是 */certs*。

範例 15-2　*ghost.conf*

```
upstream ghost {
    server ghost:2368;
}

server {
```

```
    listen 80;

    listen 443 ssl;

    client_max_body_size 10M;
    keepalive_timeout     15;

    ssl_certificate       /certs/nginx.crt;
    ssl_certificate_key   /certs/nginx.key;
    ssl_session_cache     shared:SSL:10m;
    ssl_session_timeout   10m;
    # # ssl_ciphers entry is too long to show in this book
    ssl_prefer_server_ciphers on;

    location / {
        proxy_redirect      off;
        proxy_set_header    Host                    $host;
        proxy_set_header    X-Real-IP               $remote_addr;
        proxy_set_header    X-Forwarded-For         $proxy_add_x_forwarded_for;
        proxy_set_header    X-Forwarded-Protocol    $scheme;
        proxy_pass          http://ghost;
    }
}
```

此組態假設 Nginx 可以透過主機名稱 ghost 接觸到 Ghost 伺服器。當我們部署這些容器時，一定要這麼做，否則，Nginx 容器將無法連接到 Ghost 容器。

假設我們把 Dockerfile 和 *nginx.conf* 放在一個叫做 *nginx* 的目錄中，這個 task 將會建立一個名叫 *lorin/nginx-ghost* 的 image。在此把 *ansiblebook/* 放在前面，因為如此最終將會被推送到 *ansiblebook/nginx-ghost* 的 Docker Hub 儲存庫中：

```
- name: create Nginx image
  docker_image:
    name: ansiblebook/nginx-ghost
    path: nginx
```

可以使用 docker images 命令進行確認的動作：

```
$ docker images
REPOSITORY                 TAG        IMAGE ID        CREATED
ansiblebook/nginx-ghost    latest     23fd848947a7    37 seconds ago
ghost                      latest     066a22d980f4    3 days ago
nginx                      latest     cc1b61406712    11 days ago
                           SIZE
                           182 MB
                           326 MB
                           182 MB
```

留意在呼叫 docker_image 模組去建立一個 image 時，如果已經有一個同樣名稱的 image 就不會有任何的動作，就算是你已經修改了 Dockerfile。如果你對 Dockerfile 做了改變然後想要讓它重新建立，你需要使用 force:yes 這個選項。

然而，一般而言，加上具有版本編號的 tag 選項，然後在每一次重新建立時增加版本號碼是一個很好的方式。docker_image 模組就會建立新的 image 而不需要使用 force 選項。

在本地機器端調配多個容器

執行多個容器然後把它們連接在一起是很常見的。在開發的階段，通常你會在本地端機器中一起執行所有這些容器。在產品階段，這些容器通常會被放在不同的機器上。

對於本地端的開發環境，所有的容器都是執行在相同的機器中，而 Docker 有一個工具叫做 Docker Compose，它可以讓我們更方便地啟用以及把它們連接在一起。docker_service 模組可以被使用來控制 Docker Compose，以讓服務啟用或下載。

範例 15-3 是一個 *docker-compose.yml* 檔案，它將會啟用 Nginx 以及 Ghost。此檔案假設有一個 ./certs 目錄，而其中包含了 TLS 安全驗證用檔案。

範例 *15-3 docker-compose.yml*

```
version: '2'
services:
  nginx:
    image: ansiblebook/nginx-ghost
    ports:
      - "8000:80"
      - "8443:443"
    volumes:
      - ${PWD}/certs:/certs
    links:
      - ghost
  ghost:
    image: ghost
```

範例 15-4 展示了一個 playbook，它建立一個客製化的 image 檔案，建立自我簽發的驗證檔案，然後啟用及停止的服務，如範例 15-3 所示。

```
---
- name: Run Ghost locally
  hosts: localhost
  gather_facts: False
  tasks:
    - name: create Nginx image
      docker_image:
        name: ansiblebook/nginx-ghost
        path: nginx
    - name: create certs
      command: >
        openssl req -new -x509 -nodes
        -out certs/nginx.crt -keyout certs/nginx.key
        -subj '/CN=localhost' -days 3650
        creates=certs/nginx.crt
    - name: bring up services
      docker_service:
        project_src: .
        state: present
```

把 image 放置到 Docker Registry

我們將會使用 playbook 去發佈 our_image 到 Docker Hub；如圖 15-5 所示。留意 docker_login 模組需要先被呼叫，在 image 可以被推送到 registry 之前先做登入的動作。docker_login 和 docker_image 這兩個模組預設都是以 Docker Hub 做為 registry。

範例 15-5 *publish.yml*

```
- name: publish images to docker hub
  hosts: localhost
  gather_facts: False
  vars_prompt:
    - name: username
      prompt: Enter Docker Registry username
    - name: email
      prompt: Enter Docker Registry email
    - name: password
      prompt: Enter Docker Registry password
      private: yes
  tasks:
    - name: authenticate with repository
      docker_login:
        username: "{{ username }}"
        email: "{{ email }}"
        password: "{{ password }}"
```

```
- name: push image up
  docker_image:
    name: ansiblebook/nginx-ghost
    push: yes
```

如果你想要使用不同的 registry，請在 docker_login 中指定一個 registry_url 選項以及加上 hostname 和 port（如果不是使用標準的 HTTP/HTTPS 埠號的話）做為在 registry 中 image 名稱的前置字串。範例 15-6 展示了當使用 *http://reg.example.com* 為 registry 時，在一個 task 中要如何改變其設定。用來建立 image 的 playbook 也需要改變以反應 image:*reg.example.com/ansiblebook/nginx-ghost* 的新名字。

範例 *15-6　自訂 registry 的 publish.yml*

```
tasks:
  - name: authenticate with repository
    docker_login:
      username: "{{ username }}"
      email: "{{ email }}"
      password: "{{ password }}"
      registry_url: http://reg.example.com
  - name: push image up
    docker_image:
      name: reg.example.com/ansiblebook/nginx-ghost
      push: yes
```

在此可以使用一個本地端的 registry 測試推送到 Docker regsitry。範例 15-7 以在一個 Docker 容器的 registry 開始，標記 *ansiblebook/nginx-ghost image* 當做是 *localhost:5000/ansiblebook/nginx-ghost*，然後推送它到 registry。留意此本地端的 registry 在預設的情況下並不需要進行驗證，因此在這個 playbook 中並沒有包含 docker_login 的 task 在其中。

範例 *15-7　使用本地端 registry 的 publish.yml*

```
- name: publish images to local docker registry
  hosts: localhost
  gather_facts: False
  vars:
    repo_port: 5000
    repo: "localhost:{{repo_port}}"
    image: ansiblebook/nginx-ghost
  tasks:
    - name: start a registry locally
      docker_container:
        name: registry
        image: registry:2
        ports: "{{ repo_port }}:5000"
```

```
    - debug:
        msg: name={{ image }} repo={{ repo }}/{{ image }}
    - name: tag the nginx-ghost image to the repository
      docker_image:
        name: "{{ image }}"
        repository: "{{ repo }}/{{ image }}"
        push: yes
```

我們可以下載 manifest 以檢查上傳的工作情況：

```
$ curl http://localhost:5000/v2/ansiblebook/nginx-ghost/manifests/latest
{
   "schemaVersion": 1,
   "name": "ansiblebook/nginx-ghost",
   "tag": "latest",
   ...
}
```

查詢本地端的 image

docker_image_facts 模組讓你可以去查詢在一個本地端所儲存之 image 的 metadata。範例 15-8 展示了 playbook 例子，它使用此模組去查詢 ghost image 所開放的 port 和 volume。

範例 15-8　*image-facts.yml*

```
---
- name: get exposed ports and volumes
  hosts: localhost
  gather_facts: False
  vars:
    image: ghost
  tasks:
    - name: get image info
      docker_image_facts: name=ghost
      register: ghost
    - name: extract ports
      set_fact:
        ports: "{{ ghost.images[0].Config.ExposedPorts.keys() }}"
    - name: we expect only one port to be exposed
      assert:
        that: "ports|length == 1"
    - name: output exposed port
      debug:
        msg: "Exposed port: {{ ports[0] }}"
    - name: extract volumes
      set_fact:
```

```
        volumes: "{{ ghost.images[0].Config.Volumes.keys() }}"
    - name: output volumes
      debug:
        msg: "Volume: {{ item }}"
      with_items: "{{ volumes }}"
```

輸出看起來如下所示：

```
$ ansible-playbook image-facts.yml

PLAY [get exposed ports and volumes] *****************************************

TASK [get image info] *******************************************************
ok: [localhost]

TASK [extract ports] ********************************************************
ok: [localhost]

TASK [we expect only one port to be exposed] ********************************
ok: [localhost] => {
    "changed": false,
    "msg": "All assertions passed"
}

TASK [output exposed port] **************************************************
ok: [localhost] => {
    "msg": "Exposed port: 2368/tcp"
}

TASK [extract volumes] ******************************************************
ok: [localhost]

TASK [output volumes] *******************************************************
ok: [localhost] => (item=/var/lib/ghost) => {
    "item": "/var/lib/ghost",
    "msg": "Volume: /var/lib/ghost"
}

PLAY RECAP ******************************************************************
localhost                  : ok=6    changed=0    unreachable=0    failed=0
```

部署 Docker 化的應用

在預設的情況下，Ghost 使用 SQLite 做為資料庫的後端。但部署時，我們將會使用 Postgres 做為資料庫的後端，理由我們已經在第 5 章討論過了。

我們打算要部署到 2 部不同的機器上。其中一台（ghost）將會執行 Ghost 容器以及 Nginx 容器。另外一部（postgres）則會執行 Postgres 容器，它的目的是用來做為 Ghost 資料的永久性儲存任務。

此例中假設以下的變數已經被定義在某處，例如 *group_vars/all*，而它們的生命範圍是被包含在前端和後端機器中：

- database_name

- database_user

- database_password

後端：Postgres

要組態 Postgres 容器，需要傳遞容器所需要的資料庫使用者、資料庫密碼及資料庫名稱等環境變數。我們也想要從主機掛載一個目錄做為儲存永久資料用的 volume，因為我們不想要在容器停止執行而且被移除之後，那些永久的資料也跟著消失。

範例 15-9 展示一個用來部署 Postgres 容器的 playbook。它只有 2 個 task：其中一個是去建立可以用來保存資料的目錄，而另外一個則是去啟動 Postgres 容器。請留意，這個 playbook 假設 Docker Engine 已經被安裝於 postgres 這台主機中了。

範例 *15-9 postgres.yml*

```
- name: deploy postgres
  hosts: postgres
  become: True
  gather_facts: False
  vars:
    data_dir: /data/pgdata
  tasks:
    - name: create data dir with correct ownership
      file:
        path: "{{ data_dir }}"
        state: directory
    - name: start postgres container
      docker_container:
        name: postgres_ghost
        image: postgres:9.6
```

```
ports:
  - "0.0.0.0:5432:5432"
volumes:
  - "{{ data_dir }}:/var/lib/postgresql/data"
env:
  POSTGRES_USER: "{{ database_user }}"
  POSTGRES_PASSWORD: "{{ database_password }}"
  POSTGRES_DB: "{{ database_name }}"
```

前端

前端的部署比較複雜，因為我們有 2 個容器需要部署：Ghost 和 Nginx。我們也需要把它們連線在一起，而且需要去傳遞組態資訊到 Ghost，以讓它可以連線到 Postgres 資料庫。

我們打算使用 Docker network 啟用 Nginx 容器去連線到 Ghost 容器。Docker Network 取代之前使用的用來連接容器的傳統連線功能。使用 Docker Network，將會建立一個自訂的 Docker network，把容器附加到 network，則這些容器就可以使用容器名稱當做是主機名稱而彼此相互連線。

建立一個 Docker network 很簡單：

```
- name: create network
  docker_network: name=ghostnet
```

使用一個變數來當做是 network 名稱更有用處，因為這樣我們就可以在每一個容器啟用之後參考到它。以下是在我們 playbook 中啟用的方式：

```
- name: deploy ghost
  hosts: ghost
  become: True
  gather_facts: False
  vars:
    url: "https://{{ ansible_host }}"
    database_host: "{{ groups['postgres'][0] }}"
    data_dir: /data/ghostdata
    certs_dir: /data/certs
    net_name: ghostnet
  tasks:
    - name: create network
      docker_network: "name={{ net_name }}"
```

請留意此 playbook 假設有一個群組做 postgres，它只包含一台主機：它使用這個資訊去渲染 database_host 變數。

前端：Ghost

我們需要組態 Ghost 去連線到 Postgres 資料庫，同時藉由傳遞 --production 旗標到 npm start 命令以讓它執行在 production 模式。我們也想要去確保它所產生的永久性檔案可以被寫入到 volume 掛載中。

以下是 playbook 來來建立目錄以保存永久性資料的部份，從 template 產生一個 Ghost config 檔案，並啟用此容器，同時連線到 ghostnet network：

```
- name: create ghostdata directory
  file:
    path: "{{ data_dir }}"
    state: directory
- name: generate the config file
  template: src=templates/config.js.j2 dest={{ data_dir }}/config.js
- name: start ghost container
  docker_container:
    name: ghost
    image: ghost
    command: npm start --production
    volumes:
      - "{{ data_dir }}:/var/lib/ghost"
    networks:
      - name: "{{ net_name }}"
```

請注意在此並不需要把 port 公開，因為只有 Nginx 容器會和 Ghost 容器進行通訊。

前端：Nginx

當我們建立 *ansiblebook/nginx-ghost imagep* 時，Nginx 容器的組態被硬寫在裡面：它被設定為連線到 ghost:2386。

然而，我們需要複製一個 TLS 憑證，就如同之前的例子，只要產生一個自我簽發的憑證如下：

```
- name: create certs directory
  file:
    path: "{{ certs_dir }}"
    state: directory
- name: generate tls certs
  command: >
    openssl req -new -x509 -nodes
    -out "{{ certs_dir }}/nginx.crt" -keyout "{{ certs_dir }}/nginx.key"
    -subj "/CN={{ ansible_host}}" -days 3650
    creates=certs/nginx.crt
- name: start nginx container
```

```
docker_container:
  name: nginx_ghost
  image: ansiblebook/nginx-ghost
  pull: yes
  networks:
    - name: "{{ net_name }}"
  ports:
    - "0.0.0.0:80:80"
    - "0.0.0.0:443:443"
  volumes:
    - "{{ certs_dir }}:/certs"
```

清理容器

Ansible 可以讓停止和移除容器更簡單，這在開發以及測試部署腳本時非常有用。以下是一個用來清理 ghost 主機的 playbook。

```
- name: remove all ghost containers and networks
  hosts: ghost
  become: True
  gather_facts: False
  tasks:
    - name: remove containers
      docker_container:
        name: "{{ item }}"
        state: absent
      with_items:
        - nginx_ghost
        - ghost
    - name: remove network
      docker_network:
        name: ghostnet
        state: absent
```

直接連線到容器

Ansible 有支援直接和正在執行中的容器互動的特性。Ansible 的 Docker inventory 外掛會自動產生一個和執行中主機連線的 inventory，然後它的 Docker connection 外掛就可以做和 docker exec 相同的工作，讓我們可以執行在處於正在執行的容器範圍中的程序。

Docker inventory 外掛可以在 GitHub 的 *ansible/ansible* 儲存庫中的 *contrib/inventory/docker.py* 中找到。預設的情況，此外掛可以連線到在本地端主機中執行的 Docker daemon。但它可以被組態成使用 Docker REST API 去連線到在遠端主機上的 Docker daemon，或是去連線到具有 SSH 伺服器的容器，然後在其中執行。此兩種作法都需要額外的設置工作。要存取遠端的 Docker API，主機需要被組態成 bind 到一個 TCP 連接埠。要透過 SSH 連線到容器，此容器必須要被設定為一啟動時就會啟動 SSH 伺服器。我們並不會在這裡說明這些使用情境，但是你可以在儲存庫中找到 *contrib/inventory/ docker.yml* 這個設定檔，參考其中的做法。

假設我們有以下的容器是在本地端執行：

```
CONTAINER ID        IMAGE                        NAMES
63b6767de77f        ansiblebook/nginx-ghost      ch14_nginx_1
057d72a95016        ghost                        ch14_ghost_1
```

此 docker.py inventory 腳本為每一個名稱建立一個主機，在此例中為：

- ch14_nginx_1

- ch14_ghost_1

它也建立 short ID、long ID、Docker image 及所有執行中的容器（running）等群組：

- 63b6767de77fe (ch14_nginx_1)

- 63b6767de77fe01aa6d840dd8073297 6bbbd3dc60409001cc36c900f8d501d6d (ch14_nginx_1)

- 057d72a950163 (ch14_ghost_1)

- 057d72a950163769c2bcc1ecc81ba377d03c39b1d19f8f4a9f0c748230b42c5c (ch14_ghost_1)

- image_ansiblebook/nginx-ghost (ch14_nginx_1)

- image_ghost (ch14_ghost_1)

- running (ch14_nginx_1, ch14_ghost_1)

在此示範我們如何合併 Docker 動態 inventory 腳本以及 Docker 連線外掛（透過傳遞 -c docker 引數來啟用）以列出所有在每一個容器內部執行中的程序：

```
$ ansible -c docker running -m raw -a 'ps aux'

ch14_ghost_1 | SUCCESS | rc=0 >>
USER       PID %CPU %MEM     VSZ    RSS TTY      STAT START   TIME COMMAND
user         1  0.0  2.2 1077892  45040 ?        Ssl  05:19   0:00 npm
user        34  0.0  0.0    4340    804 ?        S    05:19   0:00 sh -c node ind
user        35  0.0  5.9 1255292 121728 ?        Sl   05:19   0:02 node index
root       108  0.0  0.0    4336    724 ?        Ss   06:20   0:00 /bin/sh -c ps
root       114  0.0  0.1   17500   2076 ?        R    06:20   0:00 ps aux


ch14_nginx_1 | SUCCESS | rc=0 >>
USER       PID %CPU %MEM     VSZ    RSS TTY      STAT START   TIME COMMAND
root         1  0.0  0.2   46320   5668 ?        Ss   05:19   0:00 nginx: master
```

```
nginx        6  0.0  0.1  46736   3020 ?      S   05:19   0:00 nginx: worker
root        71  0.0  0.0   4336    752 ?      Ss  06:20   0:00 /bin/sh -c ps
root        77  0.0  0.0  17500   2028 ?      R   06:20   0:00 ps aux
```

Ansible 容器

恰巧在 Ansible 2.1 的版本中，Ansible 專案釋出一個新的工具叫做 *Ansible Container* 以簡化和 Docker image 和容器的工作。我們涵蓋 Ansible Container 0.9，它剛好是和 Ansible 2.3 一同釋出的。Ansible Container 做了許多事。特別是，你可以使用它做以下的工作：

- 建立一個新的 images (取代 Dockerfiles)
- 公佈一個 Docker Image 到 registry (取代 docker push)
- 在開發模式下執行 Docker 容器 (取代 Docker Compose)
- 部署到一個 production cloud (Docker Swarm 的另外一個選擇)

在筆者撰寫本書時，Ansible Container 支援部署到 Kubernetes 以及 OpenShift，不過這個支援的列表應該還會再增加。如果你並不是執行這兩個其中之一的環境，別擔心，你可以使用 docker_container 模組（在本章後面會加以說明）去編寫一個 playbook 去任何一個你喜歡的 production 環境提取以及啟用你的容器。

Ansible Conductor

Ansible Container 讓你可以使用 Ansible role 而不是 Dockerfiles 去組態 Docker image。當使用 Ansible 組態主機時，Python 必須被安裝在主機上。然而，這個需求通常不是使用 Docker 的人所喜歡的考慮因素，因為使用者通常想要一個最小的容器；如果此容器並不是真的需要 Python 的話，他們不會想要讓 Python 被安裝在容器中。

Ansible Container 使用一個特殊的容器 *Conductor* 移除了在容器中安裝 Python 的需求，其方法是使用 Docker 可以從一個容器到另一個容器掛載 Volume 的方式。

當你執行 Ansible Container 時，它會建立一個名叫 *ansible-deployment* 的本地資料夾，複製所有 Conductor 需要的檔案，然後從你的本地機器中掛載這資料夾到 Conductor 中。

Ansible Container 把含有 Python 執行期程式以及所有相依性的程式庫的目錄，從 Conductor 容器掛載到要被組態的容器。要做的是從 Conductor 容器 instance 掛載 /usr 到要被組態的容器中的 /_usr，然後組態 Ansible 去使用在 /_usr 之下的 Python 直譯器。為了讓這樣的工作可以順利進行，你所使用的 Conductor Linux 版本的 Docker 容器應該要和你要正在設定組態的 Docker 容器之基礎 image 的 Linux 版本要能夠符合。

如果你的 Conductor 之基礎 image 是來自於支援 Linux 發行版本的 image 官方版本之一，Ansible Container 將會自動地加上一些需安裝的套件到容器中。以 0.9.0 版為例，支援的發行版本為 Fedora、CentOS、Debain、Ubuntu 及 Alpine。你可以使用不被支援的基礎 image，但如此你就必須確保它所需要的套件是否已經被安裝進去。

在 Ansible Container GitHub 儲存庫中的 *container/docker/templates/conductor-dockerfile.j2* 檔案中（ *https://github.com/ansible/ansible-container* ）可以看到需要被安裝到 Conductor image 的套件相關資訊。

如果你不想要 Ansible Container 從 Conductor 掛載執行期程式到要被組態的容器中的話，你可以把這個行為關閉，只要傳遞 `--use-local-python` 旗標到 `ansible-container` 命令就可以了。Ansible Container 將會使用要被組態的容器中原生的 Python 直譯器。

建立 Docker Images

讓我們使用 Ansible Conatiner 去建構一個範例 15-1 中的 Nginx image。

建立初始化檔案

首先我們要做的是執行初始化命令：

```
$ ansible-container init
```

此命令會建立一組檔案在目前的資料夾中：

```
.
├── ansible-requirements.txt
├── ansible.cfg
├── container.yml
├── meta.yml
└── requirements.yml
```

建立 role

接下來，需要一個 role 可以用來組態容器。我們將呼叫 **ghost-nginx** role，因為它組態一個 Nginx image 用來做為前端的 Ghost。

這個 role 非常簡單；它只需要來自於範例 15-2 的 *ghost.conf* 組態檔，以及一個 task，用來實作在範例 15-1 中的功能。

以下是此 role 的目錄結構：

```
.
└── roles
    └── ghost-nginx
        ├── files
        │   └── ghost.conf
        └── tasks
            └── main.yml
```

以下是 *tasks/main.yml file:*

```
---
- name: remove default config
  file:
    path: /etc/nginx/conf.d/default.conf
    state: absent
- name: add ghost config
  copy:
    src: ghost.conf
    dest: /etc/nginx/conf.d/ghost.conf
```

組態 container.yml

接下來，我們將要組態 *container.yml* 去使用 role 以建立容器，如範例 15-10 中所示的。這個檔案和 Docker Compose 檔相似，但是多了一些額外的欄位是 Ansible 所特別需要的，而它支援 Jinja2 型式的變數替換和過濾器。

範例 *15-10   container.yml*

```
version: "2" ❶
settings:
  conductor_base: debian:jessie ❷
services: ❸
  ac-nginx: ❹
    from: nginx ❺
    command: [nginx, -g, daemon off;] ❻
    roles:
      - ghost-nginx ❼
registries: {} ❽
```

❶ 這是告訴 Ansible Container 支援 Docker Compose 第 2 版的綱要。預設值是第 1 版，但你可能總是會想要使用第 2 版。

❷ 我們使用以 debian:jessie 為 base image 當做是 Conductor 容器的 base image，因為待會要客製化的官方 Nginx image，它就是以 debian:jessie 做為 base image 的。

❸ services 欄位是一個對應，它的 key 是我們將要建立的容器名稱。在這個例子中，只有一個容器。

❹ 呼叫此容器去建立 ac-nginx 以應用在 *Ansible Conductor Nginx*。

❺ 指定 nginx 做為 base image。

❻ 我們需要指定當容器啟動時要被執行的命令。

❼ 我們指定要被使用的 role，此 role 用來組態 image。在此例中，只有一個 role 叫做 ghost-nginx。

❽ registries 欄位被使用來指定外部 registry，此 registry 是用來上傳容器的。目前還沒有組態到這個地方，所以它是空白的。

Ansible Container 並不會自動地把 base image 從你的本地端機器提取出來。你必須要在組建容器之前自己動手做這件事。例如，在執行範例 15-10 之前，需要去提取建置 ac-nginx 所需要的 nginx base image：

```
$ docker pull nginx
```

組建容器

最後，我們已經準備好可以開始進行組建了：

```
$ ansible-container build
```

輸出看起來會像是以下這個樣子：

```
Building Docker Engine context...
Starting Docker build of Ansible Container Conductor image (please be patient)...
Parsing conductor CLI args.
Docker™ daemon integration engine loaded. Build starting.   project=ans-con
Building service...   project=ans-con service=ac-nginx

PLAY [ac-nginx] ***********************************************************

TASK [Gathering Facts] ***********************************************************
ok: [ac-nginx]

TASK [ghost-nginx : remove default config] ***********************************
changed: [ac-nginx]

TASK [ghost-nginx : add ghost config] ****************************************
```

```
changed: [ac-nginx]

PLAY RECAP *********************************************************************
ac-nginx                   : ok=3    changed=2    unreachable=0    failed=0

Applied role to service role=ghost-nginx service=ac-nginx
Committed layer as image    image=sha256:5eb75981fc5117b3fca3207b194f3fa6c9ccb85
7718f91d674ec53d86323ffe3 service=ac-nginx
Build complete. service=ac-nginx
All images successfully built.
Conductor terminated. Cleaning up.  command_rc=0 conductor_id=8c68ca4720beae5d9c
7ca10ed70a3c08b207cd3f68868b3670dcc853abf9b62b save_container=False
```

Ansible Container 使用 {project}-{service} 的命名慣例來命名 Docker 的 image；專案名稱由你執行 ansible-container init 所在的目錄來決定。在我的例子中，此目錄的名稱是 *ans-con*，所以此 image 就會被命名為 *ans-con-ac-nginx*。

Ansible 也將會建立一個 conductor image，名稱為 {project}-conductor。

如果你不想要 Ansible Container 使用目錄名稱做為專案名稱的話，你可以指定一個自訂的專案名稱，只要使用 --project-name 旗標參數就可以了。如果執行以下的命令：

```
$ docker images
```

將會看到以下的新容器 image：

```
REPOSITORY          TAG             IMAGE ID       CREATED        SIZE
ans-con-ac-nginx    20170424035545  5eb75981fc51   2 minutes ago  182 MB
ans-con-ac-nginx    latest          5eb75981fc51   2 minutes ago  182 MB
ans-con-conductor   latest          742cf2e046a3   2 minutes ago  622 MB
```

建置過程的錯誤排除

如果 build 命令失敗了，你可以藉由檢視 logs 看到更多的資訊，此 log 資訊是由 Conductor 容器所產生的。有兩種方式可以檢視 log。

其中一個方法是在呼叫 ansible-container 命令時使用 --debug 旗標，則你可以取得從 Docker 所輸出的 log 資訊。要取得這些，需要去取得 Conductor 容器的 ID。因為此容器只會被執行一次，因此要使用 ps -a 這個 Docker 命令以找出所有存在的容器之 ID：

```
$ docker ps -a
CONTAINER ID   IMAGE         COMMAND            CREATED        STATUS
78e78b9a1863   0c238eaf1819  "/bin/sh -c 'cd /_..."   21 minutes ago  Exited (1)
```

一旦取得了 ID，就可以透過以下的命令找到 log 的輸出：

```
$ docker logs 78e78b9a1863
```

在本地端執行

Ansible Container 允許你在本地端執行多個容器，就好像是 Docker Compose 一樣。*container.yml* 檔案類似於 *docker-compose.yml* 的檔式，我們將擴增 *container.yml* 讓它可以有和範例 15-3 相同的方式。其內容如範例 15-11 所示。

範例 15-11 container.yml，設定成可以在本地端執行

```
version: "2"
settings:
  conductor_base: debian:jessie
services:
  ac-nginx:
    from: nginx
    command: [nginx, -g, daemon off;]
    roles:
      - ghost-nginx
    ports:
      - "8443:443"
      - "8000:80"
    dev_overrides.  ❶
      volumes:
        - $PWD/certs:/certs
      links:
        - ghost
  ghost: ❷
    from: ghost
    dev_overrides:
      volumes:
        - $PWD/ghostdata:/var/lib/ghost
registries: {}
```

請留意從範例 15-10 到範例 15-11 所做的改變：

❶ 我們加了一個 dev_overrides 段落到 ac-nginx service，它包含被指定要在本地端執行的部份（例如，不被使用在建立 image 或是部署到 production）。在這個服務中，它包含了從本地端檔案系統掛載 TLS 憑證，以及連結容器到 ghost 容器。

❷ 我們加了一個 ghost service 包含了 Ghost 應用。在之前我們不需要這個是因為我們不會建立一個自訂的 Ghost 容器，只是執行官方的 image。

請留意雖然此語法和 Docker Compose 相似，但它們是不一樣的。例如，Ansible Conatiner 使用 from，而 Docker Compose 使用 image，而且，Docker Compose 並沒有 dev_overrides 段落。

你可以在你的本地端機器中使用以下的方式啟動容器：

```
$ ansible-container run
```

停止容器的方式如下：

```
$ ansible-container stop
```

如果你想要停止所有的容器，而且刪除所有建立的 image，使用以下的方式：

```
$ ansible-container destroy
```

發佈 image 到 registry

一旦你滿意你的 image，你應該會想要把它們發佈到一個 registry，以讓你自己可以部署它們。

你將需要去組態範例 15-10 的 registries 段落以指定一個 registry。例如，範例 15-12 展示了如何在 *conatiner.yml* 進行組態以推送 image 到在 Docker registry 的 *ansiblebook* 組織。

範例 15-12 conatiner.yml 的 registries 段落

```
registries:
  docker:
    url: https://index.docker.io/v1/
    namespace: ansiblebook
```

驗證

在你第一次要推送 image 時，需要在命令列中傳遞 username 參數如下：

```
$ ansible-container push --username $YOUR_USERNAME
```

接著會有一個提示要你輸入你的密碼。第一次推送 image 時，Ansible Container 會把你的安全資料儲存在 *~/.docker/config.json* 中，之後的推送動作，你就不需要去指定 username 和 password 了。

輸出看起來會像是下面這個樣子：

```
Parsing conductor CLI args.
Engine integration loaded. Preparing push. engine=Docker™ daemon
Tagging ansiblebook/ans-con-ac-nginx
Pushing ansiblebook/ans-con-ac-nginx:20170430055647...
The push refers to a repository [docker.io/ansiblebook/ans-con-ac-nginx]
Preparing
Pushing
```

```
Mounted from library/nginx
Pushed
20170430055647: digest: sha256:50507495a9538e9865fe3038d56793a1620b9b372482667a
Conductor terminated. Cleaning up.  command_rc=0 conductor_id=1d4cfa04a055c1040
```

多個 registry

Ansible Conatiner 允許你去指定多個 registry。例如，以下是設定有兩個 registry 的
registries 段落，分別是 Docker Hub 以及 Quay：

```
registries:
  docker:
    namespace: ansiblebook
    url: https://index.docker.io/v1/
  quay:
    namespace: ansiblebook
    url: https://quay.io
```

要推送 image 到 registry 的其中之一，使用 --push-to 旗標即可。例如，以下是推送到
Quay registry 的方法：

```
$ ansible-container push --push-to quay
```

部署容器到 Production

雖然我們不會在這個地方說明，但 Ansible Conatiner 也支持部署你的容器到 production
環境，可以使用 ansible-conatiner deploy 命令來做到。在本書撰寫時，Ansible
Conatiner 已經支援部署兩個容器管理平台：OpenShift 和 Kubernetes。

如果你正在尋找一個 Ansible Conatiner 支援的公有雲來執行你的容器，Red Hat 所運作
的 OpenShift-based 雲平台叫做 OpenShift Online，以及 Google 提供的 Kubernetes 做為
它的 Google Compute Engine 雲平台的一部份。此兩種平台都是開源專案，所以如果你
自己在管理硬體，就可以免費地部署此兩種平台。

如果你想要部署其他的平台（例如：EC2 Conatiner Service 或是 Azuer Container
Service），你可能會想要使用 Ansible Conatiner 做為部署的工具。

Docker 做為一個技術已經很清楚地展示它有待在其位置上的威力。在此章中，我們說明
了如何管理 Docker image、容器及網路。雖然我們不能涵蓋使用 Ansible playbook 建立
Docker image 的所有內容，但在你閱讀到這裡時，應該已經具備使用 Ansible playbooks
建立 image 的能力了。

## 第十六章

Ansible Playbook 的除錯

該面對的是：錯誤總是會發生的。不管臭蟲是會出現在 playbook 或是在你的本地端機器的 config 檔案因為設定了錯誤的組態值，最終總是有一些事情會出錯。在這一章中，我將會回顧一些技術以幫助你可以使用它們去找出這些錯誤。

給人看的錯誤訊息

當 Ansible 的 task 失敗了，輸出的格式對於試著要去除錯的人們來說並不太容易閱讀。以下是當在編寫此書的過程中所遇到發生的錯誤的一個例子：

```
TASK [check out the repository on the host] ***********************************
fatal: [web]: FAILED! => {"changed": false, "cmd": "/usr/bin/git clone --origin o
rigin '' /home/vagrant/mezzanine/mezzanine_example", "failed": true, "msg": "Clon
ing into '/home/vagrant/mezzanine/mezzanine_example'...\nPermission denied (publi
ckey).\r\nfatal: Could not read from remote repository.\n\nPlease make sure you h
ave the correct access rights\nand the repository exists.", "rc": 128, "stderr":
"Cloning into '/home/vagrant/mezzanine/mezzanine_example'...\nPermission denied (
publickey).\r\nfatal: Could not read from remote repository.\n\nPlease make sure
you have the correct access rights\nand the repository exists.\n", "stderr_lines"
: ["Cloning into '/home/vagrant/mezzanine/mezzanine_example'...", "Permission den
ied (publickey).", "fatal: Could not read from remote repository.", "", "Please m
ake sure you have the correct access rights", "and the repository exists."], "std
out": "", "stdout_lines": []}
```

就如同在第 10 章中提到的，debug callback 外掛可以讓這個輸出更容易被人們閱讀：

```
TASK [check out the repository on the host] ***********************************
fatal: [web]: FAILED! => {
    "changed": false,
    "cmd": "/usr/bin/git clone --origin origin '' /home/vagrant/mezzanine/mezzani
ne_example",
    "failed": true,
```

```
        "rc": 128
    }

STDERR:

Cloning into '/home/vagrant/mezzanine/mezzanine_example'...
Permission denied (publickey).
fatal: Could not read from remote repository.

Please make sure you have the correct access rights
and the repository exists.



MSG:

Cloning into '/home/vagrant/mezzanine/mezzanine_example'...
Permission denied (publickey).
fatal: Could not read from remote repository.

Please make sure you have the correct access rights
and the repository exists.
```

我們可以在 *ansible.cfg* 的 defaults 段落中加上以下的設定以使用這個外掛：

```
[defaults]
stdout_callback = debug
```

偵錯 SSH 所引發的問題

有時候 Ansible 是在建立一個和 host 之間成功的 SSH 連線時遇到錯誤。當它發生時，如果能看到 Ansible 傳遞什麼引數給 SSH 客戶端會很有幫助，因為你可以在命令列中手動地重現這個問題。

在呼叫 **ansible-playbook** 時加上 **-vvv** 引數，可以看到 Ansible 所呼叫的 SSH 命令，此點對於除錯非常有用處。

範例 16-1 展示一些 Ansible 輸出的例子，它是在執行一個用來複製檔案的模組所產生的。

範例 16-1　當 verbose 旗標被啟用時的輸出範例

```
TASK: [copy TLS key] ********************************************************
task path: /Users/lorin/dev/ansiblebook/ch15/playbooks/playbook.yml:5
Using module file /usr/local/lib/python2.7/site-packages/ansible/modules/core/
files/stat.py
<127.0.0.1> SSH: EXEC ssh -C -o ControlMaster=auto -o ControlPersist=60s -o
```

```
StrictHostKeyChecking=no -o Port=2222 -o 'IdentityFile=".vagrant/machines/default/
virtualbox/private_key"' -o KbdInteractiveAuthentication=no -o
PreferredAuthentications=gssapi-with-mic,gssapi-keyex,hostbased,publickey -o
PasswordAuthentication=no -o User=vagrant -o ConnectTimeout=10 -o ControlPath=
/Users/lorin/.ansible/cp/ansible-ssh-%h-%p-%r 127.0.0.1 '/bin/sh -c '"'"'( umask
77 && mkdir -p "` echo ~/.ansible/tmp/ansible-tmp-1487128449.23-168248620529755 `"
&& echo ansible-tmp-1487128449.23-168248620529755="` echo ~/.ansible/tmp/ansible-
tmp-1487128449.23-168248620529755 `" ) && sleep 0'"'"'''
<127.0.0.1> PUT /var/folders/g_/523vq6g1037d10231mmbx1780000gp/T/tmpyOxLAA TO
/home/vagrant/.ansible/tmp/ansible-tmp-1487128449.23-168248620529755/stat.py
<127.0.0.1> SSH: EXEC sftp -b - -C -o ControlMaster=auto -o ControlPersist=60s -o
StrictHostKeyChecking=no -o Port=2222 -o 'IdentityFile=".vagrant/machines/default/
virtualbox/private_key"' -o KbdInteractiveAuthentication=no -o
PreferredAuthentications=gssapi-with-mic,gssapi-keyex,hostbased,publickey -o
PasswordAuthentication=no -o User=vagrant -o ConnectTimeout=10 -o ControlPath=
/Users/lorin/.ansible/cp/ansible-ssh-%h-%p-%r '[127.0.0.1]'
```

有時候當在偵錯一個連線上的問題時，可能需要使用 -vvv 旗標，它可以讓你看到 SSH
客戶端所丟出來的錯誤訊息。例如，如果此 host 並沒有執行 SSH，將會看到如下所示的
錯誤：

```
testserver | FAILED => SSH encountered an unknown error. The output was:
OpenSSH_6.2p2, OSSLShim 0.9.8r 8 Dec 2011
debug1: Reading configuration data /etc/ssh_config
debug1: /etc/ssh_config line 20: Applying options for *
debug1: /etc/ssh_config line 102: Applying options for *
debug1: auto-mux: Trying existing master
debug1: Control socket "/Users/lorin/.ansible/cp/ansible-ssh-127.0.0.1-
2222-vagrant" does not exist
debug2: ssh_connect: needpriv 0
debug1: Connecting to 127.0.0.1 [127.0.0.1] port 2222.
debug2: fd 3 setting O_NONBLOCK
debug1: connect to address 127.0.0.1 port 2222: Connection refused
ssh: connect to host 127.0.0.1 port 2222: Connection refused
```

如果你啟用了 host-key 驗證，而放在 ~/.ssh/known_hosts 中的 host key 和伺服器的 host
key 並不吻合的話，則使用 -vvvv 將會輸出如下所示的錯誤訊息：

```
@@@@@@@@@@@@@@@@@@@@@@@@@@@@@@@@@@@@@@@@@@@@@@@@@@@@@@@@@@@
@    WARNING: REMOTE HOST IDENTIFICATION HAS CHANGED!    @
@@@@@@@@@@@@@@@@@@@@@@@@@@@@@@@@@@@@@@@@@@@@@@@@@@@@@@@@@@@
IT IS POSSIBLE THAT SOMEONE IS DOING SOMETHING NASTY!
Someone could be eavesdropping on you right now (man-in-the-middle attack)!
It is also possible that a host key has just been changed.
The fingerprint for the RSA key sent by the remote host is
c3:99:c2:8f:18:ef:68:fe:ca:86:a9:f5:95:9e:a7:23.
Please contact your system administrator.
```

```
Add correct host key in /Users/lorin/.ssh/known_hosts to get rid of this
message.
Offending RSA key in /Users/lorin/.ssh/known_hosts:1
RSA host key for [127.0.0.1]:2222 has changed and you have requested strict
checking.
Host key verification failed.
```

如果是這個樣子的話，就應該從你的 *~/.ssh/known_hosts* 檔案刪除有問題的項目。

Debug 模組

我們已經多次使用 debug 模組了。它是 Ansible 版本的 print 敘述。就如同在範例 16-2 中所看到的，可以使用它來印出變數的值或是任一個字串。

範例 16-2 使用 debug 模組的方法

```
- debug: var=myvariable
- debug: msg="The value of myvariable is {{ var }}"
```

就如同在第 4 章中所討論的，可以印出所有和目前 host 所連線的變數的值，只要依照以下這樣的方式呼叫就可以了：

```
- debug: var=hostvars[inventory_hostname]
```

Playbook 除錯器（Debugger）

Ansible 2.1 版加入了對交談式除錯器的支援。要啟用除錯，請在你的 play 中加上 strategy:debug，例如：

```
- name: an example play
  strategy: debug
  tasks:
    ...
```

如果除錯模式是啟用的，Ansible 會在 task 失敗時進入除錯器中：

```
TASK [try to apt install a package] *****************************************
fatal: [localhost]: FAILED! => {"changed": false, "cmd": "apt-get update",
"failed": true, "msg": "[Errno 2] No such file or directory", "rc": 2}
Debugger invoked
(debug)
```

表 16-1 列出了此除錯器所支援的命令。

表 16-1　除錯器的命令

命令	說明
p var	印出一個支援變數的值
task.args[key]=value	對失敗的 task 修改一個引數
vars[key]=value	修改變數的值
r	返回此失敗的 task
c	繼續此 play 的執行
q	放棄此 play 以及執行此除錯器
help	顯示出求助訊息

表 16-2 說明除錯器所支援的變數。

表 16-2　除錯器的變數

命令	說明
p task	失敗的 task 名稱
p task.args	模組引數
p result	被失敗 task 所傳回的值
p vars	所有已知變數的值
p vars[key]	指定變數的值

以下是在除錯器中互動的例子：

```
(debug) p task
TASK. Try to apt install a package
(debug) p task.args
{u'name': u'foo'}
(debug) p result
{'_ansible_no_log': False,
 '_ansible_parsed': True,
 'changed': False,
 u'cmd': u'apt-get update',
 u'failed': True,
 'invocation': {u'module_args': {u'allow_unauthenticated': False,
                                 u'autoremove': False,
                                 u'cache_valid_time': 0,
                                 u'deb': None,
                                 u'default_release': None,
                                 u'dpkg_options': u'force-confdef,force-confold',
                                 u'force': False,
                                 u'install_recommends': None,
                                 u'name': u'foo',
                                 u'only_upgrade': False,
                                 u'package': [u'foo'],
```

```
                                u'purge': False,
                                u'state': u'present',
                                u'update_cache': False,
                                u'upgrade': None},
                'module_name': u'apt'},
 u'msg': u'[Errno 2] No such file or directory',
 u'rc': 2}
(debug) p vars['inventory_hostname']
u'localhost'
(debug) p vars
{u'ansible_all_ipv4_addresses': [u'192.168.86.113'],
 u'ansible_all_ipv6_addresses': [u'fe80::f89b:ffff:fe32:5e5%awdl0',
                                 u'fe80::3e60:8f83:34b5:fc17%utun0',
                                 u'fe80::9679:241b:e93:8b7f%utun2'],
 u'ansible_architecture': u'x86_64',
 ...
```

雖然你會發現印出變數可能是除錯器最重要的特性，但是你也可以使用它去修改變數以及要傳遞給 task 的引數。請參閱 Ansible playbook debugger（*http://bit.ly/2lvAm8B*）的說明文件以看到更詳細的資訊。

Assert 模組

如果指定的條件不符合的話，assert 模組會拋出一個錯誤訊息而宣告失敗。例如，如果想要在沒有 eth1 介面的時就要讓 playbook 產生失敗的話，可以設定如下：

```
- name: assert that eth1 interface exists
  assert:
    that: ansible_eth1 is defined
```

當在偵錯一個 playbook 時，可以插入一個 assertion，使得在你的任一個假設被違反時會即刻發生一個錯誤，對於除錯會很有幫助。

請留意你插入的敘述是 Jinja2 而不是 Python。例如，如果想要插入一個檢查 list 長度的敘述，你可能會想要做以下的嘗試：

```
# Invalid Jinja2, this won't work!
assert:
    that: "len(ports) == 1"
```

不幸的是，Jinja2 並不支援 Python 內建的 len 函式。取而代之的是，你需要使用 Jinja2 的 **length** 過濾器：

```
assert:
  that: "ports|length == 1"
```

如果你想要檢查在 host 的檔案系統上的一個檔案的狀態，先去呼叫 stat 模組，然後根據此模組的傳回值插入一個 assertion，是很有幫助的方式：

```
- name: stat /opt/foo
  stat: path=/opt/foo
  register: st

- name: assert that /opt/foo is a directory
  assert:
    that: st.stat.isdir
```

stat 模組會收集關於檔案路徑的狀態的資訊。它傳回一個字典，其中包含了一個 stat 欄位，可能的值如表 16-3 所示。

表 16-3　stat 模組的傳回值

欄位	說明
atime	上次存取此路徑的時間，使用 Unix timestamp 格式
ctime	路徑的建立時間，使用 Unix timestamp 格式
dev	inode 中所存放的裝置數值 ID
exists	如果路徑存的的話則傳回 True
gid	路徑擁有者的數值群組 ID
inode	Inode 數目
isblk	如果路徑是區塊特別裝置，則傳回 True
ischr	如果路徑是字元特別裝置，則傳回 True
isdir	如果路徑是目錄的話，則傳回 True
isfi fo	如果路徑是 FIFO（名稱管線），則傳回 True
isgid	如果檔案的 set-group-ID 位元被設定的話，則傳回 True
islnk	如果路徑是符號連線的話，則傳回 True
isreg	如果路徑是正規檔案的話，則傳回 True
issock	如果路徑是 Unix domain socket 的話，則傳回 True
isuid	如果檔案的 set-user-ID 位元被設定的話，則傳回 True
mode	使用字串表示檔案模式，使用八進元（例如："1777"）
mtime	上次修改此路徑的時間，使用 Unix timestamp 格式
nlink	檔案硬連結的數目
pw_name	檔案擁有者的登入名稱
rgrp	如果群組讀取權限被啟用，則傳回 True
roth	如果其他讀取權限被啟用，則傳回 True
rusr	如果使用者讀取權限被啟用，則傳回 True
size	如果是正規檔案的話，傳回檔案大小的位元組數
uid	路徑擁有者的數值使用者 ID
wgrp	如果群組寫入權限被啟用，則傳回 True

欄位	說明
woth	如果其他寫入權限被啟用，則傳回 True
wusr	如果使用者寫入權限被啟用，則傳回 True
xgrp	如果群組執行權限被啟用，則傳回 True
xoth	如果其他執行權限被啟用，則傳回 True
xusr	如果使用者執行權限被啟用，則傳回 True

在執行之前檢查你的 playbook

ansible-playbook 命令支援幾個旗標可以讓你在執行 playbook 之前先明智地檢查一下。

語法檢查

--syntax-check 旗標，如範例 16-3 所示，檢查 playbook 的語法是否正確，但是並不會執行它。

範例 16-3 語法檢查

```
$ ansible-playbook --syntax-check playbook.yml
```

列出主機

--list-hosts 旗標，如範例 16-4 所示，輸出 playbook 將會在其中執行的主機，但是也不會執行這個 playbook。

範例 16-4 列出主機

```
$ ansible-playbook --list-hosts playbook.yml
```

 有時你會拿到一個可怕的錯誤：

```
ERROR: provided hosts list is empty
```

在你的 inventory 中一定要明確地指定一台主機，否則你就會遇到這個錯誤，就算是你的 playbook 是只打算在本地端執行也是一樣。如果你的 inventory 一開始是空的（也許因為你是使用動態的 inventory 腳本且還沒有啟動任何主機），可以在 inventory 中加上如下所示的這一行來解決這個問題：

```
localhost ansible_connection=local
```

列出 task

--list-tasks 旗標，如範例 16-5 所示，會輸出在此 playbook 中會被執行的 task。當然它也不會真正執行此 playbook。

範例 16-5　列出 task

```
$ ansible-playbook --list-tasks playbook.yml
```

之前在範例 6-1 時使用過這個旗標是為了列出在第一個 Mezzanine playbook 中的 task。

檢查模式

-C 和 --check 旗標會把 Ansible 在檢查模式下執行（就是所謂的 *dry-run*），它會告訴你在 playbook 中的每一個 task 將會修改主機，但是並不會真的對伺服器做任何的變更。

```
$ ansible-playbook -C playbook.yml
$ ansible-playbook --check playbook.yml
```

使用檢查模式的其中一個挑戰就是在 playbook 後面的部份可能會需要前面部份成功執行時才有可能會成功執行。在範例 6-28 中執行檢查模式會產生一個如範例 16-6 所示的錯誤，因為此 task 是相依於較早之前的 task（在主機上安裝 Git 程式）。

範例 16-6　一個正確的 playbook 使用檢查模式執行會發生錯誤

```
PLAY [Deploy mezzanine] *****************************************************

GATHERING FACTS ************************************************************
ok: [web]

TASK: [install apt packages] **********************************************
changed: [web] => (item=git,libjpeg-dev,libpq-dev,memcached,nginx,postgresql,py
thon-dev,python-pip,python-psycopg2,python-setuptools,python-virtualenv,supervi
sor)

TASK: [check out the repository on the host] ******************************
failed: [web] => {"failed": true}
msg: Failed to find required executable git

FATAL: all hosts have already failed -- aborting
```

在第 12 章中有對於一個模組如何實作出檢查模式有更詳細的說明。

Diff （顯示出檔案之間的差異）

-D 和 -diff 旗標會輸出在遠端機器中任一檔案的變更差異。把這個選項和 --check 一起使用非常有用處，可以用來顯示 Ansible 如果在正常的執行狀態之下是如何去改變檔案的：

```
$ ansible-playbook -D --check playbook.yml
$ ansible-playbook --diff --check playbook.yml
```

如果 Ansible 確實有變更到任一檔案（例如，使用諸如 copy、template 及 lineinfile 模組），它將會使用 .diff 格式顯示其改變，如下所示：

```
TASK: [set the gunicorn config file] *****************************************
--- before: /home/vagrant/mezzanine-example/project/gunicorn.conf.py
+++ after: /Users/lorin/dev/ansiblebook/ch06/playbooks/templates/gunicor
n.conf.py.j2
@@ -1,7 +1,7 @@
 from __future__ import unicode_literals
 import multiprocessing

 bind = "127.0.0.1:8000"
 workers = multiprocessing.cpu_count() * 2 + 1
-loglevel = "error"
+loglevel = "warning"
 proc_name = "mezzanine-example"
```

限制哪一些 task 可以被執行

有時候你並不想要 Ansible 執行在 playbook 中的每一個 task，特別是當你第一次編寫和偵錯 playbook 時。Ansible 提供許多的命令列選項讓你可以控制要執行的 task。

Step

--step 旗標，如範例 16-7 所示，會在執行每一個 task 之前提示你，如下所示：

```
Perform task: install packages (y/n/c):
```

你可以選擇執行此 task（y）、忽略它（n），或是告訴 Ansible 持續執行剩下的 task 不再逐一提醒（c）。

範例 16-7　*Step*

```
$ ansible-playbook --step playbook.yml
```

Start-at-Task

「`--start-at-task` task 名稱」 旗標，如範例 16-8，告訴 Ansible 開始執行 playbook 中指定的 task，而不是從頭開始執行。此功能在當你因為某一個臭蟲導致該 task 執行失敗時，在修正完該錯誤之後打算從 playbook 的該 task 再繼續執行下去的情況下非常有用。

範例 16-8　start-at-task

```
$ ansible-playbook --start-at-task="install packages" playbook.yml
```

Tags

Ansible 允許你可以加上一個或多個標籤到一個 task 或 play。例如，以下是一個 play 我們把它標上 foo 標籤，然後一個 task 被標上了 bar 和 quux 標籤的例子：

```
- hosts: myservers
  tags:
   - foo
  tasks:
   - name: install editors
     apt: name={{ item }}
     with_items:
       - vim
       - emacs
       - nano

   - name: run arbitrary command
     command: /opt/myprog
     tags:
       - bar
       - quux
```

使用「`-t` 標籤名稱」或「`--tags` 標籤名稱」旗標告訴 Ansible 去執行只有某一指定標籤的 play 和 task。使用「`--skip-tags` 標籤名稱」旗標去告訴 Ansible 忽略擁有指定標籤名稱的 play 和 task。請參考範例 16-9：

範例 16-9　執行或忽略標籤

```
$ ansible-playbook -t foo,bar playbook.yml
$ ansible-playbook --tags=foo,bar playbook.yml
$ ansible-playbook --skip-tags=baz,quux playbook.yml
```

## 第十七章

管理 Windows 主機

Ansible 是使用 SSH 的強大組態管理工具。歷史上,Ansible 是非常強連結於 Unix 以及 Linux 作業系統,而且我們經常可以看到此種跡象,像是變數的命名方式(例如:`ansible_ssh_host`、`ansible_ssh_connection` 等等)。然而,Ansible 其實在早期也有內建許多種多樣化的連線機制。

要支援一個對於 Linux 作業系統來說就像是外星人的 Windows 並不是只要考慮如何連線到 Windows 而已,也要考慮要讓內部的命名方式變得更通用於各個作業系統(例如,`ansible_ssh_host` 就要重新命名為 `ansible_host`,而 sudo 就要變成 become)。

> Ansible 引入對於 Microsoft Windows 支援的 beta 版是 1.7 版,但是從 2.1 版之後才脫離 beta。此外,在 Windows 主機中執行 Ansible 的唯一方式(也就是說,使用一個以 Windows 作業系統為基礎的控制機器)是在 Windows Subsystem for Linux(WSL)中執行 Ansible。

就模組的貢獻程度而言,Windows 模組的貢獻已經比 Linux 社群的貢獻落後了許多。

連線到 Windows

要加入對於 Windows 的支援,Ansible 和原有的做法不一樣,它在 Windows 中加入了一個代理人 agent,這是一個重要的決定。Ansible 使用整合的 Windows Remote Management(WinRM)功能,一個以 SOAP 為基礎的協定。

WinRM 是我們第一個需要的部份,而且還需要在管理的主機上安裝適當的套件以涵蓋在 Python 中的支援。

```
$ sudo pip install pywinrm
```

在預設的情況下，Ansible 會嘗試使用 SSH 連線到遠端的機器，這也是為什麼我們要事先告訴 Ansible 去變更連線機制的原因。通常，把所有的 Windows 主機放入 inventory 群組中是很好的想法。你所選擇的特定群組名稱並沒有什麼關係，但是我們將使用和我們之後要使用的 playbook 中相同的群組名稱以參用到這些主機：

```
[windows]
win01.example.com
win02.example.com
```

之後，我們加入要連線到 *group_var/windows* 的組態讓所有在此群組中的主機可以承襲這個組態。

 在 2015 年，Microsoft 在它的部落格中（ *https://blogs.msdn.microsoft.com/ powershell/2015/06/03/looking-forward-microsoft-supportfor-secure-shell- ssh/* ）宣佈進行原生 Secure Shell（SSH）上的整合。這表示，在未來對於 Windows 主機很可能就不會再需要另外一個不同的連線組態了。

就如同之前提到的，在這個例子中，此協定是以 SOAP 為基礎的，而且建構在 HTTP 之上。在預設的情況下，Ansible 嘗試在連接埠 5986 去建立一個安全的 HTTP（HTTPS）連線，除非 ansible_port 已經建立在 5985。

```
ansible_user: Administrator
ansible_password: 2XLL43hDpQ1z
ansible_connection: winrm
```

要使用自訂的連接埠，不管對於 HTTPS 或是 HTTP，可以使用以下的組態設定：

```
ansible_winrm_scheme: https
ansible_port: 5999
```

PowerShell

Microsoft Windows 的 PowerShell 是一個具有威力的命令列介面以及建立在 .NET 框架上的腳本語言，它提供了完整的管理存取，不只來自於本地端環境，也可以使用遠端的存取。

用於 Windows 的 Ansible 模組全部是在 PowerShell 中以 PowerShell 腳本所寫成的。

在 2016 年，Microsoft 基於 MIT license 開放了 PowerShell 的源碼。最新版本的原始碼和二進制套件用在 macOS、Ubunut 及 CentOS 都可以在 GitHub 中（*https://github.com/PowerShell/PowerShell*）找到。本書撰寫時，穩定的 PowerShell 版本是 5.1。

Ansible 要求被安裝到遠端機器上的至少是 PowerShell 版本 3。PowerShell 3 從 Microsoft Windows 7 SP1 以及 Microsoft Windows Server 2008 SP1 和之後的版本就有了。

對於控制機器沒有什麼要求，而要執行 Ansible 的機器，則是需要安裝 PowerShell。

然而，在第 3 版中有一些臭蟲，如果不管基於何種理由使得你一定要使用第 3 版的話，就需要從 Microsoft 取得並使用修補檔。

為了簡化安裝、升級、設置及組態 PowerShell 和 Windows 的程序，Ansible 提供一個腳本可以使用（*https://github.com/ansible/ansible/blob/devel/examples/scripts/ConfigureRemotingForAnsible.ps1*）。

為了要快一些開始，請如範例 17-1 所示的內容執行一些 shell 命令，然後就可以準備好開始了。此腳本可以執行多次不會有任何問題。

範例 *17-1* 設置讓 *Windows* 可以執行 *Ansible*

```
wget http://bit.ly/1rHMn7b -OutFile .\ansible-setup.ps1
.\ansible-setup.ps1
```

wget 是 Invoke-WebRequest 的別名，它內建於 PowerShell。

要瞭解所安裝的 PowerShell 版本，請在 PowerShell 主控台中輸入以下的命令：

```
$PSVersionTable
```

你應該可以看到如圖 17-1 所示的輸出。

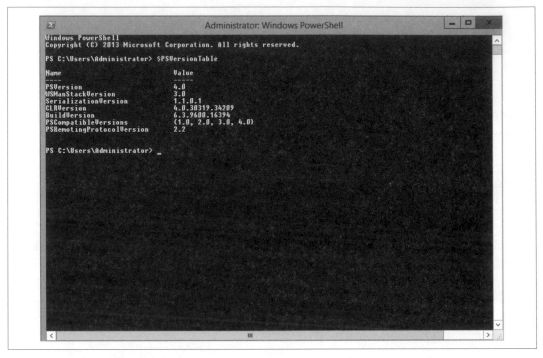

圖 17-1　取得 PowerShell 的版本

在此已經做好了連線的組態，現在讓我們透過 win_ping 對 Windows 主機開始一個簡單 ping。和 GNU/Linux 或是 Unix 中的 ping 類似，這不是一個 ICMP 的 ping；它是一個透過 Ansible 建立連線的測試：

```
$ ansible windows -i hosts -m win_ping
```

如果看到了像在範例 17-2 中所示的錯誤，要嘛就是取得一個有效的 TLS/SSL 憑證，不然的話就是新增一個可信任的連接串到一個已存在的內部 Certificate Authority（CA）中。

範例 17-2　因一個不合法的憑證所引發的錯誤結果

```
$ ansible -m win_ping -i hosts windows
win01.example.com | UNREACHABLE! => {
    "changed": false,
    "msg": "ssl: (\"bad handshake: Error([('SSL routines', 'tls_process_server_certi
ficate', 'certificate verify failed')],)\",)",
    "unreachable": true
}
```

我們也可以自負責任地取消 TLS/SSL 憑證的驗證如下：

```
ansible_winrm_server_cert_validation: ignore
```

如果看到的輸出和範例 17-3 類似，就表示已經成功地測試連線了。

範例 17-3　可以正常工作的結果

```
$ ansible -m win_ping -i hosts windows
win01.example.com | SUCCESS => {
    "changed": false,
    "ping": "pong"
}
```

Windows 模組

Windows 可用的 Ansible 模組是以 win_ 開頭的。在本書撰寫時，大約有超過 40 個 Windows 模組，其中 19 個是核心模組（*http://docs.ansible.com/ansible/list_of_windows_modules.html*）。線上說明文件中對於所有可用的 Windows 模組均有介紹。

> 關於模組的命名有一個預期的處理：要取得來自於 Windows 的 fact，此模組必須不能被執行 win_setup，而是 setup:ansible -m setup -i hosts windows。

我們的第一個 Playbook

現在已經有一台 Windows 主機了，應該要加上監控系統。接著建立一個 playbook 用來使用一些 Windows 模組。

在此選用的監控系統就是有名的開源專案 Zabbix（*http://www.zabbix.com*）監控軟體，這個軟體需要安裝 *zabbix-agentd* 到 Windows 主機上。

以下建立一個簡單的 playbook，如範例 17-4 所示，它用來安裝 *Zabbix Agent*。

範例 17-4　用來在 *Windows* 中安裝 *Zabbix* 的 *playbook*

```
---
- hosts: windows
  gather_facts: yes
  tasks:
    - name: install zabbix-agent
```

```
      win_chocolatey: ❶
        name: zabbix-agent

    - name: configure zabbix-agent
      win_template:
        src: zabbix_agentd.conf.j2
        dest: "C:\ProgramData\zabbix\zabbix_agentd.conf"
      notify: zabbix-agent restart

    - name: zabbix-agent restart
      win_service:
        name: Zabbix Agent
        state: started
  handlers:
    - name: zabbix-agent restart
      win_service:
        name: Zabbix Agent
        state: restarted
```

❶ win_chocolatey 使用 chocolatey，它是一個用在 Windows 中的開源套件管理器，它的授權方式是 Apache License 2.0。

相對應的 playbook 如範例 17-4 所示，除了使用的模組之外，它看起來並沒有和我們在 Linux 中實作的內容差別很多。

為了安裝軟體，我們使用 *chocolatey* 套件（*https://chocolatey.org/*）。作為模組的另一個選擇，win_package，可以被使用在這個地方。對於組態而言，我們使用 win_template 模組，它可以被用來搜集 fact（例如：ansible_hostname）以做為組態之用。

當然，*zabbix.conf* 必須在建立一個它的 template 之前先要被從一台 Windows 主機中複製出來。這裡的 template 語言和 template 模組所使用的 Jinja2 模組是一樣的。

最後一個使用的模組，win_service，並不需要任何的說明。

更新 Windows

管理者每天要做的瑣事之一就是安裝軟體的安全性更新。這是沒有任何一個管理者真正喜歡去做的任務之一，主要的原因是雖然它很重要而且是必要的，但這真的是很無趣的工作，而且如果更新出錯的話還可能會引發很多的困擾。這就是為什麼把作業系統中自動安裝安全性更新的設定關閉，並在把更新上線之前先進行測試是必要的原因。

Ansible 可以使用簡單的 playbook 協助我們進行軟體安裝自動化的工作，如範例 17-5 所示。此 playbook 不只安裝安全性更新，而且也會在必要時重新啟動機器。不只這樣，它還通知所有的使用者在系統關閉之前進行登出。

範例 *17-5* 用來安裝安全性更新的 *playbook*

```
---
- hosts: windows
  gather_facts: yes
  serial: 1 ❶
  tasks:
    - name: install software security updates
      win_updates:
        category_names:
          - SecurityUpdates
          - CriticalUpdates
      register: update_result

    - name: reboot windows if needed
      win_reboot:
        shutdown_timeout_sec: 1200 ❷
        msg: "Due to security updates this host will be rebooted in 20 minutes." ❸
      when: update_result.reboot_required
```

❶ 使用 serial 用在滾動更新。

❷ 設定一段 timeout 的時間讓作業系統有時間可以完成全部的更新。

❸ 通知使用者此系統即將要重新啟動。

好了，讓我們開始吧，如範例 17-6 所示。

範例 *17-6* 用來安裝安全性更新的 *playbook*。

```
$ ansible-playbook security-updates.yml -i hosts -v
No config file found; using defaults

PLAY [windows] ****************************************************

TASK [Gathering Facts] *******************************************
ok: [win01.example.com]

TASK [install software security updates] *************************
ok: [win01.example.com] => {"changed": false, "found_update_count": 0, "install
ed_update_count": 0, "reboot_required": false, "updates": {}} ❶

TASK [reboot windows if needed] *********************************
skipping: [win01.example.com] => {"changed": false, "skip_reason": "Conditional
result was False", "skipped": true} ❷
```

```
PLAY RECAP ********************************************************
win01.example.com          : ok=2    changed=0    unreachable=0    failed=0
```

❶ 讓 win_updates 對 reboot_required 傳回 false。

❷ 因為條件 when: update_result 傳回 *false*，所以 task 被跳過。

這樣可以工作了！不幸的是，目前我們沒有任何等待安裝的安全性更新，所以這個重新開機的 task 就被跳過了。

加上本地端的使用者

在本章的這個部份，我們將要在 Windows 上建立使用者和群組。你可能會想說這是一個已經解決的問題：只要使用 Microsoft Active Directory 就好了。然而，對於一個可以在雲端中任一處執行的 Windows 以及不依靠一個目錄服務的情況下，在一些使用情境下可能會是有利的。

在範例 17-7 中，我們將基於一個字典的串列建立 2 個使用者群組以及 2 個使用者。在更像是成品的 Ansible 專案中，使用者目錄可以被定義在 group_vars 或是 host_vars 中 但是為了易讀性，我們把它保留在 playbook 中。

範例 17-7　在 Windows 中管理本地端群組與使用者

```
- hosts: windows
  gather_facts: no
  tasks:
    - name: create user groups
      win_group:
        name: "{{ item }}"
      with_items:
        - application
        - deployments

    - name: create users
      win_user:
        name: "{{ item.name }}"
        password: "{{ item.password }}"
        groups: "{{ item.groups }}"
        password_expired: "{{ item.password_expired | default(false) }}" ❶
        groups_action: "{{ item.groups_action | default('add') }}" ❷
      with_items:
        - name: gil
          password: t3lCj1hU2Tnr
          groups:
```

```
                - Users
                - deployments
        - name: sarina
          password: S3cr3t!
          password_expired: true ❸
          groups:
            - Users
            - application
```

❶ 如果沒有在使用者字典中指定，可以選用的密碼逾期時限在預設的情況下是不會過期的。

❷ win_user 的群組預設行為是 *replace*：如果他已經是成員的話，此使用者會被從其他的群組中移除。我們改變此預設值為 add，以避免任何的移除動作。然而，我們可以對每一個使用者覆寫此行為。

❸ Sarina 的密碼逾期了。她需要在下一次登入時定義一個新的密碼。

以下是執行的過程：

```
$ ansible-playbook users.yml -l hosts

PLAY [windows] ************************************************************

TASK [create user groups] ************************************************
changed: [win01.example.com] => (item=application)
changed: [win01.example.com] => (item=deployments)

TASK [create users] ******************************************************
changed: [win01.example.com] => (item={u'password': u't3lCj1hU2Tnr', u'name':
u'gil', u'groups': [u'Users', u'deployments']})
changed: [win01.example.com] => (item={u'password_expired': True, u'password':
u'S3cr3t!', u'name': u'sarina', u'groups': [u'Users', u'application']})

PLAY RECAP ***************************************************************
win01.example.com          : ok=2    changed=2    unreachable=0    failed=0
```

好的，它看起來是正常工作的樣子，但是還是要來驗證一下。

就如同我們在圖 17-2 中所看到的，這些群組真的在那裡，太棒了！

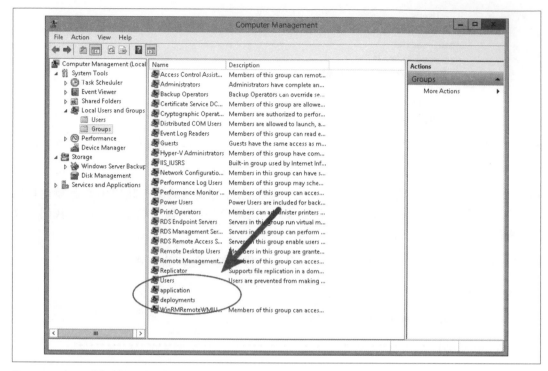

圖 17-2　新群組已經被建立完成

接著也要來檢查使用者，看看所有的設定是否已被套用。在圖 17-3 中，我們看到
Ansible 建立了使用者，而 sarina 已經在下一個的登入中變更了她的密碼──完美！

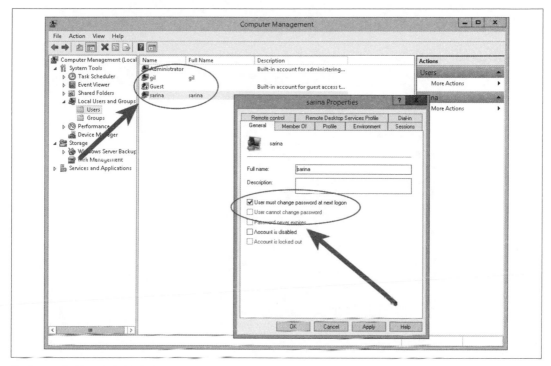

圖 17-3　新使用者已被建立

結論

Ansible 讓管理 Microsoft Windows 主機幾乎和管理 Linux 以及 Unix 一樣簡單。

Microsoft 的 WinRM 也工作地很好，儘管它的執行速度並沒有 SSH 那麼迅速。日後在 Windows 和 PowerShell 的新版本對原生 SSH 的支援之後，比較一下它對於執行速度做了多少的改善應該會很有趣。

儘管現在 Ansible Windows 社群還很小，但是 Ansible 的 Windows 模組還是有用的。也由此可以看到的是，Ansible 已經是用來配適 IT 橫跨更寬廣的作業系統最簡單的工具了。

## 第十八章

在網路裝置上使用 Ansible

管理和組態網路裝置總是讓我有懷舊的感覺。使用 telnet 登入到主控台，鍵入一些命令，儲存組態並套用 config，然後就完成工作。這樣的工作流程從這些裝置被引入之後就沒有什麼太大的改變。OK，公平一點說，是有一些改變啦，例如開始支援 SSH 了。

在一段長時間裡，找基本上對於網路裝置有兩類型的管理策略：

- 買一套昂貴的授權軟體來組態你的裝置。

- 開發一個小工具，為你的組態檔案進行以下的工作：備份你的組態檔案到本地端、編輯組態檔以修改其內容，以及把結果藉由主控台複製回你的裝置。

然而，在最近的幾年中，我已經看到在這個領域有一些改變。我注意到的第一件事是網路設備廠商已經開始去開放他們的 API 給所有人。第二件事則是所謂的 *DevOps* 並沒有停止往更低的層級移動到核心：硬體伺服器、負載平衡設備、防火牆設備、網路裝置、甚至包括路由器。

在我的觀點，把 Ansible 運用在網路設備是管理網路設備有希望的解決方案之一，有 3 個理由：

- Ansible 支援透過 SSH 連線到主控台的網路設備，而且並不受限於特定廠商的 API。

- 任一網路操作者均可在幾小時內就可以上手，而它編寫模組的方式和網路操作者之前所做的類似。

- Ansible 是開源專案軟體。我們可以馬上就使用！

網路模組的狀態

在我們開始動手之前，有一些要留意的地方：網路模組的實作現在還非常新，仍處於發展階段，目前被 Ansible 標記為預覽版（*preview*）。隨著時間的推進，很多地方可能還會有所變動（以及改善）。但是這應該不會讓我們因此就裹足不前；我們已經可以取得許多的優點了。

支援的網路廠商列表

第一個你可能會問的問題是，我喜歡的廠商或網路作業系統有被支援嗎？以下是一份雖然不完整，但這些支援的網路廠商和作業系統的列表已夠令人印象深刻了：

- Cisco ASA, IOS, IOS XR, NX-OS
- Juniper Junos OS
- Dell Networking OS 6, 9, and 10
- Cumulus
- A10 Networks
- F5 Networks
- Arista EOS
- VyOS

如果你的設備商並沒有在這個清單中，請檢查一下說明文件中的最新列表，因為發展的速度非常快！在本書撰寫時，Ansible 已經有大約 200 個和網路設備相關的模組了。

準備網路設備

在開始運用網路模組之前，我們得先準備網路設備。

我去找了找現有的網路設備，找到了一台老舊以及吵鬧的 Cisco Catalyst 2960G Series Layer 2 交換器，它執行的是 IOS。此設備的最終維護期是 2013 年。儘管此設備可能不是那麼卓越，但很棒的是，這麼老舊的設備仍然可以透過 Ansible 來進行管理！首要的事是：在使用 Ansible 組態此台交換器之前，我們必須要能夠連線到它。而這馬上遇到的一個障礙是，此設備的原廠預設值是只監聽 telnet。我們必須要讓它可以監聽 SSH 連線才行。在真實上線的工作中真的應該不要使用 telnet 協定。

Ansible 並不能透過 telnet 連線到網路設備。

我確定的是有些讀者可能已經有過組態交換器和路由器使其可用於 SSH 的經驗。雖然如此，我並不會稱呼自己為網路工程師，因為搞清楚如何在我的 Catalyst 上啟用 SSH 實在是花費了我一些時間。

啟用 SSH 驗證

要啟用 SSH 有幾個步驟需要完成。在此打算使用的命令應該可以在大部份的 IOS 裝置上使用，但也許會有一些不同。然而，並不需要去擔心這些，因為都可以在主控台中鍵入問號（?）以取得可使用的選項訊息。

現在 Cisco 交換器已經處於原廠設定狀態，而我讓它進入 Express Setup 模式。就如同在使用 Linux 一樣，透過 telnet 登入這個裝置就只要一個命令而已；請參考範例 18-1。

範例 *18 1* 　使用 *telnet* 登入

```
$ telnet 10.0.0.1
Trying 10.0.0.1...
Connected to 10.0.0.1.
Escape character is '^]'.
Switch#
```

要組態這個裝置，需要進入 *configuration* 模式，就如同範例 18-2 所示的樣子。很理所當然，對吧？

範例 *18-2* 　切換到 *configuration* 模式

```
switch1#configure
Configuring from terminal, memory, or network [terminal]? terminal
Enter configuration commands, one per line.  End with CNTL/Z.
```

第一個要設置組態的項目就是給它一個 IP，如範例 18-3 所示，如此才能夠在所有組態完成之後可以進行登入。

範例 *18-3* 　組態一個靜態的 *IP*

```
switch1(config)#interface vlan 1
switch1(config-if)#ip address 10.0.0.10 255.255.255.0
```

為了產生 RSA key，需要給定一個 hostname 以及一個 domain name，如範例 18-4 所示。

範例 18-4　設定 *hostname* 以及 *domain*

```
Switch(config)#hostname switch1
switch1(config)#ip domain-name example.net
switch1(config)#
```

完成之後，就可以如範例 18-5 所示的樣子建立 *crypto* key。在本書撰寫時，說明文件建議不要產生小於 2,048 位元的 RSA key。

範例 18-5　產生 *RSA* 位元 -- 這需要花上一些時間

```
switch1(config)#crypto key generate rsa
The name for the keys will be: switch1.example.net
Choose the size of the key modulus in the range of 360 to 4096 for your
  General Purpose Keys. Choosing a key modulus greater than 512 may take
  a few minutes.

How many bits in the modulus [512]: 4096
% Generating 4096 bit RSA keys, keys will be non-exportable...
[OK] (elapsed time was 164 seconds)

switch1(config)#
```

我們使用 telnet 連線到裝置時並沒有任何的安全驗證。而另一方面，SSH 會詢問使用者名稱和密碼。

下一步，如範例 18-6 所示，加入一個新的使用者，並設定 username 以及 password，我們給這個使用者的權限是 level 15（最高層級）。

 設定密碼有兩種方式：使用 secret 或是使用 password。password 會以一般文字檔的方式存放，而 secret 則是會以 hash sum 的方式保存，要看你的裝置和韌體版本而定。

範例 18-6　加上一個新的管理者

```
switch1(config)#username admin privilege 15 secret s3cr3t
```

最後一個步驟，如範例 18-7 所示，去組態安全驗證模式（authencication model）。我們的交換器是執行在一個預設的舊模式（old model），在這個模式下，它只會要求你輸入密碼。

然而，我們想要它提示要求輸入的不只是密碼，還要包括使用者名稱；此種型式被稱為是新的 *authentication*、*authorization*、*accounting*（aaa）模式。

範例 *18-7* 組態安全驗證模式

```
switch1(config)#aaa new-model
```

此外，在範例 18-8 中也要為 enable 設定一組密碼，以展示 Ansible 也可以進行這個處理。

範例 *18-8* 為 *enable* 設定密碼

```
switch1(config)#enable secret 3n4bl3s3cr3t
```

當所有的工作都完成之後，就沒有必要再以不安全的未加密 telnet 傳輸協定連線了，請依照我們在範例 18-9 中所做的，在 16 個虛擬終端機的任一個中把此種連線方式取消。

範例 *18-9* 把裝置上的 *telnet* 功能取消

```
switch1(config)#line vty 0 15
switch1(config-line)#transport input ?
  all     All protocols
  none    No protocols
  ssh     TCP/IP SSH protocol
  telnet  TCP/IP Telnet protocol

switch1(config-line)#transport input ssh
switch1(config-line)#exit
```

總算完成了。讓我們如範例 18-10 所示的把 config 結束並保存起來。請注意，在完成這個步驟之後，可能會失去目前的連線，但這並不會是個問題。

範例 *18-10* 保存 *config*，並讓它可以成為啟動執行的 *config*

```
switch1#copy running-config startup-config
Destination filename [startup-config]?
```

是時候可以驗證 SSH 是否已正常設定而且 telnet 已經被取消了，驗證的過程如範例 18-11 所示。

範例 *18-11* 使用 *SSH* 登入裝置

```
$ telnet 10.0.0.10
Trying 10.0.0.10...
telnet: Unable to connect to remote host: Connection refused
$ ssh admin@10.0.0.10
```

```
Password:

switch01>
```

太棒了，順利完工！

模組是如何工作的

在開始第一個 playbook 之前，先回頭討論一下關於 Ansible 的模組。檢視一下，當被使用在 task 中的模組被複製到目標機器，然後在那裡執行，Ansible 在執行一個 playbook 時是如何作業的。

當我們回過頭來看 network 模組時，這個程序對於網路設備是行不通的。它們通常並不會預裝 Python 直譯器，或是有直譯器但是也沒辦法被我們使用。這就是 network 模組和原始的 Ansible 模組一些不一樣的地方。

我們可以把這些模組拿來和 HTTP API 比較。使用 HTTP API 的 Ansible 模組通常都是在本地端執行，也就是它們執行的是本地端的 Python 程式碼，這些程式碼透過 HTTP 和 API 互動。network 模組基本上就是使用相同的方式，除了它們並不是透過 HTTP 而是透過主控台！

我們的第一個 Playbook

在第一個 playbook 中，我打算讓它簡單一些，目標是變更 hostname。

因為我們的網路設備是執行在 Cisco IOS 作業系統，就要使用 `ios_config` 模組，它是用來管理 Cisco IOS 組態階段。

首先來建立第一個 task，`ios_config`，如範例 18-12 所示。

範例 18-12　在 Cisco Catalyst 上設定 hostname

```
---
- hosts: localhost
  gather_facts: no
  connection: local ❶
  tasks:
  - name: set a hostname
    ios_config:
      lines: hostname sw1
      provider:
        host: 10.0.0.10 ❷
```

```
        username: admin ❸
        password: s3cr3t ❹
        authorize: true ❺
        auth_pass: 3n4bl3s3cr3t ❻
```

❶ 把連線設定到 local，使得所有的 task 都會被 Ansible 所處理，當做是本地端的操作。

❷ domain name 或 IP 位址 ，讓網路裝置可以順利被連線上

❸ 用來透過 SSH 連線登入此裝置用的使用者名稱

❹ 登入此裝置用的密碼

❺ 透過 *authorize*，告訴模組在特權模式下執行命令

❻ 然後，也傳遞此密碼到模組中以取得特權模式

如果不打算使用傳遞模組引數 username、password、authorize 及 auth_
pass 給每一個 task，也可以使用如下所示的方式定義會被使用的環境
變數：

ANSIBLE_NET_USERNAME, ANSIBLE_NET_PASSWORD, ANSIBLE_NET_AUTHORIZE,
and ANSIBLE_NET_AUTH_PASS。

此種方式可以減少每一個 task 一開始的初始設定工作。請留意，這些環
境變數將會被許多 network 模組所讀取。然而，每一個變數總是可以被使
用明確傳遞的模組引數所覆寫，就像是我們剛剛做的一樣。

就這樣？沒錯，就是。讓我們來執行這個 playbook：

```
$ ansible-playbook playbook.yml -v
No config file found; using defaults
[WARNING]: Host file not found: /etc/ansible/hosts

[WARNING]: provided hosts list is empty, only localhost is available

PLAY [localhost] ************************************************************

TASK [set a hostname] ******************************************************
changed: [localhost] => {"changed": true, "updates": ["hostname sw1"],
"warnings": []}

PLAY RECAP *****************************************************************
localhost                  : ok=1    changed=1    unreachable=0    failed=0
```

看起來像是可以完成的樣子，但是還是要來檢驗一下，我們登入這個裝置，然後再次檢查：

```
$ ssh admin@10.0.0.10
Password:

sw1>
```

不錯，真的是可以順利完成作業！我們已經成功地在 Cisco Catalyst 上執行第一個 playbook 了。

 network 模組被編寫為具有 idempotency 特性。可以執行 playbook 好幾次都不會有任何的不同以及破壞任何的狀態。

network 模組的 Inventory 和變數

在前一個 playbook 的目標主機被定義為 localhost，如果我們擁有一群 Cisco Catalyst 交換器，為每一個都是以 localhost 的方式所建立的 playbook 就沒有辦法好好地擴大規模也不夠彈性化，因為需要不同的組態，而每一個網路裝置都會有不同的 Ansible 變數。

從之前的基礎再進一步，並把網路設備放到一個靜態的 inventory 檔案，如範例 18-13 所示，然後把它保存在 ./network_hosts。

範例 18-13　在 hosts 檔案中包含交換器

```
[ios_switches]
sw1.example.com
```

現在可以改變 playbook 目標到 ios_switches，就如同在範例 18-14 中所做的一樣。

範例 18-14　在 Cisco Catalyst 中設定 hostname

```
---
- hosts: ios_switches ❶
  gather_facts: no
  connection: local
  tasks:
  - name: set a hostname
    ios_config:
      lines: hostname sw1
      provider:
        host: 10.0.0.10
        username: admin
```

```
            password: s3cr3t
            authorize: true
            auth_pass: 3n4bl3s3cr3t
```

❶ 使用 ios_switches 做為目標

再進一步，因為現在有一個 inventory 檔，我們可以使用一些 Ansible 內部的變數。變數 inventory_hostname_short 包含了 inventory 主機部份的項目（例如：*sw1.example.com* 中的 *sw1*）。結果是，如此就可以讓 playbook 簡單一些，如範例 18-15 所示。

範例 18-15　使用 inventory_hostname_short 來進行組態作業

```
    ---
  - hosts: ios_switches
    gather_facts: no
    connection: local
    tasks:
    - name: set a hostname
      ios_config:
        lines: hostname {{ inventory_hostname_short }} ❶
        provider:
          host: 10.0.0.10
          username: admin
          password: s3cr3t
          authorize: true
          auth_pass: 3n4bl3s3cr3t
```

❶ 在此使用 inventory_hostname_short。

本地端連線

playbook 總是需要被使用本地端的連線加以執行，這是一個通用的網路設備處理範式。

我們把這個設定從 playbook 中移走，然後把它放到 *group_vars/ios_switches* 檔中，如範例 18-16 所示。

範例 18-16　用在 ios_switches 的 Group 變數檔案

```
    ---
    ansible_connection: local
```

主機連線

當我們再看一次我們在範例 18-15 的 playbook，應該也移除了 ios_config 的組態參數，它在每一個網路設備上都會有所差異（例如：主機的連線位址）。

和我們之前對 *hostname* 做的一樣，我們使用一個內部變數；這次它是 inventory_hostname。在例子中，inventory_hostname 相依於 Fully Qualified Domain Name（FQDN）*sw1.example.com*。這個領域名稱能被名稱伺服器所解析，這就是我們所需要的。然而，當還在發展設置時，這可能並非如此。

為了不要依賴 DNS 項目，我們要讓它更加地彈性，以及建立一個變數 net_host 用來做為連線之用。做為一個備援，當 net_host 沒有被定義的情況下，inventory_hostname 應該就要被使用。

這聽起來有一些複雜，但它的實作其實非常簡單。來看一下範例 18-17 的內容。

範例 18-17　使用變數來進行連線

```
---
- hosts: ios_switches
  gather_facts: no
  tasks:
  - name: set a hostname
    ios_config:
      lines: hostname {{ inventory_hostname_short }}
      provider:
        host: "{{ net_host | default(inventory_hostname) }}" ❶
        username: admin
        password: s3cr3t
        authorize: true
        auth_pass: 3n4bl3s3cr3t
```

❶　使用 net_host 變數以及備援 inventory_hostname 變數進行連線。

通常，把 host 變數放入 hosts_vars 是很好的實踐。

因為這個設定有一些和連線相關，把它放進 inventory 檔案 *./network_host* 做為 inventory 變數應該是很適當的，就像是範例 18-18 中的樣子。

範例 18-18　加入 net_host 到相關的主機項目中

```
[ios_switches]
sw1.example.com  net_host=10.0.0.10
```

安全驗證變數

最後一個步驟，我們使用變數做為所有和安全驗證相關的組態。如此可以提供最大的彈性。

如果所有的網路設備是在該群組中而且分享了相同組態的話，安全性驗證組態就可以被放在 group_vars，而這就是在範例 18-19 中所做的事。

範例 18-19　用在 ios_switches 的群組變數檔

```
---
ansible_connection: local
net_username: admin
net_password: s3cr3t
net_authorize: true
net_auth_pass: 3n4bl3s3cr3t
```

就算是當少數的網路設備有一些不同的安全驗證組態，這些也可以在 hosts_vars 層級中加以覆寫。

保存 config

現在是時候保存這些組態，並確保它們可以被使用在下一次裝置重新啟動的時候，幸運的是，唯一一件要做的，是到 ios_config 的 task 中把它的參數值設定為 true。

對於喜歡保存備份的我們來說，Ansible 也處理地很好。布林值參數 backup 指示那些執行中的 config 應該要在被套用到任何變更之前先做備份動作。

此備份會被下載成一個檔案並存在本地端目錄 backup 之下和控制機器的 playbooks 目錄放在一起，而這就是我們執行 Ansible 的地方。如果 backup 目錄還沒有被建立的話，Ansible 也會幫我們建立它：

```
$ ls backup/
switch1_config.2017-02-19@17:14:00
```

 此備份會包含的是執行中的 config 而不是啟動用的 config。

現在 playbook 版本已經變更成範例 18-20。

範例 18-20　playbook 的最終版本，在 Catalyst 上設定 hostname

```
---
- hosts: ios_switches
  gather_facts: no
  tasks:
  - name: set a hostname
    ios_config:
      lines: hostname {{ inventory_hostname_short }}
```

```
  provider:
    host: "{{ net_host | default(inventory_hostname) }}"
    username: "{{ net_username | default(omit) }}" ❶
    password: "{{ net_password | default(omit) }}" ❶
    authorize: "{{ net_authorize | default(omit) }}" ❶
    auth_pass: "{{ net_auth_pass | default(omit) }}" ❶
  backup: true ❷
  save: true ❸
```

❶ 所有的這些變數均可以在 group_vars 或是 host_vars 層級中設定。

❷ 把執行中的 config 備份到 ./backup。

❸ 保存 running-config 到裝置上的 startup-config。

 這些參數的備份和儲存被當做是 action 來處理。這些 action 就算是沒有任何變更被套用也會被執行。我也注意到備份的 action 並不會回報 changed=True，而且現存的備份也會在新的備份建立之前被刪除。

從檔案中使用 Config

使用 lines 參數對於一些少許的調整很好用。然而，我用來管理裝置的方式是保存完整 config 備份到本地端的檔案中。我在檔案中編修，然後把它備份回裝置中。

幸運的是，ios_config 有另外一個參數用來把檔案組態到裝置：就是 src 參數。此參數讓我們可以把一個較大的靜態組態部份做為一個檔案 *ios_init_template.conf*，就如同在範例 18-21 中所看到的一樣。

範例 18-21　靜態 IOS config 做為檔案的例子

```
no service pad
service timestamps debug datetime msec
service timestamps log datetime msec
service password-encryption
boot-start-marker
boot-end-marker
aaa new-model
!
clock timezone CET 1 0
clock summer-time CEST recurring last Sun Mar 2:00 last Sun Oct 3:00
!
system mtu routing 1500
!
vtp mode transparent
```

```
!
ip dhcp snooping vlan 10-20
ip dhcp snooping
no ip domain-lookup
!
!
spanning-tree mode rapid-pvst
spanning-tree extend system-id
!
vlan internal allocation policy ascending
!
interface Vlan1
 no ip address
 no ip route-cache
 shutdown
!
ip default-gateway 10.0.0.1
no ip http server
no ip http secure-server
!
snmp-server community private
snmp-server community public RO
snmp-server location earth
snmp-server contact admin@example.com
!
ntp server 10.123.0.5
ntp server 10.100.222.12
!
```

別擔心，我不會把所有的組態都講一遍。相反的，讓我們回到在前面小節中的 playbook，並把它延伸如範例 18-22 所示的樣子，包括加上我們從檔案中取得靜態 config 的 task。

現在我們有 2 個 task 組態網路設備。在每一個 task 中使用 backup 會讓裝置建立太多的中間過程備份。我們只想要執行組態的一個備份，就是在進行任何修改之前的那個。

這就是為什麼我們建立了一個額外的 task 放在 playbook 最開始的地方以進行備份 task。基於相同的理由，還增加了一個做為儲存用的 handler，它只有在發生變更時被執行一次。

範例 18-22 使用 src 在靜態 config 檔案的運用上

```
---
- hosts: ios_switches
  gather_facts: no
  tasks:
  - name: backup the running config
```

```
  ios_config:
    backup: true
    provider:
      host: "{{ net_host | default(inventory_hostname) }}"
      username: "{{ net_username | default(omit) }}"
      password: "{{ net_password | default(omit) }}"
      authorize: "{{ net_authorize | default(omit) }}"
      auth_pass: "{{ net_auth_pass | default(omit) }}"

- name: init the static config
  ios_config:
    src: files/ios_init_config.conf ❶
    provider:
      host: "{{ net_host | default(inventory_hostname) }}"
      username: "{{ net_username | default(omit) }}"
      password: "{{ net_password | default(omit) }}"
      authorize: "{{ net_authorize | default(omit) }}"
      auth_pass: "{{ net_auth_pass | default(omit) }}"
  notify: save the running config ❷

- name: set a hostname
  ios_config:
    lines: hostname {{ inventory_hostname_short }}
    provider:
      host: "{{ net_host | default(inventory_hostname) }}"
      username: "{{ net_username | default(omit) }}"
      password: "{{ net_password | default(omit) }}"
      authorize: "{{ net_authorize | default(omit) }}"
      auth_pass: "{{ net_auth_pass | default(omit) }}"
  notify: save the running config ❷

handlers:
- name: save the running config
  ios_config:
    save: true
    provider:
      host: "{{ net_host | default(inventory_hostname) }}"
      username: "{{ net_username | default(omit) }}"
      password: "{{ net_password | default(omit) }}"
      authorize: "{{ net_authorize | default(omit) }}"
      auth_pass: "{{ net_auth_pass | default(omit) }}"
```

❶ 從一個位於 *files/ios_init_config.conf* 的檔案中讀取 IOS config。

❷ 通知 handler 保存 config。

這個時候，我們已經準備好可以混合靜態和動態 config 了。當然，我們可以使用相同的
方式延伸 playbook 額外的動態 config。而且還可以再更進一步。

但是，在此之前，你可能已經注意到有一大塊重複的 config 區塊被用在 provider 資訊中，應該要做一些最佳化，如範例 18-23 所示。

範例 18-23　把 src 用在靜態 config 檔案

```
---
- hosts: ios_switches
  gather_facts: no
  vars:
    provider: ❶
      host: "{{ net_host | default(inventory_hostname) }}"
      username: "{{ net_username | default(omit) }}"
      password: "{{ net_password | default(omit) }}"
      authorize: "{{ net_authorize | default(omit) }}"
      auth_pass: "{{ net_auth_pass | default(omit) }}"
  tasks:
  - name: init the static config with backup before
    ios_config:
      backup: true ❷
      src: files/ios_init_config.conf
      provider: "{{ provider )]" ❸
    notify: save the running config

  - name: set a hostname
    ios_config:
      lines: hostname {{ inventory_hostname_short }}
      provider: "{{ provider }}" ❸
    notify: save the running config

  handlers:
  - name: save the running config
    ios_config:
      save: true
      provider: "{{ provider }}" ❸
```

❶ 使用一個 vars 子句加上變數 provider 用在共通的組態上。

❷ 因為我們只有一個 task 動到 config，所以把備份的參數移到這個 task 中。

❸ 如果需要的話就重用 provider 變數。

 我們可以使用不同於 backup 參數的 ios_config 以取得一個 config 的 template 來做為開始。

OK，到目前為止看起來還不錯。

Templates、Templates、Templates

我們已經看過在 ios_config 中的 src 參數可以被使用在靜態的 config 中。但是，Jinja2 的 template 呢？幸運的是，ios_config 內建也有支持 template，就如同範例 18-24 所示。

範例 18-24　對靜態 config 檔案以及 template 使用 src

```
---
- hosts: ios_switches
  gather_facts: no
  vars:
    provider:
      host: "{{ net_host | default(inventory_hostname) }}"
      username: "{{ net_username | default(omit) }}"
      password: "{{ net_password | default(omit) }}"
      authorize: "{{ net_authorize | default(omit) }}"
      auth_pass: "{{ net_auth_pass | default(omit) }}"
  tasks:
  - name: copy the static config
    ios_config:
      backup: true
      src: files/ios_init_config.conf.j2 ❶
      provider: "{{ provider }}"
    notify: save the running config

  handlers:
  - name: save the running config
    ios_config:
      save: true
      provider: "{{ provider }}"
```

❶ 我們從之前的靜態 config 檔案建立了一個 template，然後依照慣例把它儲存為 *ios_init_config.conf.j2*。

我們已經把 playbook 轉換成可適應 Ansible IOS 網路裝置組態 playbook 了。所有的網路裝置組態、靜態以及動態的，都可以被使用 template 來加以處理，如範例 18-25 所示。

範例 18-25　*IOS config template*，包含 *VLAN* 以及介面的動態 *config*。

```
hostname {{ inventory_hostname_short }}

no service pad

service timestamps debug datetime msec
service timestamps log datetime msec
service password-encryption
```

```
boot-start-marker
boot-end-marker

clock timezone CET 1 0
clock summer-time CEST recurring last Sun Mar 2:00 last Sun Oct 3:00

ip dhcp snooping
no ip domain-lookup

spanning-tree mode rapid-pvst
spanning-tree extend system-id

vlan internal allocation policy ascending

!
{% if vlans is defined %} ❶
{% for vlan in vlans %}
vlan {{ vlan.id }}
 name {{ vlan.name }}
!
{% endfor %}
{% endif %}

{% if ifaces is defined %} ❶
{% for iface in ifaces %}
interface {{ iface.name}}
 description {{ iface.descr }}
{% if iface.vlans is defined %}
{% endif %}
 switchport access vlan {{ iface.vlans | join(',') }}
 spanning-tree portfast
!
{% endfor %}
{% endif %}

no ip http server
no ip http secure-server

snmp-server community public RO
snmp-server location earth
snmp-server contact admin@example.com
! add more configs here...
```

❶ 如何在 template 中使用動態 config 的例子。

因為這只是一個 tempalte 檔案，所有 Jinja2 template 引擎的所有方面均可被使用，包含繼承和巨集。在本書撰寫時，並不會傳回一個 --diff 的輸出。

現在讓我們來執行這個 playbook：

```
$ ansible-playbook playbook.yml -i network_hosts

PLAY [ios_switches] ********************************************************

TASK [copy the static config] *********************************************
changed: [switch1]

RUNNING HANDLER [save the running config] *********************************
changed: [switch1]

PLAY RECAP ****************************************************************
switch1                    : ok=2    changed=2    unreachable=0    failed=0
```

很簡單，不是嗎？

收集 Fact

收集 network 模組的 fact 被實作出來用於另外一個分開的 facts 模組，在本例中是 ios_facts。

 在你的 play 中對於 network 裝置的 playbook 使用 gather_facts: false。

因為在前面的小節中已經準備了所有連線組態，現在已準備好前往範例 18-26 中的 playbook。

ios_facts 模組只有一個可選用的參數：gather_subset。這個參數被使用去限制想要的或是加上一個驚嘆號（!）以過濾不想要的 facts。預設值是 !config，它表示想要除了 config 之外所有的。

範例 18-26　對一個 IOS 裝置收集 facts

```
---
- hosts: ios_switches
  gather_facts: no
  tasks:
  - name: gathering IOS facts
    ios_facts:
      gather_subset: hardware ❶
```

```
    host: "{{ net_host | default(inventory_hostname) }}"
    provider:
      username: "{{ net_username | default(omit) }}"
      password: "{{ net_password | default(omit) }}">
      authorize: "{{ net_authorize | default(omit) }}"
      auth_pass: "{{ net_auth_pass | default(omit) }}"
  - name: print out the IOS version
    debug:
      var: ansible_net_version ❷
```

❶ 只選擇硬體的 facts

❷ 所有的 network 都要以 ansible_net_ 做為字首

 Facts 是要被插入到 Ansible 主機變數中,而且不需要在 task 層級被註冊
(例如:register: result)。

讓我們執行這個 playbook:

```
$ ansible-playbook facts.yml -i network_hosts -v
No config file found; using defaults

PLAY [ios_switches] ********************************************************

TASK [get some facts] ******************************************************
ok: [switch1] => {"ansible_facts": {"ansible_net_filesystems": ["flash:"], "ansi
ble_net_gather_subset": ["hardware", "default"], "ansible_net_hostname": "sw1",
"ansible_net_image": "flash:c2960-lanbasek9-mz.150-1.SE/c2960-lanbasek9-mz.150-1
.SE.bin", "ansible_net_memfree_mb": 17292, "ansible_net_memtotal_mb": 20841,
"ansible_net_model": null, "ansible_net_serialnum": "FOC1132Z0ZA", "ansible_net_
version": "15.0(1)SE"}, "changed": false, "failed_commands": []}

TASK [print out the IOS version] *******************************************
ok: [switch1] => {
   "ansible_net_version": "15.0(1)SE"
}

PLAY RECAP *****************************************************************
switch1                    : ok=2    changed=0    unreachable=0    failed=0
```

結論

現在你有了關於如何去組建、組態網路裝置以及在 Ansible 中取得 facts 的第一印象了。
ios_config，以及 ios_facts_module，是非常常用的模組，用在具有相同特性的網路作
業系統上（例如 Dell EMC Networking OS10──delloslo_config，或是 Arista EOS──
eos_config）。

但是，根據不同的作業系統以及網路裝置所提供的介面（*http://bit.ly/2uvBe2f*），模組的
變化和數量可能會有許多的不一樣，我鼓勵讀者持續去關注其他模組的說明文件以取得
更多的資訊。

## 第十九章

Ansible Tower：
企業版的 Ansible

Ansible Tower 是一個之前由 Ansible 公司所建立的商用軟體，現在則是屬於 Red Hat 公司。Ansible Tower 被實作為典型 Ansible 放在公司裡執行的網頁服務。它透過網頁使用者介面，提供一個更精細的以使用者或是角色為分級的存取策略管理，如圖 19-1 所示，它還提供了 RESTful API 可以使用。

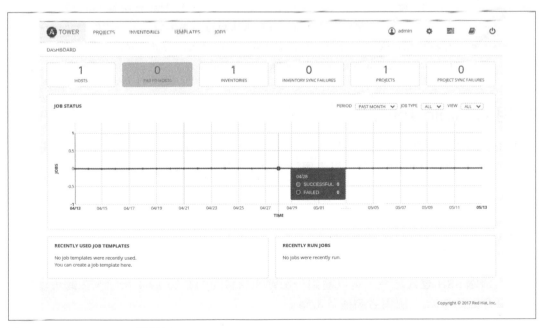

圖 19-1　Ansible Tower 的面板

訂閱模型

Red Hat 提供以年為單位訂閱的支援，包括三種訂閱種類，每一種都有其不同的支援服務協議（Service-Level Agreements, SLAs）（*https://access.redhat.com/support/offerings/production/sla*）：

- 自我支援（沒有支援以及 SLA）

- 標準（支援以及 SLA: 8x5）

- 高級（支援以及 SLA: 24x7）

所有的訂閱層級包括常規的升級以及 Ansible Tower 的釋出版本。自我支援種類被限制在最大 250 個管理的主機，以及不包合以下的特性：

- 登入時的客制化自訂商標

- SAML、RADIUS 及 LDAP 的安全驗證

- 多組織的支援

- 活動串流以及系統的追蹤

 在 Red Hat 於 2015 年取得 Ansible 公司之後，Red Hat 承諾會有一個 Ansible Tower 的開放源碼版本。在本書撰寫時，尚未發佈進一步的細節以及特定的時間表（譯註：現在這個版本已經發佈了，請參閱這個網址：https://www.ansible.com/products/awx-project）。

試用 Ansible Tower

Red Hat 提供了一個免費的試用版本（*http://ansible.com/license*），它是自我支援訂閱模型種類的特色集，此版本最多可以支援管理 10 部主機，而沒有試用期限。

使用 Vagrant 可以很快地進行評估安裝：

```
$ vagrant init ansible/tower
$ vagrant up --provider virtualbox
$ vagrant ssh
```

在我們透過 SSH 登入之後，可以看到一個歡迎的畫面如範例 19-1 所示，在此可以找到此網頁介面的 URL、使用者名稱及密碼。

範例 *19-1* 歡迎畫面

```
Welcome to Ansible Tower!

Log into the web interface here:

  https://10.42.0.42/

  Username: admin
  Password: JSKYmEBJATFn

The documentation for Ansible Tower is available here:

  http://www.ansible.com/tower/

For help, visit  http://support.ansible.com/
```

登入網頁介面之後會被提示要求輸入 license 檔案，此檔案可以在填寫一張表格索取之後，在自己的電子郵件信箱中拿到。

 如果 Vagrant 機器不能夠連線到 *10.42.0.42*，你可能需要在 Vagrant 機器中執行以下的命令，讓它的網路介面卡可以連結到該 IP 位址：

```
$ sudo systemctl restart network.service
```

Ansible Tower 可以做些什麼？

Ansible Tower 不只是一個架構在 Ansible 之上的網頁介面而已。Ansible Tower 以某種方式延伸了 Ansible 的功能，讓我們在這一節中更詳細地加以說明。

存取控制

在有許多團隊的大型組織中，Ansible Tower 可以協助管理自動化，它透過組織團隊和成員到角色中以及給與角色中的每一個成員需要的更多的控制管理主機和裝置，以滿足他們每天的工作。

Ansible Tower 的作用像是一個主機的看門人。當使用 Ansible Tower，沒有團隊或是成員需要直接去存取被管理的主機。如此可以減少複雜度以及增加安全性。圖 19-2 展示 Ansible Tower 用在使用者存取的網頁介面。

使用現有的安全驗證系統如 LDAP 目錄等連線到 Ansible Tower 可以減少每一個使用者的管理成本。

圖 19-2　使用者存取的網頁介面

專案 Project

在 Ansible Tower 中的「*project*」這個名詞其實是一個包含有邏輯上相關聯的 playbook 以及 role 的桶子。

在傳統的 Ansible project 中，通常會看到靜態的 inventory 和 playbook 以及 role 放在一起。Ansible 把 inventory 分開處理。任何和 inventory 相關的，以及 inventory 變數被放在 project 中，像是群組變數以及主機變數，稍後將不能夠被存取。

> 在 playbook 中的 target（例如：`hosts:<target>`）是必要的。要聰明地選用橫跨各 playbook 通用的名稱。這可以讓你的 playbook 使用不同的 inventory。我們將會在本章的後面進一步討論。

為了方便練習，我們讓含有 playbook 的 project 存放在原始碼版本控制系統（source code management SCM）上。在 Ansible Tower 中的專案管理可以被設定為從 SCM 伺服器中下載這些專案，而支援的主要原始碼 SCM 系統包括 Git、Mercurial 及 Subversion。

為了備援，就算是一個靜態路徑也可以被設定，project 被儲存在 Ansible Tower 伺服器的本地端，以防萬一你不打算使用 SCM 的情況。

隨著時間的推移，在 Ansible Tower 伺服器上的專案必須和 SCM 同步到最新版本。不過，不用擔心，Ansible Tower 有多個解決方案用來保持更新到最新版本。

透過如圖 19-3 中所示的，在專案上啟用「Update on Launch」，將可確保 Ansible Tower 可以有最新的專案版本。此外，也可以對每一個專案設定一個更新排程工作以定期地更新專案。最後，如果你想要在當更新發生時就進行維護控制，也可以手動地更新專案。

圖 19-3　Ansible Tower 專案 SCM 更新選項

Inventory 管理

Ansible Tower 允許你把 inventory 當做是專屬的資源來管理。這也包含管理這些 inventory 的存取控制。一個常見的範式是把產品上線、暫存及測試主機放到獨立的 inventory。

在這些 inventory 中，我們將可以增加預設的變數以及手動地加上群組以及主機。此外，就如同圖 19-4 中所示的，Ansible Tower 允許你可以從資源中動態查詢主機（例如，從一個 VMware vCenter），然後把這些主機放到一個群組中。

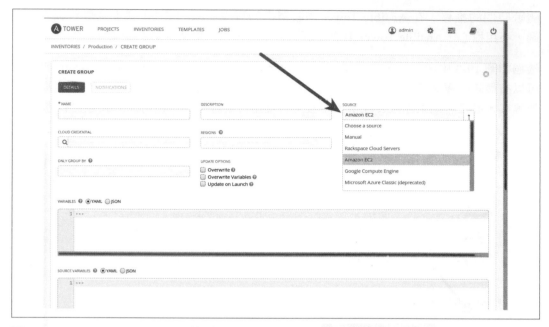

圖 19-4　Ansible Tower inventory 資源

群組和主機變數可以被加到一個表單欄位中，它們就會覆蓋預設值。

主機甚至可以如圖 19-5 所示地透過點擊按鈕來暫時取消，因此它們將會被從任何一個執行中的作業裡排除。

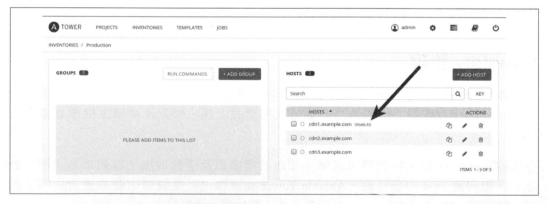

圖 19-5　Ansible Tower inventory 被排除的主機

透過 Job Templates 執行 Job

Job template，如圖 19-6 所示，連接到專案與 inventory。它們定義使用者如何被允許去執行一個來自於專案的 playbook，去指定來自於被選到的 inventory 之指定的目標。

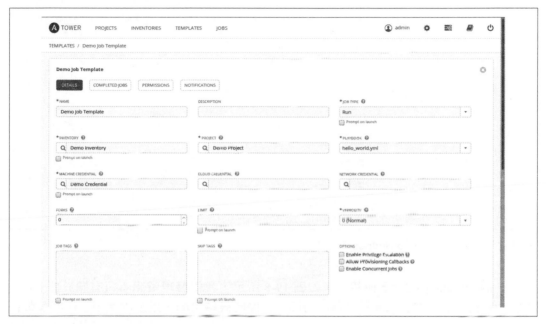

圖 19-6　Ansible Tower job templates

在 playbook level 中改善，像是額外的參數以及標籤，可以被套用上去。再者，你可以指定你想要讓 playbook 執行在哪一個模式（例如，一些使用者可能只被允許執行在 *check mode* 之下，而其他的可能被允許 playbook 中把部份的主機在 *live mode* 中執行）。

在 target level，一個 inventory 可以被選用，且額外地限制到一些主機或是一個群組。

一個被執行的 job template 建立一個新的所謂的 job entry，如圖 19-7 所示。

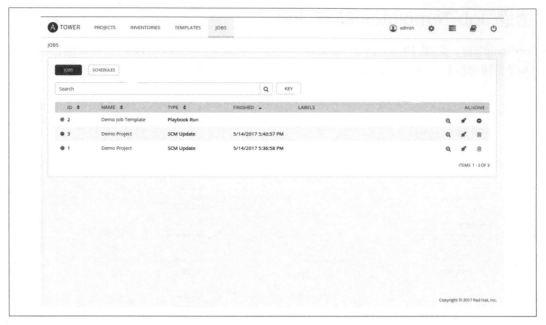

圖 19-7　Ansible Tower job entries

在每一個 job entry 的詳細檢視中，如圖 19-8 所示，我們發現資訊不只有關於此 job 是否成功執行，也包括此 job 被執行的時間、什麼時候結束的，以及誰使用了什麼參數執行的。

我們也可以使用 play 來過濾，以瞭解 task 和它們的結果。所有的這些資料都被儲存以及保存在資料庫中，這些資訊讓我們可以在任何時間稽核它們。

圖 19-8　Ansible Tower job 的詳細檢視

RESTful API

Ansible Tower 伺服器也提供 Representational State Transfer（REST）API，此 AP I 讓我們可以整合現有的建置和部署管線或是持續性開發系統。

因為 API 是可以瀏覽的，可以使用自己喜歡的瀏覽器，前往網址：*http://<tower_server>/api* 以觀察全部的 API：

```
$ firefox https://10.42.0.42/api
```

本書撰寫時的最新版 API 是 v1。透過點擊正確的連結或是延伸 URL 為 *http://<tower_server>/api/v1*，就可以取得所有可用的資源，如圖 19-9 所示。

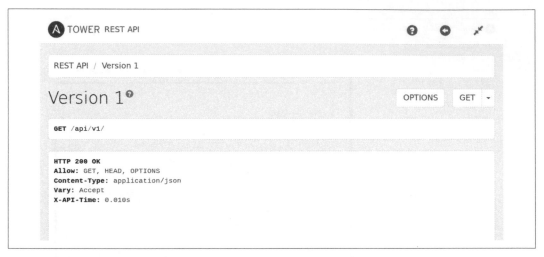

圖 19-9　Ansible Tower API 第 1 版

最新版的 API 說明文件也可以在線上找到（*http://docs.ansible.com/ansibletower/*）。

Ansible Tower CLI

所以，我們可以如何在 Ansible Tower 中建立一個使用者，或是透過 API 來啟動一個作業？當然，可以使用大家最喜歡的命令列（Command-Line, CLI）HTTP 工具 cURL，但是 Ansible 還有一個更好用的 CLI 工具給我們使用：`tower-cli`。

 不像 Ansible Tower 應用程式，Ansible Tower CLI 是開放源碼軟體，它被以 Apache 2.0 license 授權的方式公佈在 GitHub 上（*https://github.com/ansible/tower-cli/*）。

安裝

要安裝 `tower-cli`，我們可以使用 Python 套件管理器 pip。

`tower-cli` 可以被安裝為 root 權限的系統層級，或是，就如同我們所做的，只安裝在本地端的 Linux 使用者：

```
$ pip install ansible-tower-cli
```

如果我們選擇安裝在使用者層級，它會被安裝在路徑 *~/.local/bin/* 中。請務必確定 *~/.local/bin* 有被設定在 `PATH` 中。

```
$ echo 'export PATH=$PATH:$HOME/.local/bin' >> $HOME/.profile
$ source $HOME/.profile
```

在我們可以存取 API 之前，必須要先設定安全驗證：

```
$ tower-cli config host 10.42.0.42
$ tower-cli config username admin
$ tower-cli config password JSKYmEBJATFn
```

因為 Ansible Tower 使用之前設定過的自我簽發的 SSL/TLS 憑證，只要忽略驗證就可以了：

```
$ tower-cli config verify_ssl false
```

預設的輸出叫做 human，只提供了夠用的資訊。如果我們喜歡在預設時顯示更詳細的輸出，你可能就需要把它變更為 yaml 格式。然而，我們總是可以加上 --format [human|json|yaml] 到任一個命令之後來覆蓋輸出資料格式的預設值：

```
$ tower-cli config format yaml
```

要測試一下，只要執行以下的命令就可以了：

```
$ tower-cli config
```

建立一個使用者

讓我們透過 tower-cli user 命令來建立一個新的使用者，如同範例 19-2 所示的樣子。如果鍵入了命令之後沒有任何進一步的動作，可以透過求助功能以列出所有可以使用的操作。

範例 19-2 *Ansible Tower CLI user 操作*

```
$ tower-cli user
Usage: tower-cli user [OPTIONS] COMMAND [ARGS]...

  Manage users within Ansible Tower.

Options:
  --help  Show this message and exit.

Commands:
  create  Create a user.
  delete  Remove the given user.
  get     Return one and exactly one user.
  list    Return a list of users.
  modify  Modify an already existing user.
```

因為它是一個 RESTful API，此操作（如範例 19-2）或多或少是跨 API 一致性的，除了少數的例外。每一個資源之間的差別在於參數和選項的不同。執行 tower-cli user create --help 指令，將可以看到所有可用的參數和選項。

要建立一個使用者，只需設定少許的參數：

```
$ tower-cli user create \
--username guy \
--password 's3cr3t$' \
--email 'guy@example.com' \
--first-name Guybrush \
--last-name Threepwood
```

tower-cli 有一些內建的邏輯，以及在預設的組態中，可以執行此命令許多次而不會得到錯誤的訊息。tower-cli 以鍵欄為基礎查詢資源，然後會顯示我們已經建立過的使用者，如範例 19-3。

範例 19-3　*tower-cli 在建立或更新使用者之後的輸出*

```
changed: true
id: 2
type: user
url: /api/v1/users/2/
related:
  admin_of_organizations: /api/v1/users/2/admin_of_organizations/
  organizations: /api/v1/users/2/organizations/
  roles: /api/v1/users/2/roles/
  access_list: /api/v1/users/2/access_list/
  teams: /api/v1/users/2/teams/
  credentials: /api/v1/users/2/credentials/
  activity_stream: /api/v1/users/2/activity_stream/
  projects: /api/v1/users/2/projects/
created: '2017-02-05T11:15:37.275Z'
username: guy
first_name: Guybrush
last_name: Threepwood
email: guy@example.com
is_superuser: false
is_system_auditor: false
ldap_dn: ''
external_account: null
auth: []
```

然而，如果我們變更了其中的內容，例如，email 位址，tower-cli 將不會更新。要啟用更新，我們有兩種方式可以做：加上 --force-on-exists，或是明確地使用 modify 這個操作取代 create。

啟動一個 job

其中一個我們會想要自動化的工作是在一個持續整合伺服器中成功建置完成之後從 job tempalte 中執行一個 job。

`tower-cli` 讓這個作業變得相當直覺。所有我們需要知道的是我們想要啟動的 job template 的名稱或 ID。讓我們使用 `list` 操作去列出所有可以用的 job template：

```
$ tower-cli job_template list --format human
== ================= ========= ======= ===============
id       name        inventory project     playbook
== ================= ========= ======= ===============
 5 Demo Job Template     1         4   hello_world.yml
 7 Deploy App ..         1         5   app.yml
== ================= ========= ======= ===============
```

如上，我們只有 2 個 job template，選擇相對簡單。在一個較大的產品等級的設置上，可以會看到一個相當大的 job template 集合，而它就比較難以去找出想要執行的 template。`tower-cli` 有少許的選項可以過濾這些輸出（例如，以 project 來找的 --project <id>；或是以 inventory 來找的 --inventory）。

一個過濾大型 job template 集合的進階方式（例如：「給我此集合中所有名稱中有 case-insensitive 這個關鍵字的 job template」）可以被使用如下：--query option。

--query 有兩個引數 name_icontains 以及 deploy 會被塑成如下所示的 API URL：

```
https://10.42.0.42/api/v1/job_templates/?name__icontains=deploy
```

 所有可用的過濾器可以在 API 說明文件中找到（*http://docs.ansible.com/ansible-tower/latest/html/towerapi/filtering.html*）。

執行 list 操作加上想要的過濾器設定就可以產生出預期的結果：

```
$ tower-cli job_template list --query name__icontains deploy --format human
== ============= ========= ======= ===============
id     name      inventory project     playbook
== ============= ========= ======= ===============
 7 Deploy App xy     1         4   hello_world.yml
== ============= ========= ======= ===============
```

因為我們找到了 job template，就可以在範例 19-4 中執行它，加上 job launch 操作以及引數 --job-template，以及我們所選到的 job template 的名稱或 ID。

範例 19-4　使用 *tower-cli* 啟用 *job*

```
 $ tower-cli job launch --job-template 'Deploy App xy' --format human
Resource changed.
== ============ ======================= ======= =======
id job_template          created          status elapsed
== ============ ======================= ======= =======
11             7 2017-02-05T14:08:05.022Z pending
== ============ ======================= ======= =======
```

要監控執行中的 job，`tower-cli job` 提供一個操作 `monitor` 加上 job ID 做為引數。此命令將會一直執行到此 job 完成為止。

```
tower-cli job monitor 11 --format human
Resource changed.
== ============ ======================= ========== =======
id job_template          created            status   elapsed
== ============ ======================= ========== =======
11             5 2017-02-05T13:57:30.504Z successful   6.486
== ============ ======================= ========== =======
```

使用一些命令列的魔術以及 jq（*https://stedolan.github.io/jq/*），我們甚至可以結合啟動和監控在一行中：

```
tower-cli job monitor $(tower-cli job launch --job-template 5 --format json | jq '.id')
```

接下來的發展

隨著本章的結束，本書也到了結束的時候。然而，你的 Ansible 旅程正要開始而已。我希望你會和我們一樣喜歡和 Ansible 一起工作，在下一次你遇到同事們很明顯地需要一個自動化工具時，你將會展示給他們看，Ansible 可以讓他們的生活更加地輕鬆。

SSH

因為 Ansible 使用 SSH 做為傳輸協定,所以你需要瞭解有關於 SSH 的一些特色,以使你可以在 Ansible 中能夠善加地運用它。

Native SSH

在預設的情況下,Ansible 使用的是安裝在作業系統中的 native SSH(原生的 SSH)客戶端。Ansible 可以利用到所有典型的 SSH 特色,包括 Kerberos 以及 jump host。如果你有一個 ~/.ssh/config 檔案做為你的 SSH 設置的自訂組態,Ansible 將會遵循這些設定。

SSH Agent

有一個方便的程式叫做 ssh-agent 簡化了製作 SSH 私密金鑰的作業。當 ssh-agent 在你的機器中執行時,使用以下的 ssh-add 命令,可以加一個私密金鑰到其中:

```
$ ssh-add /path/to/keyfile.pem
```

 SSH_AUTH_SOCK 這個環境變數必須要被設定,否則 ssh-add 命令將沒辦法和 ssh-agent 進行通訊。請參閱第 381 頁的「啟用 ssh-agent」這一小節。

你可以在 ssh-add 程式中使用 -l 或是 L 旗標以檢視被設定到 agent 中的金鑰,如同範例 A-1 所示。這個範例展示了在此 agnet 中有兩個金鑰。

範例 A-1　列出 Agent 中的金鑰

```
$ ssh-add -l
2048 SHA256:o7H/I9rRZupXHJ7JnDi10RhSzeAKYiRVrlH9L/JFtfA /Users/lorin/.ssh/id_rsa
2048 SHA256:xLTmHqvHHDIdcrHiHdtoOXxq5sm9DOEVi+/jnObkKKM insecure_private_key

$ ssh-add -L
ssh-rsa AAAAB3NzaC1yc2EAAAADAQABAAAABAQDWAfog5tz4W9bPVbPDlNC8HWMfhjTgKOhpSZYI+clc
 e3/pz5viqsHDQIjzSImoVzIOTV0tOIfE8qMkqEYk7igESccCy0zN9VnD6EfYVkEx1C+xqkCtZTEVuQn
 d+4qyo222EAVkHm6bAhgyoA9nt9Um9WFO0045yHZL2Do9Z7KXTS4xOqeGF5vv7SiuKcsLjORPcWcYqC
 fYdrdUdRD9dFq7zFKmpCPJqNwDQDrXbgaTOe+H6cu2f4RrJLp88WY8voB3zJ7avv68eOgah82dovSgw
 hcsZp4SycZSTy+WqZQhzLogaifvtdgdzaooxNtsm+qRvQJyHkwdoXR6nJgt /Users/lorin/.ssh/i
 d_rsa
ssh-rsa AAAAB3NzaC1yc2EAAAABIwAAAQEA6NF8iallvQVp22WDkTkyrtvp9eWW6A8YVr+kz4TjGYe7
 gHzIw+niNltGEFHzD8+v1I2YJ6oXevct1YeS0o9HZyN1Q9qgCgzUFtdOKLv6IedplqoPkcmF0aYet2P
 kEDo3MlTBckFXPITAMzF8dJSIFo9D8HfdOV0IAdx4O7PtixWKn5y2hMNG0zQPyUecp4pzC6kivAIhyf
 HilFR61RGL+GPXQ2MWZWFYbAGjyiYJnAmCP3NOTd0jMZEnDkbUvxhMmBYSdETk1rRgm+R4LOzFUGaHq
 HDFIPKcF96hrucXzcWyLbIbEgE980HlnVYCzRdK8jlqm8tehUc9c9WhQ== insecure_private_key
```

當你試著去建立一個到遠端主機的連線時，若你的 ssh-agent 處於執行的狀態，則 SSH 客戶端將會試著去使用這個儲存在 ssh-agent 的金鑰與主機進行安全性驗證。

使用 SSH agent 有許多優點：

- SSH agent 讓使用 SSH 私密金鑰變得更容易。如果你使用一個加密的私密金鑰，這個金鑰檔案會被用密碼保護。當你使用這個金鑰和一台主機建立連線時，你將會被提示要鍵入一個密碼。有了這個加密過的私密金鑰，就算是有人取得了你的金鑰檔案，他也會因為沒有密碼而無法使用。如果你使用加密的 SSH 私密金鑰而沒有使用 SSH agent，則你必須在每一次使用時鍵入密碼。若使用 SSH agent，就只有在把這個金鑰加入 agent 時才需要鍵入私密金鑰的密碼。

- 如果你正在使用 Ansible 管理主機而且使用的是不同的 SSH 金鑰，使用一 SSH agent 可以簡化你的 Ansible 組態檔案；你不需要去明確地指出在我們之前在範例 1-1 中做過的，也就是在你主機上的 ansible_private_key_file 檔案。

- 如果你需要從遠端主機建立一個 SSH 連線到不同的主機（例如：透過 SSH 從 Git 中 clone 一個私有儲存庫），你可以運用到 *agent forwarding* 的優點，因此就不需要複製一個 SSH 金鑰到遠端去。後面會解釋什麼是 agent forwarding。

啟用 ssh-agent

如何啟用 SSH agent 要視你所使用的作業系統而定。

macOS

macOS 預載就已經執行 ssh-agent 了，所以沒有任何需要額外做的操作。

Linux

如果你執行的是 Linux，則需要自行啟用 ssh-agent，而且要確定環境變數是否設定正確。如果直接呼叫 ssh-agent，它將會輸出你需要設定的環境變數。例如：

```
$ ssh-agent
SSH_AUTH_SOCK=/tmp/ssh-YI7PBGlkOteo/agent.2547; export SSH_AUTH_SOCK;
SSH_AGENT_PID=2548; export SSH_AGENT_PID;
echo Agent pid 2548;
```

你可以使用以下的方式呼叫 ssh-agent 以自動地 export 這些環境變數。

```
$ eval $(ssh-agent)
```

你也要去確定在同一個時間中只能有一個 ssh-agent 的執行實例。有許多在 Linux 上的協助工具，像是 *Keychain* 及 *Gnome Keyring*，可以用來管理 ssh-agent 的 startup，或者是你也可以自行修改 *.profile* 檔案以確保 ssh-agent 會在每一個 login shell 中只被啟用一次。為你的帳戶組態 ssh-agent 已經超出了本書的範圍，所以我建議你可以去找出所使用之 Linux 版本的說明文件，檢閱關於如何進行設定的細節。

Agent Forwarding

如果你在 SSH 上 clone 一個 Git 的儲存庫，需要使用一個可被 Git 伺服器辨識的 SSH 私密金鑰。我喜歡避免複製私密金鑰到我的主機，免得因為主機被連累所造成的破壞。

避免 SSH 私密金鑰被複製出去的方式之一就是在你的本地端主機中使用 ssh-agent 這支程式的 agent forwarding。如果從你的筆記型電腦 SSH 到主機 *A*，而你啟用了 agent forwarding，則 agent forwarding 會藉由存放在筆電上的私密金鑰讓你從主機 *A* SSH 到主機 *B*。

圖 A-1 是運作中的 agent forwarding 例子。可以說，你想要從 GitHub 的私人儲存庫進行 check out 的操作，在你的筆電上正在執行著 ssh-agent，而你已經使用 ssh-add 命令將私密金鑰加到 ssh-agent 中了。

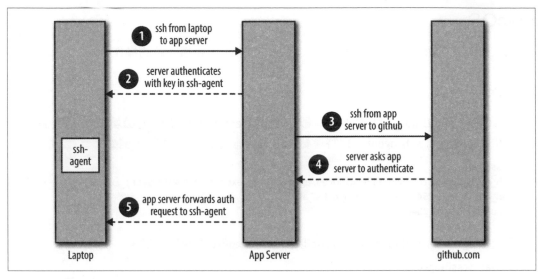

圖 A-1　Agent forwarding 的運作方式

如果手動 SSH 到 app 伺服器，需要使用 -A 旗標呼叫 ssh 命令以啟用 agent forwarding：

```
$ ssh -A myuser@myappserver.example.com
```

在 app 伺服器上，當你使用以下的 SSH URL 進行 check out 一個 Git 的儲存庫：

```
$ git clone git@github.com:lorin/mezzanine-example.git
```

Git 透過 SSH 連接到 GitHub。此 GitHub SSH 伺服器會試著去查驗在 app 伺服器上的安全驗證。而這個 app 伺服器並不知道你的私密金鑰。然而，因為你啟用了 agent forwarding，在 app server 上的 SSH 客戶端程式會回過頭來查詢在你的筆電上執行中的 ssh-agent，由它來處理驗證的作業。在 Ansible 中使用 agent forwarding，有許多的議題需要你去留意的。

首先，你需要告訴 Ansible，當它連線到遠端機器時，要去啟用 agent forwarding，因為 SSH 在預設的情況下並不會啟用 agent forwarding。可以在控制機器中的 ~/.ssh/config 檔案中加上下面這兩行，對於所有的結點都啟用 agent forwarding：

```
Host *
    ForwardAgent yes
```

或者是，如果只想要針對某一個特定的伺服器啟用 agent forwarding，加上以下這兩行即可：

```
Host appserver.example.com
    ForwardAgent yes
```

如果，取而代之的，你想要只針對 Ansible 啟用 agent forwarding，可以編輯 *ansible.cfg*，然後在 ssh_connection 段落中加上 ssh_args 的參數，如下所示：

```
[ssh_connection]
ssh_args = -o ControlMaster=auto -o ControlPersist=60s -o ForwardAgent=yes
```

在此，我使用更詳細的 -o ForwardAgnet=yes 旗標取代比較短的 -A 旗標，但是他們做的是相同的事情。

ControlMaster 和 ControlPersist 設定在所謂的 *SSH multiplexing* 效能最佳化中是必須的。他們是預設值，但是如果你覆寫了 ssh_args 變數，則你就需要明確地把它們加上去，否則就等於是把這個效能加速的功能給取消了，之前我們在第 11 章已經討論過 SSH multiplexing 了。

Sudo 和 Agent Forwarding

當你啟用了 agent forwarding，遠端的機器設置了 SSH-AUTH-SOCK 環境變數，它包含了 Unix-domain socket 的路徑（例如：*/tmp/ssh-FShDVu5924/agent.5924*）。然而，如果使用 sudo，則 SSH_AUTH_SOCK 環境變數並不會自動帶過去，除非你明確地設定了 sudo 的組態讓它具備這個功能。

要讓 SSH_AUTH_SOCK 變數可以在使用 sudo 切換為 root 使用者時仍然可以把它帶過去，可以在 */etc/sudoers* 檔或是（在以 Debian 為主機 Linux 版本如 Ubuntu）在它自己的 */etc/sudoers.d* 目錄中加上以下這一行：

```
Defaults>root env_keep+=SSH_AUTH_SOCK
```

我們把這個檔案命名為 *99-keep-ssh-auth-sock-env*，然後把它放在你的本地端機器的檔案目錄中。

因為在主機上一個不好的 sudoers 檔案會防止我們以 root 的身份存取主機，所以使用 *visudo* 程式去驗證 sudoers 檔案一直都是個不錯的想法。有一個關於無效的 sudoers 檔案的警示故事，可以參考 Ansible 貢獻者 Jan-Piet Men 的部落格文章：「Don't try this at the office: /etc/sudoers」（*http://bit.ly/1DfeQY7*）。

```
- name: copy the sudoers file so we can do agent forwarding
  copy:
    src: files/99-keep-ssh-auth-sock-env
    dest: /etc/sudoers.d/99-keep-ssh-auth-sock-env
    owner: root group=root mode=0440
    validate: visudo -cf %s
```

不幸的是，目前還是不可能去 sudo 成為一個 nonroot 使用者，然後使用 agent forwarding。例如，假設你想要從 ubuntu 使用者 sudo 成為一個 deploy 使用者。這個問題是 Unix-domain socket 指向的 SSH_AUTH_SOCK 的擁有者是 ubuntu 使用者，而且不能被 deploy 使用者對其讀取與寫入。

做為解決方法，你總是可以呼叫 Git 模組做為 root，然後使用 file 模組改變其權限，就如同範例 A-2 所示的做法：

範例 *A-2* 以 *root* 的身份 *clone*，然後改變檔案權限

```
- name: verify the config is valid sudoers file
  local_action: command visudo -cf files/99-keep-ssh-auth-sock-env
  sudo: True

- name: copy the sudoers file so we can do agent forwarding
  copy:
    src: files/99-keep-ssh-auth-sock-env
    dest: /etc/sudoers.d/99-keep-ssh-auth-sock-env
    owner: root
    group: root
    mode: "0440"
    validate: 'visudo -cf %s'
  sudo: True

- name: check out my private git repository
  git:
    repo: git@github.com:lorin/mezzanine-example.git
    dest: "{{ proj_path }}"
  sudo: True

- name: set file ownership
  file:
    path: "{{ proj_path }}"
    state: directory
    recurse: yes
    owner: "{{ user }}"
    group: "{{ user }}"
  sudo: True
```

主機金鑰（Host Key）

每一個執行 SSH 的主機都有一個屬於它的主機金鑰。主機金鑰就像是簽名一樣具有識別主機的唯一性特徵。主機金鑰的存在用來防止人為的中間攻擊。如果你正在從 GitHub 透過 SSH clone 一個儲存庫，你不知道你所要求的那個 *github.com* 是否真的是 GitHub 的伺服器，或是已經被使用 DNS spoofing 攻擊的方式冒名頂替了 *github.com*。主機金鑰讓你可以檢查伺服器所要求的 *github.com* 真的是 *github.com*。這表示在你當試著去連線主機之前，需要有一份主機金鑰（就好像是一份簽名的副本）。

Ansible 在預設的情況下會檢查主機金鑰，雖然你可以像以下這樣在 *ansible.cfg* 中取消這個檢查的動作：

```
[defaults]
host_key_checking = False
```

在 git 模組中 Host-key checking 也可以放在 play 中。回想之前在第 6 章時,我們是如何在 git 模組中取用 accept_hostkey 參數的:

```
- name: check out the repository on the host
  git: repo={{ repo_url }} dest={{ proj_path }} accept_hostkey=yes
```

在使用 SSH 協定時,如果 host key checking 在主機上是啟用的而且 Git 的 SSH 主機金鑰並沒有被主機識別,則 git 模組會在自 Git 儲存庫 clone 的過程中停住。

最簡單的解決方式是使用 accept_hostkey 參數告訴 Git,如果不認得時還是自動地接受主機金鑰,這也是我們使用在範例 6-6 中的方式。

許多人直接接受了主機金鑰而不擔心中間人攻擊(man-in-the-middle)。這就是在 playbook 中所做的,在呼叫 git 模組時透過指定 accept_host=yes 做為參數。然而,如果你比較有安全意識,而且不希望自動地接受主機金鑰,可以手動地取得以及驗證 GitHub 的主機金鑰,然後把它加到系統級的 */etc/ssh/known_hosts* 檔案中,或是對於特定的使用者,加到該使用者的 *~/.ssh/known_hosts* 檔案中。

要手動地驗證 GitHub 的 SSH 主機金鑰,需要透過某種型式的 out-of-band 頻道取得來自於 Git 伺服器的 SSH host-key fingerprint。如果你正在使用 GitHub 做為 Git 伺服器,可以在 GitHub 的網頁中查詢 SSH key fingerprint(*http://bit.ly/1DffcxK*)。

本書撰寫時,GitHub 的 base64-formatted SHA256 RSA fingerprint(較新的格式)[1] 是 SHA256:nThbg6kXUpJWGl7E1IGOCspRomTxdCARLviKw6E5SY8, 而它的 hexencoded MD5 RSA fingerprint (較舊的格式)是 16:27:ac:a5:76:28:2d:36:63:1b:56:4d:eb:df:a6:48,但是不要使用這裡的,請自行前往網站去看看。

下一步需要取得完整的 SSH 主機金鑰。你可以使用 ssh-keyscan 程式去擷取和這個主機與主機名稱 *github.com* 相關聯的主機金鑰。我喜歡把和 Ansible 相關的檔案都放在目錄 *files* 中,所以請執行如下:

```
$ mkdir files
$ ssh-keyscan github.com > files/known_hosts
```

這個輸出看起來會像是下面這個樣子:

```
github.com ssh-rsa
AAAAB3NzaC1yc2EAAAABIwAAAQEAq2A7hRGmdnm9tUDbO9IDSwBK6TbQa+PXYPCPy6rbTrTtw7PHkccK
rpp0yVhp5HdEICKr6pLlVDBfOLX9QUsyCOV0wzfjIJNlGEYsdlLJizHhbn2mUjvSAHQqZETYP81eFzLQ
NnPHt4EVVUh7VfDESU84KezmD5QlWpXLmvU31/yMf+Se8xhHTvKSCZIFImWwoG6mbUoWf9nzpIoaSjB+
weqqUUmpaaasXVal72J+UX2B+2RPW3RcT0eOzQgqlJL3RKrTJvdsjE3JEAvGq3lGHSZXy28G3skua2Sm
Vi/w4yCE6gbODqnTWlg7+wC604ydGXA8VJiS5ap43JXiUFFAaQ==
```

---

[1] OpenSSH 6.8 改變預設的 fingerprint 格式,從 hex MD5 變成了 base 64 SHA256。

如果要更謹慎一些，ssh-keyscan 命令支援 -H 旗標，使得主機名稱（hostname）不會被顯示在 *known_hosts* 檔案中。所以就算是有人可以存取到你的 *known_host* 檔案，也不會知道主機名稱是什麼。使用這個旗標時，輸出看起來會是像以下這個樣子：

```
|1|BI+Z8H3hzbcmTWna9R4orrwrNrg=|wCxJf50pTQ83JFzyXG4aNLxEmzc= ssh-rsa AAAAB3NzaC1y
c2EAAAABIwAAAQEAq2A7hRGmdnm9tUDbO9IDSwBK6TbQa+PXYPCPy6rbTrTtw7PHkccKrpp0yVhp5HdEI
cKr6pLlVDBfOLX9QUsyCOV0wzfjIJNlGEYsdlLJizHhbn2mUjvSAHQqZETYP81eFzLQNnPHt4EVVUh7Vf
DESU84KezmD5QlWpXLmvU31/yMf+Se8xhHTvKSCZIFImWwoG6mbUoWf9nzpIoaSjB+weqqUUmpaaasXVa
l72J+UX2B+2RPW3RcT0eOzQgqlJL3RKrTJvdsjE3JEAvGq3lGHSZXy28G3skua2SmVi/w4yCEGgbODqn1
Wlg7+wC604ydGXA8VJiS5ap43JXiUFFAaQ==
```

接著你需要去驗證在 *files/known_hosts* 中的主機金鑰是否符合你在 GitHub 中找到的 fingerprint。你可以透過 ssh-keygen 程式來檢查：

```
$ ssh-keygen -lf files/known_hosts
```

輸出應該和在網站上所顯示的 RSA fingerprint 一致，如下所示：

```
2048 SHA256:nThbg6kXUpJWGl7E1IGOCspRomTxdCARLviKw6E5SY8 github.com (RSA)
```

現在你已經有信心對於 Git 伺服器有了正確的主機金鑰，可以使用 copy 模組去把它複製到 */etc/ssh/known_hosts* 中了。

```
- name: copy system-wide known hosts
  copy: src=files/known_hosts dest=/etc/ssh/known_hosts owner=root group=root
  mode=0644
```

另外，可以複製它到特定使用者的 *~/.ssh/known_hosts* 中。範例 A-3 展示了如何從控制機器複製已知主機檔案到遠端的主機中的方法。

範例 *A-3*　加入已知的主機

```
- name: ensure the ~/.ssh directory exists
  file: path=~/.ssh state=directory
- name: copy known hosts file
  copy: src=files/known_hosts dest=~/.ssh/known_hosts mode=0600
```

錯誤的 Host Key 可能會導致一些問題，就算是 Key Checking 被取消了也一樣

如果你在 *ansible.cfg* 檔案中，透過設定 host_key_checking 為 false，使得在 Ansible 中取消 host-key checking，然後 Ansible 會試著去連線的那台主機的主機金鑰，會不符合在你的 *~/.ssh/known_hosts* 檔案中的資料，以至於 agent

---

主機金鑰（Host Key）　| 387

forwarding 就沒辦法運作。試著去 clone 一個 Git 儲存庫，將會出現看起來像是以下這樣的錯誤：

```
TASK: [check out the repository on the host] *******************************
failed: [web] => {"cmd": "/usr/bin/git ls-remote git@github.com:lorin/
mezzanine- example.git -h refs/heads/HEAD", "failed": true, "rc": 128}
stderr: Permission denied (publickey).
fatal: Could not read from remote repository.

Please make sure you have the correct access rights
and the repository exists.

msg: Permission denied (publickey).
fatal: Could not read from remote repository.

Please make sure you have the correct access rights
and the repository exists.

FATAL: all hosts have already failed -- aborting
```

如果你使用的是 Vagrant 而且你刪除了一台 Vagrant 機器然後再建立一台新的，就會發生此種情況，因為每一次你建立一台新的機器時，主機金鑰就會不一樣。你可以透過以下的指令檢查 agent forwarding 是否可以使用：

```
$ ansible web -a "ssh-add -l"
```

如果是可以使用的，你將會看到如下所示的輸出：

```
web | success | rc=0 >>
2048 SHA256:ScSt41+elNd0YkvRXW2nGapX6AZ8MP1J1UNg/qalBUs /Users/lorin/.ssh
/id_rsa (RSA)
```

如果不能使用，則你將會看到如下所示的輸出：

```
web | FAILED | rc=2 >>
Could not open a connection to your authentication agent.
```

如果這種情形發生在你的身上，請刪除 ~/.ssh/known_hosts 檔案中的那個項目。

請留意，因為 SSH multipelxing，Ansible 維護 SSH 連線到主機的時間是 60 秒，因此你需要等待這個連線逾期之後，否則將不會看到你在 known_hosts 檔案中修改之後的結果。

驗證一個 SSH 主機金鑰其實包含了非常多的工作，而不是僅僅只是盲目地接受它而已。這其實就是常見的在安全性和便利性中的取捨問題。

使用 IAM Roles 來做 EC2 Credentials

如果你打算在 VPC 中執行 Ansible，可以使用 Amazon 的 Identity and Access Management（IAM）roles，讓你不再需要自己設定環境變數去傳遞 EC2 credentials 到一個執行的 instance 中。Amazon 的 IAM roles 讓你定義使用者以及群組，然後控制這些使用者和群組可以對 EC2 操作的許可（例如：從執行中的 instance 取出資訊，建立執行 instance、建立主機映象檔等等）。你也可以指派 IAM 角色去執行 instance，因此你可以說：「這個 instance 被允許去啟動另外一個 instance」。

當你使用支援 IAM roles 的客戶端對 EC2 提出一個需求時，而且一個 intance 被一個 IAM role 所許可時，此客戶端會得到來自於 EC2 instance metadata service（*http://amzn.to/1Cu0fTl*）的信任，就可以使用這些去對 EC2 的服務端點建立需求。

你可以從 Amazon Web Services (AWS) Mnagement Console（AWS 管理主控台）建立一個 IAM role，或是在命令列中使用 AWS Command-Line Interface tool（AWS CLI，*http://aws.amazon.com/cli/*，AWS 命令列工具）也可以。

使用 AWS 管理主控台

在此說明如何使用 AWS 管理主控台中建立一個 IAM role，讓它有 Power User Access，也就是它被允許可以做非常多的事，除了修改 IAM 的使用者和群組之外：

1. 登入 AWS Management Console（*https://console.aws.amazon.com*）。

2. 找到 IAM，然後使用滑鼠點選它。

3. 點擊左側的「Roles」。

4. 點擊「Create New Role」按鈕。

5. 給定 role 一個名字，然後按下「Next Step」。我喜歡使用 ansible 做為在我的 instance 中將用來執行 Ansible 的 role 之名稱。

6. 在 AWS Service Roles 之下，選取 Amazon EC2。

7. 尋找以及選擇 Power User Access，然後按下「Next Step」。

8. 按下「Create Role」

一旦這個角色被建立之後，如果你選擇它然後按下「Show Policy」，應該可以看到一個 JSON 的文件，看起來會像是範例 B-1 所示的樣子。

範例 *B-1　IAM power user policy* 文件

```
{
  "Version": "2012-10-17",
  "Statement": [
    {
      "Effect": "Allow",
      "NotAction": ["iam:*", "organizations:*"],
      "Resource": "*"
    },{
      "Effect": "Allow",
      "Action": "organizations:DescribeOrganization",
      "Resource": "*"
    }
  ]
}
```

當你從網頁介面中建立一個 role 時，AWS 也會自動地使用相同的名稱建立一個 *instance profile* 做為此 role（例如：ansible），而且把這個 role 和 instance profile name 結合在一起。當你使用 ec2 模組建立一個執行實例時，如果傳遞此 instance profile name 做為 instance_profile_name 參數，則被建立之 instance 將會擁有此 role 所設定的權限。

命令列

你也可以使用 AWS CLI tool 建立 role 和 instance profile，但是它還要多做一些工作。需要執行的工作如下：

1. 建立一個 role，指定 trust policy。trust policy 是用來描述 role 和 role 之間存取條件的設想。

2. 建立一個 policy，可以描述那一個 role 被允許做的事。在這個例子中，我們想要建立和 power user 等價的部份，讓它可以執行任一個除了操作 IAM 角色和群組以外的 AWS 相關的操作。

3. 建立一個 instance profile。

4. 把 role 和 instance profile 結合在一起。

首先，你將會需要建立兩個 IAM policy 檔案，而這兩個檔案的格式都是 JSON。trust policy 如範例 B-2 所示。這和你在使用網頁介面建立 role 時 AWS 所自動產生的 trust policy 是一樣的。

而描述哪一個 role 被允許做的內容之 role policy 則如範例 B-3 所示。

範例 *B-2 trust-policy.json*

```
{
  "Version": "2012-10-17",
  "Statement": [
    {
      "Sid": "",
      "Effect": "Allow",
      "Principal": {
        "Service": "ec2.amazonaws.com"
      },
      "Action": "sts:AssumeRole"
    }
  ]
}
```

範例 *B-3　power-usr.json*

```
{
  "Version": "2012-10-17",
  "Statement": [
    {
      "Effect": "Allow",
      "NotAction": "iam:*",
      "Resource": "*"
    }
  ]
}
```

範例 B-4 展示了如何在你建立了範例 B-2 和範例 B-3 的檔案之後，在命令列中建立一個 instance profile。

範例 *B-4　在命令列中建立一個 instance profile*

```
# Make sure that trust-policy.json and power-user.json are in the
# current directory, or change the file:// arguments to include the
# complete path

$ aws iam create-role --role-name ansible --assume-role-policy-document \
  file://trust-policy.json
$ aws iam put-role-policy --role-name ansible --policy-name \
  PowerUserAccess-ansible-20170214 --policy-document file://power-user.json
$ aws iam create-instance-profile --instance-profile-name ansible
$ aws iam add-role-to-instance-profile --instance-profile-name ansible \
  --role-name ansible
```

正如你所看到的，在網頁介面中做起來簡單多了，但是如果你想要自動化這些工作，你就必須要使用命令列的方式來取代。請檢視 AWS Identity and Access Management User Guide（*http://docs.aws.amazon.com/IAM/latest/UserGuide*），可以看到關於 IAM 更多的細節。

一旦已經建立了 instance profile，接著就可以使用這個 instance profile 去啟始一個 EC2 instance。你可以使用 ec2 模組，透過 instance_profile_name 參數來完成：

```
- name: launch an instance with iam role
  ec2:
    instance_profile_name: ansible
    # Other parameters not shown
```

如果 SSH 到 instance 中，可以查詢 EC2 metadata 服務以確認這個 instance 是被結合到 Ansible profile 中的。輸出看起來大概是像以下這個樣子：

```
$ curl http://169.254.169.254/latest/meta-data/iam/info
{
  "Code" : "Success",
  "LastUpdated" : "2014-11-17T02:44:03Z",
  "InstanceProfileArn" : "arn:aws:iam::549704298184:instance-profile/ansible",
  "InstanceProfileId" : "AIPAINM7F44YGDNIBHPYC"
}
```

也可以直接觀察 credential，雖然它不是你需要去做的事。當 Ansible ec2 模組或動態 inventory 腳本被執行時，Boto 程式庫將會自動地擷取這些 credential：

```
$ curl http://169.254.169.254/latest/meta-data/iam/security-credentials/ansible
{
  "Code" : "Success",
  "LastUpdated" : "2015-02-09T21:45:20Z",
  "Type" : "AWS-HMAC",
  "AccessKeyId" : "ASIAIYXCUETJPY42AC2Q",
  "SecretAccessKey" : "URpYgldiymIKH9+rFtWEx8BjGRteNTQSRnLnlmWq",
  "Token" : "AQoDYXdzEGca4AMPC5WGOpvtENpXjw79oH9...",
  "Expiration" : "2015-02-10T04:10:36Z"
}
```

這些 credential 都是暫時的，而 Amazon 將會自動地為你更新它們。你可以現在使用這個 instance 當做是控制機器，而不需要透過環境變數指定你的 credentail。Ansible ec2 模組將會自動地從 metadata 服務中擷取 credential。

本書使用之術語

Alias（別名）

在 inventory 中主機的名稱，和主機真實的 hostname 並不是同一個。

AMI

Amazon Machine Image，在 Amazon Elastic Compute Cloud（也就是所謂的 EC2）中的虛擬機映象檔。

Ansible, Inc.

管理 Ansible 專案的公司。

Ansible Galaxy

來自於社群所貢獻的 Ansible role 儲存庫。

Ansible Tower

由 Ansible Inc. 公司販售之具有版權的 web-base 面板和 REST 介面，用來控制 Ansible。

Check mode（檢查模式）

當執行 playbook 時可以選用的一個模式。當 check mode 被啟用的時候，而且當 Ansible 執行一個 playbook 時，它就不會對遠端的主機進行任何的變更。取而代之的，它只會簡單地回報每一個 task 是否將會對主機的狀態進行變更。有時候也會被說是 dry run mode。

CIDR

Classless Interdomain Routing，是用來指定 IP 位址範圍的一種表示記號，被使用在定義 Amazon EC2 安全性群組的設定上。

Configuration management（組態管理）

一個用來確保所有的伺服器可以在正確的狀態下執行他們的工作之一個程序。所謂的「狀態」，在此代表的是諸如具有正確值的伺服應用程式之組態檔案，具有正確的檔案，正確的執行中的服務，預期中的使用者也存在，權限的設定也都是正確的，等等。

Convergence（收斂）

這是組態管理系統的一個特性，它表示這個系統會執行許多次，而在多次的執行之後，每一次的執行都會讓其中的伺服器會愈來愈接近我們想要的狀態。收斂這個詞和 CFEngine 這套組態管理系統結合地非常密切。收斂這個詞並沒有辦法真的套用在 Ansible 上，因為它在單一次執行之後就會把組態變成想要的狀態。

Complex arguments（複雜引數）

被傳遞到模組的引數是串列或是字典型態。

Container（容器）

伺服器虛擬化技術的一種型式。此種型式是在作業系統層級上的實作，所以虛擬機的 instance 會和宿主作業系統分享共同的核心。Docker 是容器技術中最廣為人知的。

Control machine

你用來執行 Ansible 的電腦，透過此電腦來控制遠端的主機。

Control socket

SSH 所使用的 Unix domain socket，當 SSH multiplexing 啟用時用來連線到遠端主機。

ControlPersist

SSH multiplexing 的另外一個稱呼。

Declarative

程式語言的一種型態，主要用來讓程式設計者描述所想要的輸出，而不是如何去計算出輸出所需要的程序。Ansible 的 playbook 就是屬於 declarative 的一種。SQL 是另外一種 declarative 語言的例子。而程序式的程式語言則如 Java 以及 Python。

Deployment（部署）

把軟體建置到實際運行的真實系統上之程序，稱為部署。

DevOps

從 2010 年中開始流行的 IT 流行語。

Dry run

請參閱 Check mode。

DSL

Domain-specific language。一個使用 DSL 的系統，使用者和系統之間的互動是藉由以某一領域特定格式的文字檔案，然後再透過系統來執行這個檔案。DSL 並不如通用型的程式語言那樣地具有威力，但是（如果設計得當的話）它們是比較易於讀寫的程式語言。Ansible 也算是使用 YAML 語法的一種 DSL。

Dynamic inventory（動態 inventory）

在 playbook 執行期間才提供給 Ansible 使用的關於 host 和 group 的相關資訊。

EBS

Elastic Block Store。在 Amazon EC2 中，EBS 就是可以被掛載到 instance 的永久性磁碟。

Fact

包含有關於特定 host 之相關資訊的變數。

Glob

被使用在 Unix shell 用來找出符合之特定群組檔案名程的設定樣式。例如，*.txt 就是一個符合所有以 .txt 結尾之檔案名稱的 glob。

Group（群組）

一群 host 集合的名稱。

Handler

類似 task，但是 handler 只有在某一個 task 被組態成要在某個狀態發生改變之後，被通知時才會被執行。

Host（主機）

被 Ansible 所管理的遠端伺服器。

IAM

Identity and Access Management，Amazon 的 Elastic Compute Cloud 的特色，它讓你可以去管理使用者和群組的權限。

Idempotent

如果多次執行一個動作得到的結果和執行一次時是一樣的，我們就把它此動作叫做具有 Idempotent 特性。

Instance

就是虛擬機。這個名詞通常被用來找表在 Infrastructure-As-A-Service 雲架構（例如 Amazon 的 Elastic Cloud Compute, EC2）中執行的虛擬機。

Inventory

host 和 group 的列表。

Lookups

被行在控制機器上以取得一些 Ansible 在執行 playbook 時所需要的組態資料之程式碼。

Module（模組）

用來執行一個特定 task 的 Ansible 腳本。可以包括建立一個使用者帳戶、安裝一個套件、或是啟動一個服務。大部份的 Ansible 模組都是 idempotent。

Orchestration（編配）

在一群伺服器中，以完好設定的順序執行一系列的 task。編配經常都是被使用在執行部署的工作上。

Pattern

Ansible 用來描述哪一個 host 要執行哪一個 play 的語法。

Play

把一組 host 和一系列的 task 組合在一起，讓它們在主機上執行。

Playbook

Ansible 的腳本。此腳本指定一系列的 play，以及一組要被執行 play 的 host。

Registered variable

藉由在 task 中的 register 子句所建立的變數。

Role

一個 Ansible 機制，用來把一組 task、handler、檔案、template、以及變數組合在一起的方式。例如，nginx role 可能就包含了安裝 Nginx 套件、產生 Nginx 組態檔案、複製 TLS 憑證檔案、以及啟動 Nginx 服務。

SSH multiplexing

OpenSSH 之 SSH 客戶端可以用來減少在建立多重 SSH 連線到相同的機器上時，建立 SSH 連線所需要的時間。Ansible 預設使用 SSH multiplexing 來改善其效能。

Task

Ansible play 中工作的單位。一個 task 指定一個模組以及它的參數，包括一個可選用的名稱以及一些額外選用的參數。

TLS

Transport Layer Security，被使用在瀏覽器和網頁伺服器之間的安全通訊協定。TLS 取代了早期叫做 Secure Socket Layer（SSL）的協定。大部份的人還是錯誤地把 TLS 當做是 SSL。

Transport

Ansible 用來連線到遠端主機的協定和實作。預設的 transport 是 SSH。

Vault

被 Ansible 用來在磁碟上加密敏感資料的一個機制。通常被用來讓私密的資料可以被安全地儲放在版本控制系統上。

Vagrant

用來管理虛擬機的工具，目的是為了讓開發人員可以用在建立一個可以重製的開發環境之用。

Virtualenv

把 Python 套件安裝在一個可以自由地啟用或取消的環境中的一種機制。這讓使用者可以在不需要 root 存取權限的情況下也可以安裝 Python 套件，而這些安裝的操作也不會影響到機器上的全域 Python 套件程式庫。

VPC

Virtual Private Cloud。Amazon EC2 所使用的名詞。用來描述一個你可以用來建立 EC2 instance 的隔離網路。

參考書目

Hashimoto, Mitchell. *Vagrant: Up and Running*. O'Reilly Media, 2013.

Hunt, Andrew; Thomas, David. *The Pragmatic Programmer: From Journeyman to Master*. Addison-Wesley, 1999.

Jaynes, Matt. *Taste Test. Puppet, Chef, Salt, Ansible*. Publisher, 2014.

Kleppmann, Martin. *Designing Data-Intensive Applications*. O'Reilly Media, 2015.

Kurniawan, Yan. *Ansible for AWS*. Leanpub, 2016.

Limoncelli, Thomas A.; Hogan, Christina J.; Chalup, Strata R. *The Practice of Cloud System Administration: Designing and Operating Large Distributed Systems*. Addison-Wesley Professional, 2014.

Mell, Peter; Grance, Timothy. *The NIST Definition of Cloud Computing*. NIST Special Publication 800-145, 2011.

OpenSSH/Cookbook/Multiplexing, Wikibooks, *http://bit.ly/1bpeV0y*, October 28, 2014.

Shafer, Andrew Clay. *Agile Infrastructure in Web Operations: Keeping the Data on Time*. O'Reilly Media, 2010.

索引

※提醒您：由於翻譯書排版的關係，部份索引名詞的對應頁碼會和實際頁碼有一頁之差。

Q

R

U

關於作者

Lorin Hochstein 出生於加拿大魁北克省的蒙特婁。不過你永遠不會從他的腔調猜到他是加拿大人,除了偶爾他會說出「close the light」這樣法式的英文句子。目前暫時離開具終身職位的內布拉斯加大學林肯分校資訊工程學系助理教授教職兩年,另外他曾有四年時間,擔任南加州大學資訊科學研究所的電腦科學家。他畢業於麥基爾大學的電腦科學大學部,在波士頓大學取得電機工程學碩士學位,以及在馬里蘭大學獲得電腦科學博士學位。目前是在 Netflix 的資深軟體工程師,在 Chaos 工程團隊中工作。

Rene Moser 和他的妻子以及三名子女住在瑞士,他喜歡讓事情的運作簡單化與規模化,他是在電腦資訊領域上,取得高級教育的進階證書(Advanced Diploma of Higher Education)。投入開放源碼社群超過 15 年,除了是一位 Ansible 核心的貢獻者,同時也是超過 40 個模組的創作者,同時是 Project Management Committee 和 Committer of Apache CloudStack 的成員,目前在 SWISS TXT 擔任系統工程師。

封面記事

本書封面的動物是荷斯登牛(Holstein Friesian,荷蘭乳牛,*Bos primigenius*),在北美通常被簡稱為 Holstein,而在歐洲則簡稱為 Friesian。這種牛起源於荷蘭,為的是培育出有高乳汁產量、黑白相間的乳牛。Holstein Friesians 在 1621 ～ 1664 年之間被引進美洲,但是美國飼主一直到 1830 年代之前都沒有飼養的興趣。

Holsteins 以其碩大體型、黑白相間的斑點及高產量的乳汁著稱。此黑白顏色是飼主進行人工選擇的結果。健康的小牛出生時重 90 ～ 100 磅;成年的 Holsteins 重達 1,280 磅,約 58 英寸高。母牛一般來說 13 ～ 15 個月性成熟,妊娠期間是 9 個半月。

一般牛隻平均每年可以生產 2,022 加侖的牛奶;這種牛則是平均每年 2,146 加侖,終其一生可以生產最多 6,898 加侖。

在 2000 年 9 月,Holstein 成為爭議的焦點。有一隻叫做 Hanoverhill Starbuck 的荷斯登牛,死前一個月被取出的幹細胞,冷凍保存 21 年之後,被用來複製成為 Starbuck II。

許多出現在歐萊禮書籍封面上的動物都是瀕危物種,想要了解如何幫助這些物種,您可以前往以下網址:*animals.oreilly.com*。

封面圖片來自 Lydekker 的《*Royal Natural History*》卷 2。

Ansible：建置與執行第二版

作　　者：Lorin Hochstein, Rene Moser
譯　　者：何敏煌
企劃編輯：莊吳行世
文字編輯：詹祐甯
設計裝幀：陶相騰
發 行 人：廖文良

發 行 所：碁峰資訊股份有限公司
地　　址：台北市南港區三重路 66 號 7 樓之 6
電　　話：(02)2788-2408
傳　　真：(02)8192-4433
網　　站：www.gotop.com.tw
書　　號：A556
版　　次：2018 年 07 月初版
建議售價：NT$680

國家圖書館出版品預行編目資料

Ansible：建置與執行 / Lorin Hochstein, Rene Moser 原著；何
　　敏煌譯. -- 初版. -- 臺北市：碁峰資訊，2018.07
　　　面；　公分
　　譯自：Ansible: Up and Running, 2nd Edition
　　ISBN 978-986-476-826-4(平裝)
　　1.作業系統
312.54   107008585

讀者服務

- 感謝您購買碁峰圖書，如果您對本書的內容或表達上有不清楚的地方或其他建議，請至碁峰網站：「聯絡我們」\「圖書問題」留下您所購買之書籍及問題。(請註明購買書籍之書號及書名，以及問題頁數，以便能儘快為您處理)
  http://www.gotop.com.tw

- 售後服務僅限書籍本身內容，若是軟、硬體問題，請您直接與軟體廠商聯絡。

- 若於購買書籍後發現有破損、缺頁、裝訂錯誤之問題，請直接將書寄回更換，並註明您的姓名、連絡電話及地址，將有專人與您連絡補寄商品。

- 歡迎至碁峰購物網
  http://shopping.gotop.com.tw
  選購所需產品。